열세 살 딸에게 가르치는
갈루아 이론

13 SAI NO MUSUME NI KATARU GAROA NO SUGAKU
by Kim Jung Myeong
© 2011 by Kim Jung Myeong
First published 2011 by Iwanami Shoten, Publishers, Tokyo.
This Korean language edition published 2013
by Seungsan Publishers, Seoul
by arrangement with the proprietor c/o Iwanami Shoten, Publishers, Tokyo.

김중명 지음 | 김슬기·신기철 옮김

승산

┃추천의 글┃

신현용, 한국교원대학교 수학교육과 교수

　물리학이 자연 법칙에서 대칭의 결정적인 역할을 분명하게 인지한 것은 100년 전이다. 대칭 없이 상대성이론이나 양자역학을 말하기 어렵다.

　수학이 다항식의 근의 공식에서 대칭의 결정적인 역할을 뚜렷하게 인지한 것은 200년 전이다. 20대의 청년 갈루아는 궁금하였을 것이다. 1차, 2차, 3차, 4차의 모든 다항식은 근의 공식으로 풀리는데 왜 5차의 경우에는 그렇지 않은가? 수 '5'에 어떠한 특징이 있기에 기존의 방법이 통하지 않는다는 말인가? 그러다 어느 순간, 그는 5차와 그 이상의 경우에는 일반적인 근의 공식이 없을 것이라는 직관을 확신한다. 관건은 '대칭'이었다. 1, 2, 3, 4의 경우와 5, 6, 7, …의 경우 사이에는 '대칭'에 관한 한 주목할 만한 차이가 있다는 것을 알게 된 것이다. 결국, 명쾌한 답이 이 젊은 수학자에 의해 주어졌고 이 극적이고 아름다운 이야기가 수학 전공의 학부과정에서 강의되는 '갈루아 이론(Galois Theory)'이다.

　'대칭 이론(theory of Symmetry)'이라고 할 수 있는 '군론(群論, Group Theory)'은 현대 수학에서는 물론이거니와 현대 과학에서도 총아이다. 물리학과 화학 등에서 '군'의 개념은 결정적이다. 군을 말하지 않고 초끈이론(Super-string Theory)을 어떻게 설명할 수 있을까? 군을 말하지 않고 결정이나 분자식을 어떻게 분류할 수 있을까? 군론의 정립은 갈루아로부터 시작하였다고 하여도 과언이 아니다.

아름다움에는 패턴(pattern)이 있고 패턴에는 대칭이 있다. 대칭은 아름다움의 핵심 코드이기 때문이다. 대칭의 아름다움을 음악은 소리로 표현하여 귀에 들려주고, 미술은 색으로 표현하여 눈에 보여준다. 대칭은 바흐의 음악과 베토벤의 교향곡을 이해하는 훌륭한 언어이며, 스페인 그라나다에 있는 알람브라 궁전의 찬란한 문양을 감상하는 멋진 틀이다. 전쟁조차 포기하며 보호한 이 궁전을 '대칭의 궁전(palace of Symmetry)'이라 하지 않던가?

수학은 이 대칭의 아름다움을 군의 개념으로 경쾌하고 아름답게 표현하여 이성(理性)과 정신을 흡족하게 한다. 이 책은 다항식의 풀이에서 대칭의 중요성과 위력을 선명하게 증거한다. 5차 이상의 일반 다항식의 경우에는 덧셈, 뺄셈, 곱셈, 나눗셈, 그리고 거듭제곱근으로 표현되는 근의 공식이 존재하지 않는다는 사실을 대칭으로 설명하기 때문이다.

그러나 제목이 암시하는 분위기와는 다르게 이 책은 결코 쉽지 않은 내용을 다루고 있다. 화려한 전문 용어를 사용하지는 않지만, 갈루아 이론의 핵심 개념이 모두 등장한다. 아마추어 수학자인 저자가 만만치 않은 이론에 도전하여 이해하고 그 내용을 10대 딸에게 가르쳤다는 주장이 놀랍다. 수학자가 아니라면 갈루아 이론을 궁금해 하기도 쉽지 않거니와 비록 궁금하더라도 그 궁금증을 해소하려는 시도를 하지 않는 것이 보통인데…….

소설가인 저자는 그 궁금증을 해소하려 긴 세월을 투자했다. 그는 이 간단치 않은 이론을 이해하기 위해 처음부터 이차방정식과 삼차방정식 그리고 사차방정식의 근의 공식을 철저히 분석하였다. 전문적인 수학 용어와 전통적인 이론의 틀에 만족하지 않았다. 그러한 방식은 아마추어 수학자에겐 만족스럽지 못하고 어딘지 불편하였던 것이다.

본인이 이해하였다고 생각할 때, 또 한 명의 아마추어인 어린 딸에게 직접 설명함으로 자신의 이해의 깊이를 가늠해 보고 공고히 한 자세를 높이 사고 싶다. 추측하건대 본인이 이해하는 데 긴 세월이 걸렸듯이, 그가 딸에게 그 이론을 이해시키는 데에도 긴 세월이 걸렸으리라. 지금은 수학적으로 많이 성숙했을 그 '딸'을 만나 그를 통해 또 다른 방식과 언어로 갈루아의 이야기를 직접 듣고 싶다.

저자는 재일교포 2세이다. 한국인의 끈질긴 근성을 과시한 듯하여 저자에게 고마운 마음이다.

이 책의 설명이 수학 전문용어와 조화를 이루도록 단어 선택 하나하나에 유념한 두 명의 젊은 역자에게 고마운 마음을 전한다. 필요하다 여겨지는 부분마다 그들이 자세한 설명을 곁들여 놓지 않았더라면, 일반 독자들에게 일독을 감히 권하기는 어려웠을 것 같다.

우리나라에 '대칭'의 중요성을 절감한 출판사가 있으니 참 고맙다. '도서출판 승산'은 대칭에 관한 물리학책과 수학책을 꾸준히 발간해 오고 있다. 이번에 승산이 대칭에 관한 또 하나의 유의미한 책을 출간하게 된 것을 기쁘게 생각한다. 이 책에 적지 않은 분량의 역자 설명이 붙어 있음은 어떡하든지 독자의 이해를 돕고자 하는 출판사의 배려와 수고라고 여겨지니 고마운 맘 적지 않다.

책을 읽다가 수학적으로 더 깊이 알고 싶으면 적절한 '추상대수학' 또는 '현대대수학'을 참고하기 바란다. 우리나라에 훌륭한 '갈루아 이론'의 책이 이미 여러 권 출간되었다. 영어로 된 책을 원하면 'Abstract Algebra' 또는 'Modern Algebra'를 구하면 된다. '갈루아 이론'은 '대수학

(Algebra)'의 꽃이므로 모든 대수학책이 이를 다룬다.

대칭의 멋과 힘에 관하여 더 알고 싶으면 '도서출판 승산'이 대칭과 관련하여 출간한 여러 책을 읽으면 도움이 될 것이다.

아무쪼록 이 책을 통하여 방정식의 근의 공식에서 대칭이 어떠한 역할을 하는지 알게 되기를 소망한다.

수학 그 자체로 하는 '스토리텔링'

송영준 | 도봉고등학교 교사, 격월간 『수학과교육』 편집장

 개정된 교육과정에서 스토리텔링을 강조하자 여기저기서 스토리텔링 방식으로 수학을 가르친다면서 책이나 학습프로그램들을 내놓고 있습니다. 그 대부분은 학습하고자 하는 수학 개념에 맞춰 구성한 간단한 이야기(스토리)를 제시하는 방식입니다. 예를 들어 일차방정식을 학습하기 위해 누가 여행을 간다는 이야기를 하면서 그 속에서 일차방정식으로 해결될 수 있는 상황을 제시하는 것입니다. 그러나 이런 방식은 학생들이 더 흥미 있게 또는 깊이 있게 공부를 할 수 있도록 하기는 어려울 것입니다. 학습할 수학 개념에 맞게 그때그때 만든 이야기들이 학생들의 관심을 끌기도 어렵고, 이야기와 수학의 연결은 억지스러워서 그냥 수학만 공부할 때보다도 못한 결과가 되기 십상입니다.
 왜 수학 밖의 것들을 가지고 이야기를 만들려고 할까요? 수학 그 자체로 충분히 재미있는 이야기가 될 수 있는데 말입니다. 우리는 그리스 신화처럼 인물과 사건이 얽히고설킨 이야기, 추리소설처럼 작은 것이 단서가 되어 큰 문제를 해결하는 이야기에 빠져듭니다. 수학은 사실 바로 그런 이야기입니다. 초등학교에서 자연수를 나누던 셈법이 거의 똑같이 다항식을 인수분해할 때 쓰이고, 연립방정식의 풀이가 도형의 교점을 구할 때 쓰이며, 삼각함수와 소인수분해, 명제 등 전혀 상관도 없어 보이는 것들이 함께 모여 인터넷 통신을 가능하게 하는 것이 수학의 세계입니다. 동기부여를 위해 다른 것을 끌어들이려는 시도는 수학을

잘 모르는 자들의 어리석음일 뿐입니다.

그런 의미에서 『열세 살 딸에게 가르치는 갈루아 이론』은 수학 그 자체로 하는 스토리텔링의 예를 보여주는 책이라고 생각합니다. 이 책은 현대 수학의 중요한 성과이면서 (알고 나면) 매우 매력적인 주제인 갈루아 이론을 이해하는 것을 목표로 하여, 필요한 수학적 개념들을 공부하면서 그것들이 어떻게 연결되어 있는지 파헤쳐 나갑니다. 이 책은 추리소설처럼 일관성을 가진, 수학으로 이루어진 이야기입니다. 많은 수학적 내용을 담고 있기 때문에 읽으면 술술 이해가 된다거나, 추리소설처럼 손에 땀을 쥐면서 책장을 척척 넘길 수 있는 그런 종류는 아닙니다. 일종의 대안 교과서로서 한 단계씩 익혀가면서 시간을 두고 공부해야 할 책입니다. 하지만 내용을 나열하면서 보여주고 연습시킬 뿐인 보통의 교과서와는 달리, 전체적인 목적(갈루아 군으로 방정식을 해석함) 아래 일관성 있게 구성되어 있고, 내용의 연결성을 보여 주기 위해 몇 번이고 친절하게 설명하며, 각 장의 끝에서 저자와 딸이 대화하는 형식으로 다시 한번 정리해 줍니다. 이런 방법으로 저자는 결코 쉽지 않은 갈루아 이론을 어느 정도 관심이 있고 의지가 있는 고등학생 또는 일반인이 차근차근 따라가면 이해할 수 있는 수준으로 다루고 있습니다.

학생들은 입시에 매몰되어 수능 시험범위 밖은 쳐다보지 않고, 일반인은 수학이 돈 버는 데 소용없다며 그나마도 쳐다보지 않는 경우가 많을 것입니다. 하지만 그런 세태 속에서도 이런 책들이 출판되고, 누군가 읽는다는 것 자체가 희망을 갖게 합니다. 이 책이 많이 읽히기를 바라며, 나아가 더 많은 사람들이 수학이라는 이야기에 빠져들기를 바랍니다.

| 차례 |

추천의 글 _ 005

CHAPTER 0   갈루아 이론을 딸에게 가르쳐 보다 _ 014

CHAPTER 1   1차방정식과 2차방정식 _ 030

디오판토스의 꿈 _ 033

뿌리를 찾다 _ 043

수의 세계를 넓히다 _ 059

복소수로 끝? _ 075

2차방정식을 정복하다 _ 085

가짜를 찾아내다 _ 099

1을 두드려 잘게 쪼개 보자 _ 105

정수를 두드려 잘게 쪼개 보자 _ 113

CHAPTER 2 3차방정식과 4차방정식 _ 118

그 이름하여 니콜로 폰타나 타르탈리아 _ 121
계산, 계산, 지겨울 때까지 계산 _ 139
계산의 수렁을 기어 다니며 _ 149

CHAPTER 3 라그랑주, 군, 체 _ 160

밀어서 안 되면 당겨 보렴 _ 163
1+1=3을 증명? _ 181
대칭군이 사다리타기라고? _ 193
3차대칭군과 빙글빙글 치환 _ 223
4차대칭군을 해부하다 _ 241
5차대칭군에서 루빅스 큐브로 _ 257
비밀의 기술 '체(field)'에 도전하다 _ 277

CHAPTER 4 **에바리스트 갈루아** _ 292

여러분이 저를 꼭 기억해 주세요 _ 295
체(field)와 군(group)이 공명하다 _ 311
2층 구조의 군 _ 327
보조방정식을 풀다 _ 335
계산의 위를 뛰어넘다 _ 341

부록 _ 361
저자 후기 _ 376
찾아보기 _ 378

대칭은
그 의미를 넓게 잡건 좁게 잡건
사람이 몇 대에 걸쳐 이해하고
그에 의거하여
질서와 아름다움, 완벽함을
창조하려고 애써 온 관념이다.

헤르만 바일(Hermann Weyl), 『대칭(Symmetry)』

CHAPTER 0

갈루아 이론을 딸에게 가르쳐 보다

현대대수학(추상대수학)은 갈루아 이론을 빼놓고는 논할 수 없다.

프랑스 7월 혁명의 폭풍이 세차게 불어대는 파리를 방황하던 에바리스트 갈루아는 혁명적 비밀결사 '민중의 벗'에 참가해 부정, 불의, 부패로 넘치는 사회를 개혁하려 했지만, 뜻을 이루던 중에 쓰러지고 만다. 급히 달려온 동생에게 갈루아는 "울지 마, 20살 나이에 죽으려면 엄청난 용기가 필요한 법이란다"라는 말을 남겼다. 그리고 이것은 갈루아가 남긴 마지막 한마디가 되었다.

하지만 갈루아는 수학의 세계에 눈부신 혁명을 불러일으켰다.

내가 갈루아에 대해 알게 된 것은 20대 중반이었다. 나는 10대 소년이 발견한, 당시 수학자들조차 너무 어려워서 이해하지 못했다는 갈루아 이론을 이해하고 싶었다.

갈루아의 '첫 번째 논문'이라 불리는「거듭제곱근에 의해 방정식이 풀

프랑스 7월 혁명의 열기를 전해주는 들라크루아(Delacroix)의 「민중을 이끄는 자유의 여신」

리기 위한 조건」이 처음으로 프랑스 과학 아카데미에 제출된 것은 그가 죽기 3년 전인 1829년이었다. 당시 갈루아는 17세였다. 갈루아가 수학을 배우기 시작한 것은 14세 때였다. 다시 말해, 수학을 배우기 시작하고 불과 3년 만에 갈루아 이론의 기초를 쌓아올린 것이다.

아무리 시대를 초월한 이론이라고 해도, 일본으로 치자면 가세이(化政) 시대, 오시오 헤이하치로(大鹽平八郞)가 막부의 악정(惡政)에 분개해 봉기하기 8년 전에, 수학을 배운 지 불과 3년밖에 되지 않은 소년이 생각해낸 것이다. 나는 오만하게도 20세기의 끝자락을 살아가고 있는 내가 이해하지 못할 것도 없지 않은가라는 생각을 했다. 그리고 '갈루아 이론'이라는 제목이 붙은 몇 권의 책에 도전했다. 결과는 참담했다. 대부분 이해할 수 없었다. 전문적인 책은 물론이고 일반인을 위한 책조차도 읽기 힘들었다.

나는 고등학교 때까지 수학을 잘하는 편이었고 성적도 나쁘지 않았다. 대학 입시 때에도 수학 공부를 마치 수수께끼를 풀듯이 즐겼던 기억이 있다. 하지만 수학 자체에 그렇게 흥미를 느끼진 않았고, 주제넘게도 '문학'을 평생의 직업으로 삼겠다는 생각에 대학은 문학부로 진학했다.

만약 고등학교 시절 이전에 갈루아를 알았거나 수학을 더 깊이 있게 공부했더라면, 수학과로 진학해서 지금쯤 수학 교사가 되어 있을지도 모른다는 생각을 하니 기분이 이상하다.

대학에서는 수학 강의를 들을 일도 없었고, 그렇게 몇 년이 흘렀다. 그러던 어느 날, 갈루아 이론을 접하게 된 것이다.

지금 생각해 보면 무모하기 그지없는 일이지만, '명저'라는 소문을 듣고, 아르틴(Emil Artin)의 『갈루아 이론 입문』을 처음으로 집어들었다. 첫 페이지부터 이해할 수 없었다. 물론 일본어 번역본으로 읽었지만, 일본어로 쓰여 있다는 것조차 믿을 수 없는 지경이었다. 무리해서 몇 장 읽어 보았지만, 전혀 이해할 수 없었다. 외국어로 쓰인 책을 포함해서, 읽어도 내용을 이해할 수 없는 책은 태어나서 처음이었다.

그 후에도 몇 권의 책을 더 읽어 보았지만, 결과는 비슷했다.

일반인을 위해 쉽게 쓰인 책 중에는 고등학교 수준의 지식만 있으면 된다고 적혀 있는 책도 몇 권 있었다. 그럼에도 불구하고 나는 이해할 수 없었다. 그 책들에는 고등학교 수준 이상의 개념에 대해서는 설명이 되어 있었지만, 그 정도 설명만으로 이해할 수 있을 만큼 만만하지 않았던 것이다.

몇 년에 걸친 노력은 물거품으로 돌아갔다.

40대가 되어 서울에 머물던 때, 우연히 서점에서 『대수학』이라는 책을 발견했다. 책장을 훌훌 넘기며 내용을 살펴보니 갈루아 이론이 그 중심에 자리 잡고 있었다. 오랜만에 다시 갈루아 이론에 도전하려고 하니 피가 끓기 시작했고, 그 책과 함께 연습문제가 많이 실려 있는 『대수연습』이라는 책도 샀다. 물론 해설은 한국어로 되어 있었다.

나는 일본에서 태어나서 일본에서 자랐기 때문에, 한국어는 외국어로 배웠다. 나에게 익숙하지 않은 언어라는 점이 다행히도 좋게 작용했는지 이번엔 갈루아 이론의 기초를 그럭저럭 이해할 수 있었다.

이해하고 나니 이번엔 그 훌륭함을 다른 사람에게도 알려 주고 싶다는 생각이 들었다.

갈루아 이론이나 갈루아의 생애를 다룬 책은 매우 많지만, 모두 극과 극을 달리고 있었다.

전문적인 책은, 나처럼 고등학교 수준의 수학 정도는 나름대로 이해할 수 있으니 소년 갈루아가 어떤 것을 생각해냈는지 대강이라도 알고 싶은 사람들이 감당하기에는 너무 어려웠다.

전문 수학자들은 수학의 세계에만 너무 푹 빠져 살아서인지, 일반인들의 수준에 대해서 몰라도 너무 모르는 건 아닌가 싶기도 했다.

예를 들어, 일반적인 수학책은 정의, 정리, 증명을 늘어놓고 형식적인 '해설'을 달아놓은 것에 불과하다. 이러한 책들은 일반인들의 이해를 도모하고 있다고는 하지만, 마치 산에 가서 고래를 찾고, 바다에 가서 사슴을 찾는 것과 다를 게 없다.

애초에 보통 사람들은 '증명'을 이해했다 하더라도 그 개념을 이해할 수는 없다. 특별히 '귀류법' 등을 사용해 증명할 수는 있겠지만 사실 제대로 이해하진 못한다.

귀류법이란, 증명하고 싶은 것의 부정(否定)을 가정하고 모순을 이끌어내서 원래의 명제가 참이 아님을 증명하는 방법이다. 증명하려는 것의 부정이 참이 아님을 증명하면 '증명'으로서는 완벽할지 모르겠지만, 이것만으로는 증명하려는 것이 어떤 내용인지 이해할 수 없지 않을까?

가장 먼저 수학에 '증명'을 들여 놓은 사람들은 고대 그리스인들인데, 그들은 논쟁의 상대를 이기기 위해 증명을 하기 시작했다. 상대방을 이해시키기 위해 증명을 한 것이 아니다. 증명은 논쟁의 도구이지, 이해를 재촉하는 여신의 속삭임이 아니라는 것을 수학자들은 잊고 있는 것 같다.

사실은 수학자들도 보통의 수학책에 적혀 있는 것처럼 정리→증명→정리→증명을 반복하며 수학을 연구하고 있지는 않을 것이다. 그중에는 모차르트처럼 총보(總譜)를 그리기도 전에 머릿속에서 음악이 흘러나오기 시작하는 천재도 있겠지만, 대부분은 그렇지 않을 것이다. 보통은 난문을 앞에 두고 고민하며 이것저것 실험을 한다거나 구체적인 경우에 대해 조사하는 방법 등을 통해 어떻게든 해결해 나가고 있을 것이다.

한편 수학자라는 사람들은 모두 겉모습에 신경을 많이 쓴다. 일단 문제를 해결하고 나면, 진흙탕 속을 기어 다니던 과거는 깨끗이 씻어내고, 논문에는 아름답고 우아한 해법이나 증명만을 적는다.

수학책을 쓸 때도 마찬가지이다.

갈루아 이론을 다룬 책을 읽으면서 나는 마음속으로 이렇게 중얼거렸다. '이 녀석들, 사람들이 이해하기를 바라고 있질 않아. 오히려, "너희들은 이해가 안 갈지도 모르겠지만, 우리는 이런 훌륭한 이론을 생각해 냈다고!"라며 그저 자랑하려는 건 아닐까?'

반대로 수학적인 해설이 없는 책에서는 갈루아 이론을 '혁명적'이라든가 '훌륭하다'고는 말하지만, 대체 어디가 혁명적이고 훌륭한지에 대해서는 언급하고 있지 않다. 그것만으로는 독자의 지적 욕구를 채워주기 어렵다. '훌륭한' 이론은 눈앞에 어른거리는데 그 내용은 전혀 알 수가 없기 때문이다.

그래서 그 양극의 중간 정도의 책을 써 보고 싶다는 생각이 들었다. 고등학교 수준의 수학이라면 어느 정도 이해할 수 있으니, 갈루아가 무엇을 생각했었는지 알고 싶어하는 사람들이 읽을 수 있는 책을 말이다.

그 첫 번째 시도가 『무진산학전기(戊辰算學戰記)』였다. '소설로 읽는 갈루아 이론'에 도전했던 것이다.

『무진산학전기』는 막부 군사 고문으로 일본에 와 있던 프랑스인에게 라그랑주 수학을 배운 유키 감베에(結城勘兵衛)가 무진전쟁(보신전쟁)으로 각지를 전전하며 와산가(和算家)인 노인과 그의 손녀를 만나게 되어 방정식론을 연구해 나가는 이야기이다.

그런데 이 소설에서 수학에 관련된 부분을 편집자가 싹둑 잘라버렸다. 일반 독자들이 잘 이해하지 못할 것이라는 게 그 이유였다. 그래서 출판된 『무진산학전기』에는 수학에 대한 내용이 너무나도 불충분해졌다.

하지만 이 소설에 대해서 "스토리는 재미있었지만, 수학에 대한 내용은 전혀 이해가 안 갔다"와 같은 독자 후기를 접하면, 편집자의 판단이 정확했다는 것을 인정할 수밖에 없다. 처음 원고 그대로 출판했더라면 많은 독자들이 도중에 포기했을 것이다. 애초에 재미로 읽는 시대소설 속에 수학 내용을 담는다는 것 자체가 말도 안 되는 얘기였던 것이다.

소설에 갈루아 이론을 담아내는 것은 무리가 있다 하더라도, 갈루아 이론을 쉽게 풀어쓴 책을 쓰고 싶었던 차에 마침 올해 딸아이가 중학교에 입학하여 문자식과 방정식을 배우기 시작했다. 그래서 내 딸이 이해할 수 있게 갈루아 이론을 쉽게 써 보자는 생각이 든 것이다. 중학생에게 갈루아 이론을 가르치는 것이 무모하기 그지없는 생각일지도 모르지만, 만약 그게 가능하다면 세상에서 가장 쉬운 해설서가 될 것이다.

지금부터 한 장(章)을 완성할 때마다 딸에게 읽혀 보고, 함께 토론을 거듭하며 써 나가려 한다. 딸아이가 느낀 점이나 바라는 점 등도 적절하게 더해 적으려고 한다. 다시 말해서 이 책은 중학교 1학년 딸 채은이와의 합동 작품이다.

목표는 갈루아가 생을 마감하기 전날 '시간이 없다'며 휘갈겨 써서 절친한 친구 오귀스트 슈발리에(Auguste Chevalier)에게 보낸 편지에서 언급한 '첫번째 논문'을 이해하는 것이다.

파리, 1832년 5월 29일

나는 해석학에서 몇 가지 새로운 성과를 올렸네.
방정식론에 관련된 것도 있고, 적분함수에 관한 것도 있다네.
방정식론에 대해서는, 어떤 경우에 방정식을 거듭제곱근으로 풀 수 있는가를 탐구했지. 그래서 나는 이 이론의 내용을 심화시킬 수 있었고, 거듭제곱근으로 풀 수 없을 때에도 방정식에 대한 가능한 모든 변환을 적어서 표현할 수 있게 되었다네.

이 모든 것으로부터 세 편의 논문을 쓸 수 있을 거야.

첫 번째 논문은 이미 완성했고, 이에 대한 푸아송의 의견은 신경 쓰지 않고 내가 정정한 내용과 함께 보존하고 있다네.

두 번째 논문은 방정식론의 매우 흥미로운 응용을 담고 있다네. 가장 중요한 성과는 대략 다음과 같다네.

첫 번째 논문의 명제 II, III에 따르면, 방정식에 그 보조방정식의 해를 하나 첨가하는 것과 모든 해를 첨가하는 것 사이에는 큰 차이가 있다.

두 가지 경우 모두 첨가에 의해 방정식의 군(群)은 하나에서 다른 것으로 동일한 치환에 의해 변하는 집합으로 분할된다. 그러나 이 집합들이 동일한 치환을 통해 만들어진다는 조건은 두 번째 경우에 한해서만 성립할 뿐이다. 이를 고유방정식이라 부른다.

다시 말해서, 군 G가 또 다른 [군] H를 포함할 때, 군 G는 H의 치환 전체에 동일한 치환을 곱하여 만들어진 집합으로 $G=H \cup HS \cup HS' \cup \cdots\cdots$와 같이 분할될 수 있고, [군 G는] $G=H \cup TH \cup T'H \cup \cdots\cdots$와 같이 동일한 치환을 곱하여 이루어진 집합으로 분할될 수 있다.

이 두 가지 분할 방법은 일반적으로 일치하지 않는다. 이것이 일치할 때, 그 분할을 고유분할이라고 한다. 방정식의 군이 어떤 고유분할도 불가능할 때, 이 방정식을 변환하더라도 변환된 방정식의 군이 항상 같은 개수의 치환을 갖는다는 것은 쉽게 알 수 있다.

이에 반해, 방정식의 군이 N개의 치환으로 이루어진 M개의 집합으로 고유분할될 수 있을 때, 주어진 방정식은 2개의 방정식을 사용하여 풀 수 있다. 한쪽(의 방정식의 군)은 M개의 치환으로 이루어진 군이고, 다른 한쪽(의 방정식의 군)은 N개의 치환으로 이루어진 군이 된다.

따라서 방정식의 군에 대해서, 이 군에 가능한 모든 고유분할을 하면 변환은 할 수 있지만 그 치환이 항상 같은 개수가 되는 군에 도달한다.

만약 이 군들이 각각 소수 개의 치환으로 이루어져 있다면, [원래의] 방정식은 거듭제곱근으로 풀 수 있을 것이다. 그렇지 않으면 풀리지 않을 것이다(즉, 거듭제곱근으로는 풀 수 없을 것이다).

분할 불가능한 군이 가질 수 있는 치환의 최소 개수는 그 개수가 소수가 아니라면 $5 \times 4 \times 3 = 60$개이다.

(중략)

나는 지금까지 확신이 서지 않는 명제를 제출하는 위험한 모험도 많이 해왔지만, 여기에 쓴 것은 모두 1년 가까이 내 머릿속에 들어 있던 것들이네. 또한, 나는 지금까지 사람들에게 완전한 증명도 제대로 되어 있지 않은 정리(라고 생각되는 정리)를 발표하는 것이 아니냐는 의심을 사왔기 때문에 (이번만큼은 나 자신도) 실수를 하지 않도록 충분히 주의를 기울였다네.

야코비 선생이나 가우스 선생께 이 정리들의 참과 거짓이 아닌 그 중요성에 대한 의견을 제시해 달라고 공개적으로 부탁을 하게.

그렇게 하면 언젠가는 이 알기 어려운 내용을 해독해서 자신들에게 유용하게 사용할 사람들이 나타날 것이라고 나는 굳게 믿고 있다네.

― 야마시타 준이치의 『갈루아에의 레퀴엠』에서 일부 변형

갈루아의 첫 번째 논문을 이해하는 것이 목표라고 했었는데, 살짝 정정하려고 한다. 갈루아는 이 논문에서 대수방정식이 거듭제곱근으로 풀리기 위한 필요충분조건을 유도하고 있지만, 갈루아의 방식은 꽤 난해하다. 왜 당시 수학자들이 이해할 수 없었는지 충분히 이해가 간다.

체(體, field)의 이론으로부터 유도해 나가는 것이 이해하기에는 더 쉽지만, 중학생에게는 부담이 크다. 따라서 이 책에서는 일반적인 n차 대수방정식에 한해서만 이야기를 하려고 한다. 그렇게 하면 그 갈루아군은 n차대칭군이 되기 때문에, '갈루아군의 구성'이라는 난문을 피할 수 있다('n차대칭군'은 3장에서 설명한다. 또한 모든 n차방정식의 갈루아군이 n차대칭군은 아니다. 그러나 이 책의 목표인 갈루아의 유서 내용을 이해하기 위해서는 저자의 설명대로 일반적인 n차방정식의 갈루아군을 n차대칭군으로 생각하여도 크게 문제되지 않는다. 이에 대해서는 뒤에서 다시 설명한다-옮긴이).

그렇게 하더라도 갈루아 이론의 향기는 충분히 느낄 수 있을 것이다.

::::

 갈루아의 유서가 뭘 말하고 있는지 전혀 모르겠어요.

 물론 그럴 테지만, 이 책을 다 써내려갈 즈음에는 어떻게든 이해할 수 있을 거란다.

 정말 이해할 수 있을까요? 그런데 갈루아 이론은 한마디로 말하자면 어떤 거죠?

한마디로 말할 수 있었다면 이런 책은 쓸 필요도 없었겠지.

그렇지만 아무것도 모른 채 무작정 열심히 배우겠다고 약속할 수는 없어요. 저도 바쁘단 말이에요. 게임도 해야 하고 만화책도 읽어야 하고…….

아빠를 좀 도와주렴. 생활이 걸린 문제란다. 흠, 그럼, 간단하게 설명해 주지. 현대에서 갈루아 이론은 정말로 다양한 분야에서 응용되고 있지만, 갈루아는 방정식에 대해서 고민하다가 이 이론을 생각해냈단다. 당시에는 4차방정식까지 근의 공식이 발견되어 있었지만, 5차방정식의 근의 공식은 발견되지 않았었지. 그래서 수학자들은 5차방정식의 근의 공식을 찾기 위해 많은 노력을 기울였단다. 그런데 이 5차방정식의 계산은 정말이지 너무나 번거로워서 웬만해선 해내기가 어려웠어. 당시의 수학자들은 계산의 수렁을 기어 다니며 어떻게든 희망을 찾아내기 위해 애썼단다. 라그랑주라는 수학자가 어느 정도 길을 터주긴 했지만, 라그랑주조차 '성공 여부도 알 수 없는 계산을 이렇게 계속하고 있을 수는 없다'는 말을 하며 도망갈 정도였지.

 그럼 그 계산의 수렁에 저를 끌어들이시려는 거예요?

이야기를 끝까지 들어 보렴. 사실은 그 수렁 위를 근두운(筋斗雲, 명나라 때의 장편소설 『서유기(西遊記)』의 주인공인 손오공이 타고 다니는 구름으로, 장거리를 단숨에 날 수 있다–옮긴이)을 타고 뛰어넘은 사람이 바로 갈루아란다.

 근두운이라뇨? 너무 촌스러운 비유 아니에요?

재미있지 않니? 갈루아는 근두운을 타고 계산의 수렁 위를 음속의 속도로 뛰어넘어, 실제로 계산을 하지 않고도 그 한계를 파악했단다. 어떠니? 굉장하지?

정말로 근두운이 나온다면 좋겠지만, 그렇게 재미있어 보이는 이야기는 아니네요.

아니, 재미있단다. 아주 재미있을 거야. 아빠가 보장하마.

정말이에요? 저는 만화책을 읽는 게 더 재미있을 것 같은데요……?

흠……. (팔짱을 끼고 고민한 후) 그럼, 이렇게 하자. 책이 만들어지면 인세의 10퍼센트를 줄게. 그러니까 아빠를 도와주렴.

오, 정말이에요? 우와!! 1,000만 부까지는 무리라고 해도, 100만 부만 팔려도 인세는……(하며 계산을 시작한다.)

(채은이가 평소에 읽는 책이나 만화책에서 (해리포터처럼 몇 억 부씩 팔린 특별한 경우는 제쳐두고) 항상 '천만 부 돌파'라든가 '몇 백만 부 돌파'라는 문구를 자주 보는 탓인지, 책이 언제나 그렇게 많이 팔려나간다고 생각하는 모양이다. 출판 불황이라고 하는 지금, 내가 쓴 책들이 얼마나 악전고투하고 있는지를 전혀 모르고 있다. 말도 안 되는 소리를 해도 아이는 아이인가 보다. 여기서는 아무 말도 하지 말고, 딸아이가 계속해서 꿈속에 있도록 내버려 둬야겠다.)

채은이의 노트

지금 생각해 보면, 정말 말도 안 되는 약속을 한 것이다. 덕분에 중학교 1학년 때부터 자주 갈루아를 접하게 되었다. 여기에만 살짝 적어 두는 이야기지만, 아빠가 '몬스터 헌터 3'이라는 게임에 들인 시간이 540시간이다. 다시 말해서, '폐인'되기 일보 직전이었다. 그런 분이니까 지금도 중학교 1학년 딸에게 갈루아 이론을 가르치겠다는 말도 안 되는 생각을 했는지도 모르겠다. 참고로 나는 110시간을 했다. 나는 게임을 더 많이 하고 싶지만 시간이 없는, 지극히 성실한 아이이다.

대칭은 어디에나 존재한다.
대칭은 음악, 춤, 시, 건축 등
모든 형태의 예술에서 핵심 요소이며,
주요하고 결정적인 주제가 되곤 한다.
대칭은 모든 종류의 과학에 스며 있으며
화학, 생물학, 생리학, 천문학에서는 확고한 지위를 누린다.
대칭은 물질의 구조라는 내적 세계,
우주라는 바깥 세계,
수학이라는 추상 세계에 걸쳐 두루 존재한다.

**리언 레더먼, 크리스토퍼 힐,
「대칭과 아름다운 우주」**

CHAPTER 1

1차방정식과 2차방정식

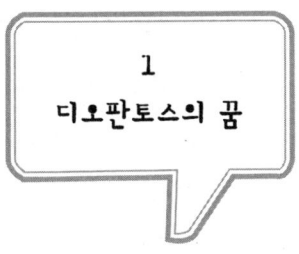

1
디오판토스의 꿈

초등학교에서는 흔히 말하는 응용문제를 풀 때, 양적 관계를 하나하나 꼼꼼하게 생각하며 풀어나간다. 예를 들면 다음과 같다.

많은 양의 종이가 있다. 학생들에게 3장씩 나누어 주었더니 17장이 남았고, 5장씩 나누어 주었더니 105장이 부족했다. 학생은 모두 몇 명인가?

이 문제는 '분배산(分配算)'이라 불리는 문제이다. 초등학교에서는 이 문제를 면적을 나타내는 그림을 이용해서 푼다.

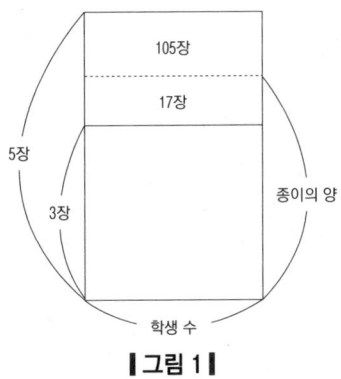

┃그림 1┃

그림에서 점선까지의 부분이 종이의 양을 나타낸다고 하자. 종이를 3장씩 나누어 주었을 때 17장이 남았기 때문에 점선에서 실선까지는 17장, 5장씩 나누어 주었을 때 105장이 부족했기 때문에 점선의 윗부분은 105장이 된다. 그러면 그림으로부터,

$$105 + 17 = 122$$

이며, 122장은 모든 학생들에게 2장씩 나누어 주었을 때 필요한 종이의 매수가 된다. 따라서

$$122 \div 2 = 61$$

이고, 이 값이 학생 수이다. 종이의 매수까지 구해 보면,

$$61 \times 3 + 17 = 200$$

또는

$$61 \times 5 - 105 = 200$$

이므로, 200장임을 알 수 있다.

이 문제를 방정식을 이용해 풀고자 한다면, 문제의 내용을 방정식으로 표현하는 것만으로도 충분하다. 그다음에는 의미를 생각하지 않아도 기계적으로 계산해 나갈 수 있기 때문이다.

직접 문제를 풀어 보자.

학생 수를 x라고 하자.

한 사람당 3장씩 나누어 주려면 $3x$장이 필요하다. 17장이 남았기 때문에 종이는 총 $3x+17$장이 된다. 또, 한 사람당 5장씩 나누어 주기 위해서는 $5x$장이 필요하며, 105장이 부족했기 때문에 종이는 총 $5x-105$장이 된다.

따라서 방정식은

$$3x + 17 = 5x - 105$$

이며, 이항하고 정리하면 다음과 같다.

$$3x - 5x = -105 - 17$$
$$-2x = -122$$
$$x = 61$$

이처럼 방정식을 세울 때까지는 의미를 생각해야 하지만, 식을 세우고 나서는 기계적으로 계산해서 답을 구할 수 있다. 바로 여기에 방정식의 묘미가 있는 것이다. 단, 방정식의 조건과 문제의 의미가 항상 일치하지 않을 수도 있기 때문에 주의를 기울일 필요가 있다.

인류 문명의 발상지는 메소포타미아의 티그리스 강과 유프라테스 강이 만들어낸 비옥한 삼각지대로 전해지며, 이곳은 현재의 이라크에 해당한다. 이곳에서 번영한 많은 문명은 초기부터 수학을 연구해 왔다. 방정식에 관해서는, 1차방정식은 물론이고 2차방정식에 대해서도 꽤 자세히 밝혀냈다고 한다.

메소포타미아 옆에 위치한 이집트의 유적에서도 수학의 흔적이 다수 발견되었다. 고대 이집트에서는 이미 1차방정식을 이용해 문제를 풀었다. 그러나 현대의 수학과 같이 제대로 기호화되어 있진 않았기 때문에, 일반인들에게는 마법처럼 보였을 것이다. 고대 이집트에는 현대에 사용되고 있는 것과 같은 분수도 발명되어 있지 않았기 때문에, 매우 복잡한 분수를 사용해서 문제를 풀었다.

인도에서도 독특한 수학이 발전했다. 인도 수학은 문제와 해법이 모두 시(詩)로 되어 있어서 시를 읊으며 수학을 익혔다고 한다. 시로 수학을 배우는 것은 현대까지도 계속되고 있으며, 수학 역사 속에서 뛰어난 천재라 불리는 라마누잔(Ramanujan)도 처음에 그렇게 수학을 배웠다고 한다.

┃연습문제┃ 고대 이집트의 수학책 린드 파피루스(Rhind Papyrus)에 실려 있는 최고의 난문을 풀어 보자.

어떤 수에, 그 수의 3분의 2배와 2분의 1배와 7분의 1배를 더했더니 33이 되었다. 그 수는 무엇인가?

아인슈타인이 아니더라도 누군가가 상대성이론을 발견했을 테지만, 라마누잔이 없었다면 인류는 지금까지도 그가 발견한 아름다운 정리를 알지 못했을 것이라는 말이 있다. 그만큼 라마누잔의 발견은 독특하며, 지금도 라마누잔이 어떻게 그러한 아이디어를 떠올릴 수 있었는지 정확히 밝혀져 있지 않다. 라마누잔은 '나마기리'라는 여신이 꿈에 나타나 가르쳐주었다고 말했다고 한다.

이처럼 수학의 역사는 매우 깊으며, 인류의 역사와도 비슷하다고 할 수 있다. 1차방정식은 기록으로 남아 있는 가장 오래된 수학책에 이미 등장하고 있다.

그런데 고대의 방정식 연구는 모두 말로 기술되어 있기 때문에, 방정식을 푸는 것이 굉장히 어려웠다. 본격적으로 기호를 사용해 방정식을 연구하기 시작한 사람은 3세기에 활약한 디오판토스이다. 기록에 의하면, 디오판토스의 묘비에는 다음과 같은 문장이 적혀 있다고 한다.

나는 내 생의 1/6을 소년으로 보냈다. 그 후, 인생의 1/12이 흘렀을 때 턱수염이 나기 시작했다. 그리고 인생의 1/7이 지나서 결혼을 했다. 결혼을 하고 5년 후에 아들이 태어났고, 아들은 나의 수명의 1/2만큼을 살았고, 나는 아들이 죽고 나서 4년을 더 살았다. 나는 몇 년을 살았는가?

│연습문제│ 방정식을 사용해서 디오판토스의 나이를 구해 보자.

디오판토스에 대해 연구했다고 전해지는 여성 수학자이자 철학자가 있다. 영화 『아고라(2009)』의 여주인공이기도 한 히파티아(Hypatia, 370?~415.3)이다. 유럽과 미국에서는 매우 유명하며, 그중에서도 수학이나 철학을 공부하는 여성들에게는 특히 동경의 대상과 같은 존재라고 한다.

히파티아는 신비주의(mysticism)를 철폐하고 모든 것을 합리적이고 과학적으로 생각하려 했기 때문에 당시의 그리스도 교도와 첨예하게 대립했다. "미신을 진실로 가르치는 것은 너무나도 무서운 일입니다."(히파티아의 서간 중에서)와 같은 그녀의 언동은 완고한 그리스도 교도를 화나게 하기에 충분했다.

역사가 에드워드 기번(Edward Gibbon)은 『로마제국쇠망사』에 히파티아의 비참한 최후에 대해 적은 바 있다. 그 내용에 따르면, 히파티아는 총대주교 키릴로스의 지휘에 따라 사순절 운명의 날, 타고 있던 마차에서 강제로 끌려 내려져 옷을 빼앗기고 교회에 납치되었다고 한다. 그리고 그녀는 옷이 모두 벗겨진 채 날카로운 조개껍데기로 갈기갈기 찢겨 무참하게 살해당했다고 한다.

하지만 어느 누구도 히파티아를 살해한 키릴로스에게 죄를 묻지 않았고, 오히려 키릴로스는 알렉산드리아에서 이교도를 추방한 공로자로 추앙받았다. 19세기가 되어 로마 교황 레오 13세는 그를 성인(聖人)의 대열에 들어서게 했다.

히파티아의 참혹한 죽음을 계기로 수학과 과학을 사랑하는 많은 사람들은 알렉산드리아를 떠났다. 그리스 이후의 수학과 과학의 전통의 맥은 이때 끊기게 되고, 유럽은 천 년도 넘게 지속되는 지식의 암흑시대를 맞이하게 된다.

::::

 히파티아 이야기는 정말 참혹하네요. 히파티아가 너무 불쌍해요.

인간의 잔학 행위에는 여러 가지가 있지만, 무엇보다도 가장 무서운 건 정의의 이름으로 행해지는 잔학 행위지. 정의를 위한 행동이라 여겼으니 무엇이든 죄책감 없이 저지를 수 있었는지도 모르겠구나. 역사 이야기는 이쯤에서 그만 하고, 수학 이야기로 돌아가도록 하자. 이집트 수학책에 실려 있는 난제를 풀어 보렴.

 그렇게 어려운 문제 같진 않은데요? 음, 한번 풀어볼까? 먼저 문제의 조건을 방정식으로 나타내면,

$$x + \frac{2}{3}x + \frac{1}{2}x + \frac{1}{7}x = 33$$

 그렇지!

 분모를 없애려면, 3과 2와 7이니까 양변에 42를 곱하면 되겠네요.

$$42x + 28x + 21x + 6x = 1386$$

$$97x = 1386$$

$$x = \frac{1386}{97}$$

이렇게 이상한 값이 답이라고요?

 그게 정답이란다. 그럼, 다음으로 가서 디오판토스의 나이는?

이런 문제는 방정식을 안 쓰는 게 더 편해요. 소년으로 지낸 시간이 인생의 1/6, 수염이 날 때까지가 인생의 1/12, 그리고 결혼까지 1/7, 아들의 나이는 디오판토스의 1/2이니까, 먼저 전부 다 더하면,

$$\frac{1}{6} + \frac{1}{12} + \frac{1}{7} + \frac{1}{2} = \frac{14}{84} + \frac{7}{84} + \frac{12}{84} + \frac{42}{84}$$
$$= \frac{75}{84}$$

전체를 1이라고 생각하면 나머지는 9/84. 이만큼이 결혼해서 아들이 태어날 때까지의 시간인 5년과 아들이 죽고 난 후의 4년, 즉 9년에 해당하겠네요. 전체의 9/84가 9년이니까, 전체는 84년이 돼요. 따라서 디오판토스는 84살까지 살았어요.

 잠깐, 잠깐! 방정식에 관한 책이니까 방정식을 세워서 풀어주지 않으면 곤란하지.

네, 알겠어요. 먼저 디오판토스의 나이를 x살이라고 하고 방정식을 세우면

$$\frac{1}{6}x + \frac{1}{12}x + \frac{1}{7}x + 5 + \frac{1}{2}x + 4 = x$$

분모를 없애기 위해 양변에 84를 곱하면

$$14x + 7x + 12x + 420 + 42x + 336 = 84x$$

x가 있는 항을 좌변으로, 상수항을 우변으로 이항하

$$14x + 7x + 12x + 42x - 84x = -420 - 336$$

각각을 계산하면

$$-9x = -756$$

양변을 -9로 나누면

$$x = 84$$

이제 됐죠?

여기서 특히 주목해 주었으면 하는 것이 있단다. 중학생도 간단하게 방정식을 풀 수 있는 것은 기호가 너무나도 잘 만들어져 있기 때문이야. 기호에 익숙해지면 그것이 당연한 것처럼 느껴져서 그 고마움을 잊어버리기 쉽지만, 기호를 사용하지 않고 방정식을 풀려고 해 보면 아마 기호의 고마움을 실감할 수 있을 거란다.

 일단 방정식을 세우고 나면 머리를 쓰지 않고도 풀 수 있다는 말씀이라는 건 알겠는데, 이 정도 문제라면 굳이 기호를 쓰지 않아도 될 것 같은데……?

이제부터 너 복잡한 수학을 공부해 나갈 거란다. 예를 들어 고등학교에 들어가면, 미분 적분이라는 걸 배우게 될 텐데, 미분 적분 역시 기호로 잘 표현되어 있어서 예전에는 천재들만이 이해할 수 있었던 계산을 보통의 고등학생들도 이해할 수 있게 된 거지. 지식이 만인에게 알려져 있음을 여실히 드러내는 것이 바로 수학의 훌륭한 기호란다.

네, 네. 고맙습니다. 고마워요. 방정식의 기호화를 발전시켜 준 디오판토스님, 너무 너무 감사합니다.

2 뿌리를 찾다

그리스 수학의 전통은 유럽에서 끊어지긴 했지만, 아라비아 세계가 그 선통을 계승하여 크게 발전시켰다. 마호메트가 창시한 이슬람교를 신봉하는 이슬람 제국은 공전의 번영을 불러일으켰으며, 수도인 바그다드는 세계의 중심이 되었다. 이슬람 제국은 학문과 예술을 장려했고, 그 밖에도 수학을 비롯한 모든 문화가 번영했다.

당시의 아라비아 수학자 중에서 특히 저명했던 인물은 9세기 전반에 걸쳐 활동했던 알콰리즈미였다.

알콰리즈미는 그의 저서 『알자브르와 알무카발라』로 유명해진다.

알자브르란, 현대 용어로 말하자면 방정식의 양변에 어떤 값을 더해서 이항하는 것이고, 알무카발라는 방정식의 양변에서 어떤 값을 빼서 이항하는 것을 의미한다. 즉, 이 책은 대수학 교과서이다.

이 알자브르라는 말은 후에 유럽에 전해져 algebra = 알지브라(대수학)의 어원이 된다.

알콰리즈미의 업적은 수없이 많지만, 여기에서 강조해 두고 싶은 것은 2차방정식의 해법을 거의 완벽하게 밝혔다는 점이다.

아라비안나이트 시대였다.

뱃사공 신드바드처럼 당시 아라비아 사람들은 '다우'라고 불리는 갈대 배를 타고 멀리 중국까지 가서 교역을 했다. 중국에서는 '당(唐)'이라는 대제국이 번영했고, 당의 수도인 장안(長安)은 국제도시로 발전해 있었다.

바그다드와 장안을 엮는 무역은 세계 최초의 국제무역으로 전해지고 있다. 이 국제무역의 동단(東端)을 떠받들고 있던 것은 고민(皐民)이라 불리는 사람들이었다. 아라비아 상인은 중국 남부까지밖에 가지 않았기 때문에 중국 남부와 동부, 조선, 류큐(일본 오키나와의 옛 지명-옮긴이), 일본을 연결하여 활약한 바다의 민족이 바로 고민(皐民)이었다.

고민은 장보고(張保皐)라는 남자를 중심으로 단결했다(일본의 사료에는 장보고(張寶高)로 기록되어 있다). 마지막 견당선(遣唐船)에 탔던 엔닌(圓仁)이라는 승려의 일기에는 장보고를 중심으로 한 고민의 활약이 생생하게 그려져 있다.

신라의 외딴섬 출신의 장보고는 신라 조정으로부터 '해도민(海島民)'이라며 멸시를 당했다. 고민은 신라나 일본, 당과 같은 '민족'이나 '국가'를 초월한 존재였던 것으로 보인다. 그 태생을 거슬러 올라가 보면, 신라나 류큐, 일본, 혹은 중국 출신이 되겠지만, 그들의 활약은 국가나 지역을 초월한 '바다의 민족'에 더 가까웠다.

예전에 고민의 활약을 『물가의 민족(皐の民)』이라는 소설에서 그린 적이 있다. 그 소설 속에는, 하카타의 선대공(船大工) 출신의 병육(兵六)이라는 남자가 알콰리즈미의 훈도를 받은 아라비아인에게 수학과 자연과학을 배우는 장면이 있다. 물론 이것은 픽션이지만, 당시에는 충분히 있을 수 있는 일이었다.

중국에서는 중국만의 독특한 수학이 발전했다. 기원전후에 쓰인『구장산술(九章算術)』이라는 책에는 넓이, 부피, 연립방정식, 제곱근, 세제곱근 등에 대한 연구가 기록되어 있다.

중국의 수학은 조선과 일본에도 전해져 독자적인 발전을 이루었다. 특히 일본에서 수학은 미개의 상태가 계속되고 있었지만, 에도(江戶) 시대에 들어 놀라울 정도의 발전을 이룩했고, 그 결과 미분과 적분의 바로 한 발 앞에까지 이르렀다. 일본 에도 시대 때 발전한 수학인 와산(和算)에 대해서는 뒤에서 다시 한번 살펴보도록 하겠다.

그럼, 슬슬 2차방정식에 대해 살펴보자. 그런데 그 전에 한 가지 해 두어야 할 일이 있다. 바로 제곱근이다.

제곱이란, 같은 것을 두 번 곱하는 것을 의미한다(x의 제곱은 기호로 x^2으로 나타낸다-옮긴이). 즉, 정사각형의 한 변의 길이를 이용해 그 면적을 구하는 것이 제곱이다. 마찬가지로 정육면체의 부피를 구하기 위해서는 한 변의 길이를 세 번 곱해야 하는데, 이와 같이 같은 것을 세 번 곱하는 것을 세제곱이라 한다. (x의 세제곱은 기호로 x^3으로 나타낸다-옮긴이)

제곱근은 제곱의 반대이다. 즉,

$$x^2 = 4$$

의 근(해)이 4의 제곱근이다. 이를 기호로 나타내면,

$$\sqrt{4}$$

이고, 루트 4라고 읽는다. 조금만 생각해 보면 알 수 있듯이 4의 제곱근

은 2이다. 그런데 그뿐만이 아니다. 음수 곱하기 음수는 양수이기 때문에, −2도 4의 제곱근이 된다. 그런데 $\sqrt{4}$가 +2도 되고 동시에 −2도 되면 혼란스럽기 때문에,

$$\sqrt{4} = 2$$

로 정한다. 음의 제곱근은 루트 앞에 마이너스 기호를 붙인다.

$$-\sqrt{4} = -2$$

위의 방정식의 근은 +2와 −2 두 개가 되는데, 이것은 기호로 다음과 같이 나타낼 수 있다.

$$x^2 = 4$$
$$x = \pm\sqrt{4}$$
$$x = \pm 2$$

│연습문제│ 다음의 방정식을 풀어 보자.

① $x^2 = 9$ ② $x^2 = 144$

지금까지는 제곱근이 정수인 경우에 대해서만 생각해 보았는데, 제곱근이 항상 정수인 것은 아니다. 더 정확히 말해서, 대부분 정수가 아니다. 사실 정수가 되는 것은 매우 특별한 경우이다.

먼저, 2의 양의 제곱근인 $\sqrt{2}$를 살펴보자.

$1^2 = 1$, $2^2 = 4$이므로, $\sqrt{2}$는 1과 2 사이에 있음을 알 수 있다.

$$1 < \sqrt{2} < 2$$

이번에는 소수점 첫째 자리까지 계산해 보자.

$$1.1^2 = 1.21, \ 1.2^2 = 1.44, \ 1.3^2 = 1.69,$$
$$1.4^2 = 1.96, \ 1.5^2 = 2.25, \cdots$$

이로부터 $\sqrt{2}$가 1.4와 1.5 사이에 있음을 알 수 있다. 즉,

$$1.4 < \sqrt{2} < 1.5$$

이번에는 소수점 둘째 자리까지 계산해 보자.

$$1.41^2 = 1.9881, \ 1.42^2 = 2.0164$$

즉,

$$1.41 < \sqrt{2} < 1.42$$

이렇게 하다 보면 얼마든지 정확한 $\sqrt{2}$의 값을 구할 수 있다. 그러나 이 작업은 영원히 끝나지 않는다. $\sqrt{2}$는 두 정수의 비로도 나타낼 수 없고, 유한소수나 순환소수로도 나타낼 수 없는 수인 것이다.

계산기로 $\sqrt{2}$의 값을 구해 보면, 1.414213…이라고 나온다. 물론 소수는 이것으로 끝나지 않는다.

끝없이 계속되는 소수라는 말을 들으면 (분자를 분모로 나누었을 때) 나

누어떨어지지 않는 분수가 떠오를지도 모르겠다. 그런데 $\sqrt{2}$와 나누어떨어지지 않는 분수는 둘 다 끝없이 계속되는 소수이기는 하지만, 둘 사이에는 근본적인 차이가 있다.

나누어떨어지지 않는 분수를 소수 전개하면 반드시 같은 숫자가 반복된다. 같은 숫자가 반복되는 소수는 순환소수라고 하는데, $\sqrt{2}$는 순환소수가 아니다.

> **┃연습문제┃** 나누어떨어지지 않는 분수를 소수 전개하면 왜 순환소수가 될까?

루트 계산을 연습해 보자. 먼저, 루트 속에 큰 수가 있는 경우를 살펴보자.

$$\sqrt{252}$$

252를 소인수분해하면

$$252 = 2^2 \times 3^2 \times 7$$

이다. 루트는 '제곱근'을 의미하므로, 같은 숫자를 곱한 것이 있으면 그것을 밖으로 꺼낼 수 있다.

$$\sqrt{252} = 2 \times 3 \times \sqrt{7} = 6\sqrt{7}$$

실제로 $6\sqrt{7}$을 제곱해 보면

$$\left(6\sqrt{7}\right)^2 = 6^2 \times \left(\sqrt{7}\right)^2 = 36 \times 7 = 252$$

가 되므로, $6\sqrt{7}$과 $\sqrt{252}$가 같음을 알 수 있다.

┃연습문제┃ 루트 계산을 연습해 보자.

③ $\sqrt{405}$ ④ $\sqrt{3675}$

루트가 붙은 숫자의 덧셈 뺄셈은 문자식과 같다고 생각하면 된다.
$$a + a = 2a, \quad 3a + 5b - 2a + 4b = a + 9b$$
예를 들어,
$$\sqrt{2} + 3\sqrt{2} = 4\sqrt{2}$$
$$5\sqrt{3} + 2\sqrt{3} - 3\sqrt{3} = 4\sqrt{3}$$
이다. 또,
$$\sqrt{2} + 2\sqrt{3}$$
과 같은 식은 더 이상 계산할 수 없다.

연습문제 다음을 계산해 보자.

⑤ $3\sqrt{5} + 2\sqrt{7} - 2\sqrt{5} + 5\sqrt{7}$

⑥ $9\sqrt{11} - 7\sqrt{11} + 5\sqrt{11} - 3\sqrt{11}$

루트가 붙은 수의 곱셈은 루트 속의 수를 그대로 곱하면 된다.

$$\sqrt{2} \times \sqrt{3} = \sqrt{6}$$

루트 밖으로 숫자를 꺼낼 수 있는 경우에는 꺼내 두자.

$$\sqrt{14} \times \sqrt{21} = \sqrt{2 \times 7 \times 3 \times 7} = 7\sqrt{6}$$

▎연습문제▎ 다음을 계산해 보자.

⑦ $\sqrt{10} \times \sqrt{35}$　　　　⑧ $\sqrt{22} \times \sqrt{39}$

분모에 루트가 포함되어 있으면 계산이 까다로워지므로, 분모와 분자에 그 수를 곱해서 분모에 포함된 루트를 없애면 편리하다.

$$\frac{1}{\sqrt{2}} = \frac{1 \times \sqrt{2}}{\sqrt{2} \times \sqrt{2}} = \frac{\sqrt{2}}{2}$$

$$\frac{6\sqrt{5}}{\sqrt{3}} = \frac{6\sqrt{5} \times \sqrt{3}}{\sqrt{3} \times \sqrt{3}} = \frac{6\sqrt{15}}{3} = 2\sqrt{15}$$

|연습문제| 다음을 계산해 보자.

⑨ $\dfrac{4}{\sqrt{5}}$ ⑩ $\dfrac{14\sqrt{3}}{\sqrt{7}}$

이번에는 좀 더 어려운 계산을 해 보자.

$$\frac{2}{\sqrt{7}+2}$$

이와 같은 경우에는 $(a+b)(a-b) = a^2 - b^2$을 이용한다.

$$\begin{aligned}\frac{2}{\sqrt{7}+2} &= \frac{2(\sqrt{7}-2)}{(\sqrt{7}+2)(\sqrt{7}-2)} \\ &= \frac{2\sqrt{7}-4}{(\sqrt{7})^2 - 2^2} \\ &= \frac{2\sqrt{7}-4}{7-4} \\ &= \frac{2\sqrt{7}-4}{3}\end{aligned}$$

|연습문제| 다음을 계산해 보자.

⑪ $\dfrac{3}{\sqrt{2}-1}$ ⑫ $\dfrac{3}{\sqrt{5}+1}$

::::

 루트 같은 건 배운 적이 없어서 잘 모르겠어요.

 이 책에서는 갈루아 이론을 설명할 거야. 그러니 안 배운 것 투성이겠지. 벌써부터 겁먹으면 앞으로가 걱정되는데? Courage!(용기를!)

 그게 뭐예요? 혹시, 뮤지컬「맨 오브 라 만차(Man of La Mancha)」의 마지막 장면의 남자 주인공을 따라하신 거예요?

 음, 그렇단다. (갑자기 노래하기 시작한다.) I am I, Don Quixote, The Lord of La Mancha……

 알겠어요, 알겠어요. 진정하세요.

 호호. 그럼, 첫 번째 연습문제부터 풀어 볼까?

① $x^2 = 9$
　$x = \pm\sqrt{9}$
　　$= \pm 3$

② $x^2 = 144$
　$x = \pm\sqrt{144}$
　　$= \pm 12$

 잘했어. 간단하지?

 이 문제는 간단하네요.

 그럼 다음. 분수를 소수로 전개했을 때 나누어떨어지지 않는 경우, 왜 순환소수가 될까?

잘 모르겠어요.

 예를 들어, 1 나누기 7이나 5 나누기 11을 계산해 보렴.

 (착실하게 1 나누기 7을 계산한다.) 나머지에 다시 1이 나왔으니까 그다음에는 같은 수의 반복이 되겠네요. 1 나누기 7은

$$0.142857\ 142857\ 142857\cdots$$

처럼 142857의 반복이 돼요.

$$\begin{array}{r} 0.1428571\cdots \\ 7\overline{)10} \\ \underline{7} \\ 30 \\ \underline{28} \\ 20 \\ \underline{14} \\ 60 \\ \underline{56} \\ 40 \\ \underline{35} \\ 50 \\ \underline{49} \\ 10 \\ \underline{7} \\ 30 \end{array}$$

 순환소수는 반복이 시작되는 수와 끝나는 수 위에 점을 찍어서 나타낸단다.

$$0.\dot{1}4285\dot{7}$$

 그럼 이번엔 5 나누기 11을 계산해 볼게요. 이번엔 좀 간단하네요. 바로 5가 나와서 그다음엔 반복이 돼요.

$$0.45\ 45\ 45\cdots = 0.\dot{4}\dot{5}$$

```
        0.454···
    11)50
       44
       ──
        60
        55
        ──
         50
         44
         ──
          60
```

 아주 잘했어. 나머지가 같아지면 그다음은 반복이 되는 거지. 자, 분수를 소수로 전개했을 때 반드시 나머지가 같아지는 경우가 생기는 이유는?

 그렇게 어려운 걸 제가 어떻게 알아요?

 그렇게 어렵지 않단다. 방이 10개 있는데 사람이 11명 있다면, 10개의 방 중에서 적어도 어딘가에는 두 명 이상의 사람이 있다고 말할 수 있겠지. 이것도 마찬가지란다.

 ???

 예를 들어, 7로 나눴을 때 나머지로는 어떤 수들이 나왔지?

 3, 2, 6, 4, 5, 1이요.

 7보다 작은 자연수구나. 그럼 아무리 큰 수로 나누어도 나머지가 될 수 있는 수들은?

 그 수보다 작은 수예요!

다시 말해서 한계가 있다는 거지. 그러니까?

 언젠가는 같은 수가 나온다!

 그리고 그 뒤로는 반복이 되는 거지.

 듣고 보니 그렇긴 하지만…… 뭔가 시원하게 해결된 느낌은 안 들어요.

 그럼, 그다음 연습문제를 풀어 보렴.

 소인수분해하면 되죠?

③ $\sqrt{405} = \sqrt{3^4 \times 5} = 3 \times 3\sqrt{5} = 9\sqrt{5}$

④ $\sqrt{3675} = \sqrt{3 \times 5^2 \times 7^2} = 5 \times 7\sqrt{3} = 35\sqrt{3}$

 잘했어. 자, 다음!

 간단해요!

⑤ $3\sqrt{5} + 2\sqrt{7} - 2\sqrt{5} + 5\sqrt{7} = \sqrt{5} + 7\sqrt{7}$

⑥ $9\sqrt{11} - 7\sqrt{11} + 5\sqrt{11} - 3\sqrt{11} = 4\sqrt{11}$

 아주 잘하고 있어! 그럼 다음은?

 ⑦ $\sqrt{10} \times \sqrt{35} = \sqrt{2 \times 5 \times 5 \times 7} = 5\sqrt{14}$

⑧ $\sqrt{22} \times \sqrt{39} = \sqrt{2 \times 11 \times 3 \times 13} = \sqrt{858}$

어? 8번 문제에서는 루트 밖으로 아무것도 꺼낼 수가 없어요!

물론 그런 경우도 있단다.
자, 계속해서 다음 문제를 풀어 보렴.

 ⑨ $\dfrac{4}{\sqrt{5}} = \dfrac{4 \times \sqrt{5}}{\sqrt{5} \times \sqrt{5}} = \dfrac{4\sqrt{5}}{5}$

⑩ $\dfrac{14\sqrt{3}}{\sqrt{7}} = \dfrac{14\sqrt{3} \times \sqrt{7}}{\sqrt{7} \times \sqrt{7}} = \dfrac{14\sqrt{21}}{7}$

 10번 식은 약분을 해야지.

 약분해도 되나요?

 물론이지!

 그럼, 답은 $2\sqrt{21}$이에요.

 마지막 문제는 조금 어려울 거야.

 풀 수 있을 거예요.

⑪ $\dfrac{3}{\sqrt{2}-1} = \dfrac{3(\sqrt{2}+1)}{(\sqrt{2}-1)(\sqrt{2}+1)} = \dfrac{3\sqrt{2}+3}{2-1} = 3\sqrt{2}+3$

⑫ $\dfrac{3}{\sqrt{5}+1} = \dfrac{3(\sqrt{5}-1)}{(\sqrt{5}+1)(\sqrt{5}-1)} = \dfrac{3\sqrt{5}-3}{5-1} = \dfrac{3\sqrt{5}-3}{4}$

 아주 잘했어. 처음치고는 훌륭한데?

 요즘 중학생들을 얕보지 마시라고요.

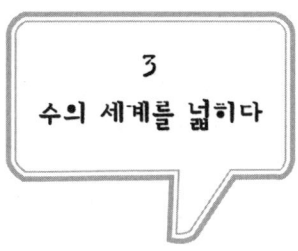
3
수의 세계를 넓히다

이번에는 수에 대해서 정리해 보기로 하자.

수의 기초가 되는 것은 바로 1이다. 1이 무엇인가에 대해 생각하기 시작하면 머리가 아파지니까 우선 1이라는 수를 알고 있다고 가정하자.

1이 존재한다면 1에 1을 계속 더해서 2, 3, 4, …와 같은 수를 만들어낼 수 있다. 이렇게 1, 2, 3, …과 같이 끝없이 계속되는 수를 '자연수'라고 한다.

다음으로, 자연수를 계수로 하는 1차방정식을 생각해 보자.

$$x - 4 = 0$$

과 같은 1차방정식이라면 문제가 되지 않지만,*

$$x + 4 = 0$$

의 경우에는 자연수 해가 존재하지 않게 된다. 즉, x에 어떤 자연수를 넣어 봐도 좌변은 절대로 0이 되지 않는다. 그럼 수를 확장하여 0과 음의

---

* 물론, −4는 자연수가 아니다. 그러나 방정식 $x - 4 = 0$는 $x = 4$와 같은 방정식이므로 자연수를 계수로 하는 1차방정식이라 할 수 있다. 또한 방정식 $2x - 8 = 0$ 역시 $2x = 8$과 같은 방정식이므로 자연수를 계수로 하는 1차방정식으로 생각할 수 있다. ―옮긴이

정수를 고려해 보자.

$$\cdots, -3, -2, -1, 0, 1, 2, 3, \cdots$$

이 수들은 '정수'라고 한다. 정수는 명백하게 자연수를 포함한다.

이번에는

$$2x - 6 = 0$$

과 같은 1차방정식을 살펴보자. 이때는 다행히 정수의 범위 안에 해가 존재한다.

그런데

$$2x - 5 = 0$$

의 경우에는 정수해가 존재하지 않는다. 따라서 다시 한번 수를 확장하여 $\frac{5}{2}$와 같이 분자와 분모가 모두 정수인 분수를 고려해 보자.

여기까지 확장하면 이 수들을 계수로 하는 모든 1차방정식을 풀 수 있다. 분모와 분자가 정수인 분수는 '유리수'라고 한다. 정수 역시 분모가 1인 분수로 볼 수 있기 때문에 정수도 유리수에 포함된다.

유리수까지의 내용을 정리하면 다음과 같은 그림으로 나타낼 수 있다.

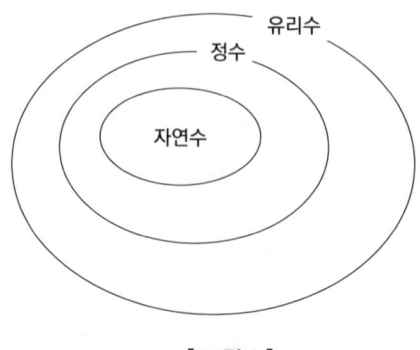

| 그림 2 |

유리수까지 수를 확장하여 1차방정식을 풀 수 있었다. 그런데 2차방정식에서는 유리수만으로는 풀 수 없는 문제들이 나오기 시작한다. 예를 들어,

$$x^2 - 2 = 0$$

은 유리수 범위 내에 해가 존재하지 않는다. 그러나 $\sqrt{2}$와 $-\sqrt{2}$는, 각각 1.41, -1.41에 가까운 수이며, 수직선상에 분명히 존재한다.

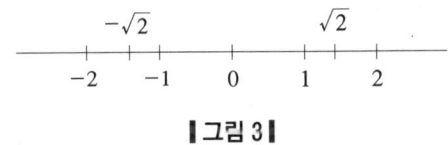

|그림 3|

이처럼 수직선상에 존재하는 유리수 이외의 수를 '무리수'라고 한다. 그리고 수직선상에 존재하는 모든 수를 '실수'라고 한다.

제곱이나 세제곱과 같이 똑같은 수를 여러 번 곱하는 것은 '거듭제곱'이라고 하며, 제곱근이나 세제곱근과 같이 그 반대의 계산을 해서 구한 수는 '거듭제곱근'이라 한다. 무리수에는 거듭제곱근뿐만 아니라, 그 밖에도 여러 가지 수가 포함된다. 그중에는 상상을 뛰어넘는 수도 있으며, 지금도 대부분의 수들의 정체를 밝혀내지 못하고 있다.

생각해 보면 무리수는 정말이지 신비로운 존재이다.

두 개의 유리수를 더해서 2로 나누면 새로운 유리수를 만들 수 있다. 이 새로운 유리수는 수직선상에서 두 유리수의 정가운데에 존재한다. 아무리 가까운 유리수라 하더라도 그 사이에는 또 다른 유리수가 존재한다는 것이다. 다시 말해, 유리수는 빈틈없이 빽빽하게 채워져 있다.

그런데 이렇게 빽빽하게 채워져 있는 유리수들 틈에 무리수는 태연한 얼굴로 버티고 앉아 있다. 자세히 살펴보면, 무리수는 유리수보다도 훨씬 많은 것 같다. 유리수든 무리수든 무한하게 존재하기 때문에 어느 쪽이 더 많다고 할 수 없어 보이지만, 집합론을 창시한 칸토어(Cantor)는 교묘한 증명법을 생각해내서 무리수가 유리수보다 많음을 증명했다.

어쨌든 무리수의 존재를 고려하면 수직선을 전부 메울 수 있기 때문에 이 세상에 존재하는 모든 수를 다루었다고 안심할 만도 하겠지만 사실 아직 끝난 게 아니다.

간단히 말하면,

$$x^2 + 1 = 0$$

이라는 방정식은 실수 범위에서는 풀 수 없다. 상수항을 이항하면 이 방정식은 다음과 같다.

$$x^2 = -1$$

이 방정식의 해는 제곱해서 −1이 되는 수이다. 그런데 실수에서 양수 곱하기 양수는 양수이고, 음수 곱하기 음수도 양수이기 때문에, 제곱해서 −1이 되는 수는 존재하지 않는다. 즉, 이 방정식의 해는 수직선상에는 존재하지 않는다.

여기서, −1을 곱한다는 것이 어떤 것인지를 수직선상에서 살펴보도록 하자.

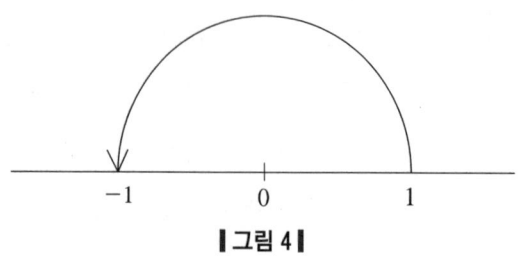

|그림 4|

그림으로부터 알 수 있듯이, 1에 −1을 곱한다는 것은 원점을 중심으로 180° 회전하는 것이라고 볼 수 있다. 2에 −1을 곱해도, 3에 −1을 곱해도 180° 회전하는 것은 마찬가지이다.

그럼 제곱해서 −1이 되는 수는 어떤 수일까? 조금만 생각해 보면, 원점을 중심으로 90° 회전시킨 수를 한 번 더 곱하면 180° 회전이 됨을 알 수 있다.

원점을 중심으로 1을 90° 회전시킨 수에 i라는 이름을 붙여 주자. 영어 imaginary number의 머리글자이다. imaginary란 '상상의, 가상의, 실재하지 않는'이라는 의미를 가진 단어로, '상상속의 수'로도 번역할 수 있을 것이다. 우리말로는 '허수'라고 한다.

역사적으로 i가 시민권을 얻기까지는 길고 긴 시간이 필요했기 때문에 허수라는 이름이 붙여진 건 어쩔 수 없는 일이었을지 모르지만, 이 이름 때문에 허수가 마치 존재하지 않는 수라는 인상을 주는 것은 참으로 안타까운 사실이다.

허수는 존재하지 않는 수가 아니다.

수학의 본질을 자유라고 표현한 칸토어의 말처럼 수학에서는 무엇이든 허용된다. 수학자는 수학 나라의 왕과 같은 존재이다. 그런데 딱 한 가지 제한이 있다. 수학 나라의 국민은 모순을 싫어한다. 모순이 생기지만 않는다면 무엇이든 허용된다.

예를 들어, 음수 곱하기 음수가 양수가 되는 규칙에 대해 생각해 보자.

음수 곱하기 음수가 양수가 되는 이유에 대한 설명 중에서 가장 내 마음에 드는 것은 수직선상을 일정한 속도로 움직이는 점에 대한 고찰이다.

0초일 때 원점에 있는 점이 초당 +2의 속도로 움직이고 있다고 하자. 1초 후, 2초 후, 3초 후의 위치는 속도에 시간을 곱해서 구할 수 있다.

$$1초 후 \rightarrow +2 \times 1 = 2$$
$$2초 후 \rightarrow +2 \times 2 = 4$$
$$3초 후 \rightarrow +2 \times 3 = 6$$

1초 전, 2초 전, 3초 전도 마찬가지지만, 이전으로 돌아가는 것이므로 시간은 음수가 된다.

$$1초 전 \rightarrow +2 \times (-1) = -2$$
$$2초 전 \rightarrow +2 \times (-2) = -4$$
$$3초 전 \rightarrow +2 \times (-3) = -6$$

그럼, 이 점이 왼쪽으로 움직이는 경우는 어떨까? 당연히 속도는 음수가 된다.

$$1초 후 \rightarrow -2 \times 1 = -2$$
$$2초 후 \rightarrow -2 \times 2 = -4$$
$$3초 후 \rightarrow -2 \times 3 = -6$$

왼쪽으로 움직이는 점의 1초 전, 2초 전, 3초 전의 위치는 어떨까? 점은 왼쪽으로 움직이고 있기 때문에, 시간을 거슬러 올라가면 이 점은 오른쪽에 있었던 것이 된다.

$$1초 전 \rightarrow -2 \times (-1) = 2$$
$$2초 전 \rightarrow -2 \times (-2) = 4$$
$$3초 전 \rightarrow -2 \times (-3) = 6$$

음수 곱하기 음수가 양수가 됐음을 확인할 수 있을 것이다! 그런데 이 설명에는 한 가지 속임수가 있다. 음수 곱하기 음수가 항상 속도 곱하기 시간이란 법은 없다는 점이다. 그 외의 조건에서 음수 곱하기 음수가 언제나 양수가 된다고는 장담할 수 없을 것이다.

학교 교육에서는 음수 곱하기 음수나, 분수의 나눗셈에서 분모와 분자를 뒤집어서 곱하는 것 등을 무조건 외워야 하는 규칙으로 가르치기 때문에 아이들이 반발하는 것이라는 의견도 있다. 언뜻 보면 타당한 의견이기도 하니 음수 곱하기 음수가 양수가 되는 이유에 대해서 앞서 예로 든 설명을 해 주는 것도 나쁘지 않을 것이다. 하지만 이와 같은 설명이 특정한 예를 든 특수한 경우라는 점은 확실히 해 두고 싶다.

사실, 음수 곱하기 음수의 결과는 양수가 되든 음수가 되든 상관없다. 하지만 음수 곱하기 음수를 음수라고 해 버리면 바로 모순이 생기고 수학 나라의 국민이 반란을 일으킬 것이다.

예를 들어 이러한 경우이다.

$$(5-3) \times (9-4) = 2 \times 5 = 10$$

먼저, 식을 전개해 보자.

$$\begin{aligned}(5-3) \times (9-4) &= 5 \times 9 + 5 \times (-4) + (-3) \times 9 + (-3) \times (-4) \\ &= 45 - 20 - 27 + 12 \\ &= 10\end{aligned}$$

그런데 여기서 음수 곱하기 음수를 음수라고 하면 이상한 일이 벌어진다. 마지막 항에 주목해 보자.

$$\begin{aligned}(5-3) \times (9-4) &= 5 \times 9 + 5 \times (-4) + (-3) \times 9 + (-3) \times (-4) \\ &= 45 - 20 - 27 - 12 \\ &= -14\end{aligned}$$

문제는 같은데 계산 방법에 따라 10이 되기도 하고 −14가 되기도 하니 수학 나라의 국민이 반란을 일으키는 것도 당연하다.

지금까지 무수히 많은 수학자가 연구를 거듭하는 과정에서 음수 곱하기 음수를 양수라고 해서 모순이 발생한 적은 없었다. 따라서 음수 곱하기 음수는 양수여야 한다.

허수도 마찬가지이다. 허수의 존재가 인정받기까지는 오랜 시간이 걸렸지만, 지금까지 허수에 대한 모순은 발생하지 않았다. 그러므로 허수의 존재도 인정해야 한다.

여기까지 책을 읽은 사람들 중에는, 정밀한 수학의 기초가 지금까지 모순이 발생하지 않았다는 정도의 보장밖에 되지 않냐며 의심을 품는 사람도 있을 것이다.

스페인을 상대로 한 네덜란드 독립전쟁에서 펼친 눈부신 활약으로 유명한 명장 마우리츠 반 나사우(Maurits van Nassau)는 철저한 합리주의자였다. 그의 죽음에 임하여 목사는 마우리츠에게 이렇게 말했다.

"지금까지의 죄를 인정하고 신을 믿는다고 선언하면 천국에 가실 수 있습니다."

그에 대한 마우리츠의 대답은 몹시 엉뚱했다.

마우리츠 반 나사우

"저는 2 더하기 2가 4이고, 4 더하기 4가 8임을 믿습니다."

이것은 신을 믿지 않는 극악인의 발언으로서 당시 유럽에서는 이것이 연극의 대사로 그대로 사용될 정도로 유명해졌다고 한다.

그런데 가령 음수 곱하기 음수가 양수가 된다는 근거가 지금까지 모순이 일어나지 않았기 때문이라고 하는 정도라면 수학자라고 으스대 봤자 "2 더하기 2가 4임을 믿습니다"라고 신앙 고백하는 것밖에 되지 않는 건 아니냐는 비난의 목소리가 일어날 수 있다.

실제로, 수학자들 역시 답답하고 개운하지 않아서 어떻게든 이를 해결하기 위해 많은 노력을 기울여 왔다.

영국의 수학자 버트런드 러셀(Bertrand Russell)은 그의 저서에서 1 더하기 1이 2임을 증명하는 데 수십 페이지를 할애했을 정도이다.

힐베르트는 수학을 완전히 기호화했으며, 수학의 무모순성을 증명하려는 시도를 하기도 했다.

그런데 이러한 시도는 1931년 젊은 괴델로 하여금 뜻밖의 결과를 불러일으키게 한다.

괴델은 불완전성 정리를 통해 자연수론을 포함하는 공리계는 자기 자신으로 그 무모순성을 증명할 수 없음을 증명했다.

흠, 나도 어쩔 수 없이 2 더하기 2가 4라고 신앙 고백할 수밖에 없는 건가! 안타깝고, 원통하구나!

이야기가 본 줄거리에서 꽤 벗어난 것 같으니 다시 본론으로 돌아가 보자.

허수는 존재한다. 그것은 신이 존재한다는 것보다도 훨씬, 훨씬, 훨~씬 분명한 사실이다. 허수는 어디에 존재할까? 앞에서 수직선상에서 1

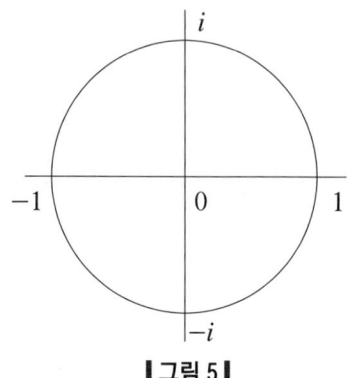
┃그림 5┃

을 90° 회전시킨 곳에 i가 있다고 했다. 그것을 그림으로 나타내면 위와 같다.

그림에서 알 수 있듯이, i는 수직선상에는 존재하지 않는다.

i에 대한 계산규칙은

$$i^2 = -1$$

에 주의하기만 하면 보통의 문자식과 크게 다르지 않다. 덧셈, 뺄셈은 다음과 같다.

$$3i + 5i = 8i, \quad 7i - 9i = -2i$$

그리고

$$3 + 2i$$

와 같이 실수와 i가 더하기나 빼기로 연결되어 있을 때에는 더 이상 간단히 할 수 없다.

곱셈은 다음과 같다.

$$\begin{aligned}(5-2i)(7+5i) &= 5 \times 7 + 5 \times 5i + (-2i) \times 7 + (-2i) \times 5i \\ &= 35 + 25i - 14i - 10 \times (-1) \\ &= 35 + 25i - 14i + 10 \\ &= 45 + 11i\end{aligned}$$

분모에 i를 포함하는 식이 나오면, $(a+b)(a-b) = a^2 - b^2$을 이용하여 분모에서 i를 없앤다.

$$\frac{3-5i}{4+3i} = \frac{(3-5i)(4-3i)}{(4+3i)(4-3i)} = \frac{12 - 9i - 20i + 15i^2}{4^2 - (3i)^2}$$
$$= \frac{-3-29i}{16+9} = \frac{-3-29i}{25}$$

이대로 두어도 좋지만, 분수를 분해해 보면

$$-\frac{3}{25} - \frac{29}{25}i$$

가 된다. 즉, i를 포함하는 식은 a, b가 실수일 때 항상

$$a + bi$$

가 되고, 덧셈, 뺄셈, 곱셈, 나눗셈을 해도 이 형태는 변하지 않는다. 이러한 형태를 띠는 수를 '복소수'라고 한다. 물론, $b = 0$일 때는 실수이다.

지금까지 살펴본 내용을 정리해 보자.

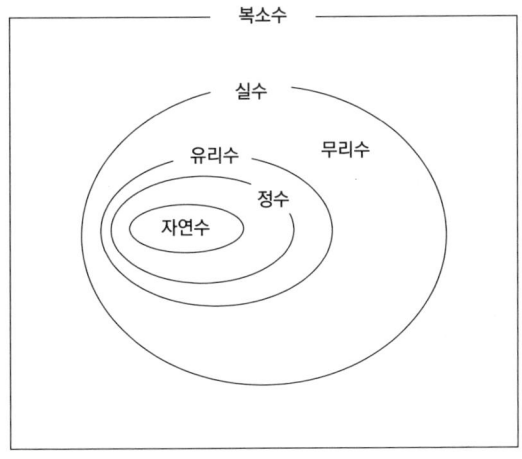

| 그림 6 |

실수는 수직선에 나타낼 수 있지만, 복소수는 보통 수직선상에 존재하지 않는다. 실수의 수직선에 수직이 되도록 허수축을 그리면 그 평면상에 복소수를 나타낼 수 있다. 이 평면을 복소평면이라 한다.

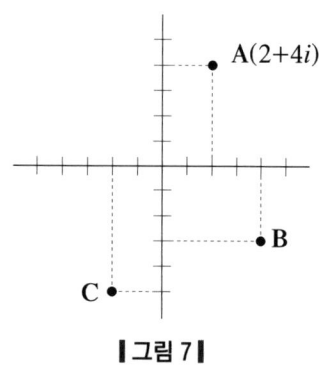

|그림 7|

그림 7의 복소평면에서 점 A는 실수축에서는 2, 허수축에서는 $4i$에 대응하므로

$$2 + 4i$$

를 나타낸다.

|연습문제| 점 B와 점 C를 복소수로 나타내 보자.

그럼 마지막으로, 복소수의 계산을 연습해 보자.

먼저, 덧셈과 뺄셈.

$a = 3 + 2i$, $b = 5 - 3i$일 때, $a + b$, $a - b$는 다음과 같다.

$$a + b = (3 + 2i) + (5 - 3i) = 3 + 2i + 5 - 3i = 8 - i$$
$$a - b = (3 + 2i) - (5 - 3i) = 3 + 2i - 5 + 3i = -2 + 5i$$

ab는 다음과 같다.

$$\begin{aligned} ab &= (3 + 2i)(5 - 3i) \\ &= 3 \times 5 - 3 \times 3i + 2i \times 5 - 2i \times 3i \\ &= 15 - 9i + 10i + 6 \\ &= 21 + i \end{aligned}$$

마지막으로, $\dfrac{b}{a}$를 계산해 보자.

$$\frac{b}{a} = \frac{5 - 3i}{3 + 2i} = \frac{(5 - 3i)(3 - 2i)}{(3 + 2i)(3 - 2i)} = \frac{15 - 10i - 9i - 6}{9 + 4} = \frac{9 - 19i}{13}$$

┃연습문제┃ $c = 7 - 4i$, $d = -3 + 2i$일 때,

$c + d$, $c - d$, cd, $\dfrac{d}{c}$를 계산해 보자.

::::

 실수까지는 학교에서 배웠어요. 복소수는 중학교에서 배우나요?

 복소수는 고등학교에서 배운단다.

 실망인데요. 복소수는 왠지 멋있어 보이거든요.

 아빠가 고등학교에 다닐 때 수학 선생님께서 i와 愛(사랑을 의미하는 이 한자는 일본어로 '아이'라고 읽는다-옮긴이)를 연관시켜서 곧잘 '사랑은 허무하다'고 말장난을 하셨었지. 오일러가 발견한 굉장한 공식이 하나 있단다. 바로, $e^{\pi i} = -1$이지. 이 공식은 보통 'e의 πi 제곱은 -1'이라고 읽는데, 수학 선생님께서 π 앞에 1을 붙여서 'e의 $1\pi i$ 제곱은 -1'이라고 읽으며 재밌어하셨어. "자, 가득한 사랑은 -1이니까, 사랑은 허무한 것이란다('가득한 사랑'과 '$1\pi i$ 제곱'은 일본어 발음이 같다-옮긴이)."

 썰렁한 개그네요.

 음음. 그럼 연습문제를 풀어 볼까?

 식은 죽 먹기죠. 점 B는 $4 - 3i$, 점 C는 $-2 - 5i$에요.

 그럼, c와 d의 합과 차는?

$$c + d = (7 - 4i) + (-3 + 2i)$$
$$= 7 - 4i - 3 + 2i$$
$$= 4 - 2i$$
$$c - d = (7 - 4i) - (-3 + 2i)$$
$$= 7 - 4i + 3 - 2i$$
$$= 10 - 6i$$

이 정도라면 중학교에서 가르쳐도 될 텐데.

 곱셈은?

 점점 머리가 복잡해지기 시작했어요!!!
$$cd = (7 - 4i)(-3 + 2i)$$
$$= 7 \times (-3) + 7 \times 2i - 4i \times (-3) - 4i \times 2i$$
$$= -21 + 14i + 12i + 8$$
$$= -13 + 26i$$

이번엔 나눗셈에 도전해 볼까?

$$\frac{d}{c} = \frac{-3 + 2i}{7 - 4i} = \frac{(-3 + 2i)(7 + 4i)}{(7 - 4i)(7 + 4i)}$$
$$= \frac{-21 - 12i + 14i - 8}{49 + 16} = \frac{-29 + 2i}{65}$$

더 이상 못하겠어요!

이 정도 가지고 그렇게 소리를 높이면 앞으로 더 힘들어질 텐데……. 마지막에 푼 문제는 분모를 유리수로 바꾸기 때문에 '분모의 유리화'라고 한단다. 무리수일 때도 같은 방법으로 풀었었지. 두 가지 경우 모두 분모의 유리화란다. 분모의 유리화에는 매우 중요한 의미가 담겨 있으니까 꼭 기억해 둘 것!

외울 게 너무 많아요.

 어허, 투덜대면 안 되지.

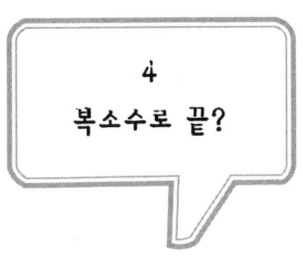

4
복소수로 끝?

　2차방정식을 완전하게 풀기 위해서 수를 점점 확장시켜 드디어 복소수라는 개념까지 만들어냈다. 이대로라면 3차방정식, 4차방정식, ……을 풀기 위해서 더욱 터무니없는 수를 발명해낼 필요가 있는 게 아닌지 걱정이 될지도 모르겠다.

　하지만 걱정할 필요 없다. 가우스 선생님이 복소수를 계수로 하는 대수방정식은 복소수 범위에서 해를 가진다는 것을 증명해 주었기 때문이다.

　가우스의 아버지는 벽돌을 만드는 장인으로, 학문과는 전혀 인연이 없는 사람이었다. 그럼에도 가우스는 어린 시절부터 수학에 뛰어난 재능을 보여, 세 살 때 아버지의 계산 실수를 지적했다는 이야기가 전해진다. 또한, 가우스 자신도 뒷날 이 이야기를 즐겨했다고 하는데, 가우스는 초등학교 때 1부터 100까지의 정수의 합을 구하는 문제가 주어지자 등차수열의 성질을 이용하여 순식간에 답을 구해서 선생님을 놀라게 했다고 한다. 성인이 되고 나서는 '유럽 최고의 수학자'로 명성을 떨쳤다.

가우스는 완벽주의자로, 완전한 결과를 얻을 때까지 자신의 연구 결과를 발표하지 않았다. 그 때문에 실제로 가우스가 먼저 발견했지만, 그 사실을 몰랐던 다른 수학자가 나중에 독자적으로 발견하는 일이 종종 일어났다.

이것은 천재라는 존재의 본연의 모습을 이해하는, 역사적으로 귀중한 체험이 되었다.

이로부터 내릴 수 있는 첫 번째 결론은, 시대를 초월하는 천재는 존재한다는 것이다. 가우스의 두뇌는 당시 수학계보다 반세기, 아니 한 세기 정도 앞서 있었다.

그리고 또 하나의 결론은, 천재가 없더라도 역사는 마찬가지로 발전한다는 것이다. 실제로, 가우스가 서랍 깊숙이 넣어 두고 발표하지 않았던 연구 내용은 짧게는 몇 년에서 수십 년 후에 (수학적 재능은 가우스보다 뒤지겠지만) 수많은 수재들에 의해 발견되었다.

여기서 19세기의 히파티아라고도 할 수 있는 프랑스의 여성 수학자 소피 제르맹(Marie-Sophie Germain)을 소개하겠다. 그녀의 이름은 현재 '제르맹 소수'로 기억되고 있다.

소피는 1776년 파리에서 태어났다. 소피가 13살이었던 1789년, 바스티유가 함락되고 파리는 혼란 상태에 빠진다. 프랑스 혁명이 발발한 것이다. 소피는 거리의 폭력을 피해 집에서 칩거 생활을 하며 많은 시간을 아버지의 서재에서 보내게 된다.

이때 소피는 아르키메데스의 최후에 대해 알게 된다. '아르키메데스의 원리'로 유명한 그 아르키메데스이다.

아르키메데스는 시칠리아섬의 시라쿠사에 살고 있었다. 마피아의 발

가우스와 소피 제르맹

군지로 유명한 시칠리아섬은 당시에는 지중해 무역으로 번성한 유복한 도시였다. 제2차 포에니 전쟁 때 로마 대군은 시라쿠사를 엄습했고, 아르키메데스는 시레를 이용한 다양한 기계를 사용해 로마군을 곤경에 빠뜨렸다. 거울로 태양광선을 모아 멀리 떨어져 있는 로마 군함을 태웠다는 이야기도 전해진다. 로마 장병은 아르키메데스를 너무 두려워한 나머지 시라쿠사의 성벽 위에 굵은 밧줄만 나타나도 "아르키메데스의 새로운 병기다!" 하고 소리 지르며 도망가기 바빴다.

시라쿠사는 3년간 로마의 포위를 견뎌냈지만 축제가 열리던 밤 방심하는 바람에 결국 함락되고 만다. 로마 병사가 힘차게 공격해 올 때, 아르키메데스는 바닥에 그림을 그리며 기하학에 열중해 있었다. 결국, 아르키메데스는 로마 병사에 의해 살해된다. 전해지는 이야기에 따르면, 아르키메데스의 최후의 한마디는 "내가 그린 원을 밟지 마"였다고 한다.

그 정도로 아르키메데스의 혼을 빼앗았던 기하학에 소피는 흥미를 갖게 되었고, 기하학책을 읽기 시작했다. 소피 역시 금세 그 세계에 빠져들었다.

1장_1차방정식과 2차방정식　077

그런데 당시 유럽에서는 여자가 공부를 한다는 것이 바람직하지 않은 것으로 여겨졌기 때문에 가족들은 소피가 공부하는 것에 반대했다. 새벽에 공부를 할 수 없도록 초와 실내복을 빼앗는 등의 철저한 반대에도 불구하고 소피는 가지고 있던 초에 몰래 불을 붙이고 침대에서 계속해서 공부를 했다. 그런 소피에게 가족들은 끝내 두 손 두 발 다 들고 공부하는 것을 허락하게 되었다.

기하학 이외에 소피가 흥미를 가졌던 것은 정수론이었다. 소피는 가우스의 유명한 저서인 『정수론 연구』를 읽고 르블랑이라는 이름으로 가우스에게 편지를 보냈다.

가우스는 소피가 보내온 편지의 깊이 있는 내용에 매우 놀랐고 둘은 계속해서 편지를 주고받았다.

1807년, 나폴레옹군이 독일에 들이닥치고 가우스가 살고 있던 브라운슈바이크도 프랑스군이 점령하게 되었다. 그 사실을 안 소피는 아르키메데스의 최후를 떠올리며 가우스도 아르키메데스처럼 수학에 너무 열중한 나머지 죽음을 맞이하게 되는 것은 아닌지 걱정이 됐다. 그래서 소피는 잘 아는 프랑스 장군에게 편지를 보내서 가우스에게 해를 끼치지 않길 부탁한다.

부탁을 받은 프랑스 장군은 가우스를 보호했고, 가우스를 직접 만나러 가서는 "사실은 소피 아가씨의 부탁 때문에 당신을 보호한 것입니다"라고 말해 버린다. 하지만 가우스는 소피라는 여자를 알지 못했다. 미심쩍게 여긴 가우스는 조사에 조사를 거듭해 마침내 르블랑이 소피임을 알게 된다.

가우스는 르블랑이 여자임을 알고도 태도를 바꾸지 않고 수학에 대한 편지를 계속해서 주고받았다. 이는 당시의 남자에게는 매우 드문 일이었다. 그 후 가우스는 괴팅겐대학교 교수회에 소피에게 명예박사 학위를 주도록 추천했다. 여성이라는 이유로 그 업적을 제대로 평가받지 못했던 소피가 이 명예박사 학위를 받았다면 얼마나 기뻐했을까? 하지만 안타깝게도 소피는 그 연락을 받기 직전에 유방암으로 세상을 떠난다.

자, 이제 가우스가 증명한 것에 대해 좀 더 자세히 살펴보도록 하자.
$a_1, a_2, a_3, \cdots$ 가 복소수이고, x를 미지수로 하는 다음과 같은 방정식을 n차 대수방정식이라고 한다.
$$a_1 x^n + a_2 x^{n-1} + a_3 x^{n-2} + \cdots + a_{n+1} = 0 \qquad a_1 \neq 0$$
가우스는 이 방정식이 n개의 복소수근을 가진다는 것을 증명했고, 이를 '대수학의 기본정리'라고 불렀다.

따라서 앞으로 방정식에 대해 고려할 때 복소수보다 복잡한 수를 생각할 필요는 없다.

하지만 그렇다고 해서 복소수보다 복잡한 수가 존재하지 않는 것은 아니다. 앞에서도 말했지만, 수학의 세계는 자유롭다. 일상의 감각으로부터 아무리 동떨어져 있어도 모순이 없으면 그만이다. 그래서 괴짜 수학자들은 말도 안 되는 수를 생각해내고 가지고 노는 것이다.

그 대표적인 예가 바로 아일랜드 태생의 천재, 윌리엄 해밀턴이 발견한 사원수이다.

복소수는 실수에 i를 덧붙인 이원수이다. 이원수가 있다면 하나 더 붙여서 삼원수도 만들 수 있을 것 같지만, 해밀턴은 곧바로 삼원수가 불가능하다는 것을 깨닫는다. 그래도 그는 포기하지 않았다. 삼원수를 뛰어넘어 사원수를 생각해낸 것이다.

1805년에 태어난 해밀턴은 어릴 적부터 신동이라 불렸으며 10살 때 10개 국어를 자유롭게 구사했다고 전해진다. 성장하고 나서는 수학과 물리학에서 많은 업적을 올려 오늘날 해밀턴 역학이나 케일리-해밀턴 정리 등에 그 이름이 남아 있다. 그중에서도 사원수의 발견은 그 이후의 대수학에 커다란 영향을 미쳤다.

해밀턴은 1833년에 헬렌 마리아와 사랑에 빠져 결혼하고 10년 후인 1843년 10월 14일에 사랑하는 아내와 산책을 하던 중 브룸 다리에 이르렀을 때 갑자기 하늘의 계시를 받아 사원수의 형체를 보게 되고, 그것을 다리의 돌에 새겨 넣는다. 인류가 처음으로 사원수를 본 순간이었다.

해밀턴은 사원수 연구에 심혈을 기울였다. 그리고 충분한 준비를 하고 때를 기다리다가 700쪽이 넘는 대저서 『사원수 강의』를 출판했다. 그런데 『사원수 강의』는 일부 사람들에게는 열광적으로 지지를 받았지만 너무 난해해서 당시에는 널리 이해되지 못했다.

복소수를 계수로 하는 대수방정식은 복소수근을 가진다. 그러나 복소수를 계수로 하면 방정식의 계산이 굉장히 복잡해지기 때문에 이 책에서는 계수를 유리수로 한정하겠다. 그래도 갈루아 이론의 본질에는 변함이 없기 때문에 안심해도 좋다.

대수방정식의 계수를 유리수로 한정하면, 방정식의 양변에 적당한 정수를 곱해서 계수를 모두 정수로 만들 수 있다. 따라서 앞으로는 대수방정식의 계수는 모두 정수로 간주하기로 하자.

∷∷

복소수에서 수를 더 확장할 필요가 없다는 말을 들으니 우선 안심은 되는데, 지금까지 배운 것만으로도 머리가 복잡해지기 시작했어요. '자연수', '정수', '유리수', '무리수', '실수', '허수', '복소수'처럼 새로운 말들이 자꾸 튀어나오니까……. 앞으로도 새로운 말들이 계속 나오나요?

새로운 것을 공부하는 것이니 새로운 말이 나오는 건 어쩔 수가 없지. 새로운 개념은 새로운 말로 표현할 수밖에 없잖니. 그래도 가능한 한 줄이도록 노력해 보마. 하지만 '군', '부분군', '잉여류', '정규부분군', '체', '확대체', '중간체' 정도는 꼭 알아두어야 한단다.

그건 그렇고, 복소수라는 건 $a+bi$의 형태로 쓸 수 있는 수를 말하는 거죠? 그럼, 실수도 아니고 i도 아닌 j라는 수를 만들어서 $a+bi+cj$라고 하면 삼원수가 되는 거 아니에요?

삼원수이긴 하지.

수학의 세계는 자유로우니까 이렇게 삼원수를 만들면 되지 않나요?

수학나라의 국민들이 반란을 일으키지만 않으면 되긴 하지. 조금 생각해 볼까? 복소수 세계에서 모든 수는 $a+bi$로 나타낼 수 있지. 이때, a, b는 실수란다. $b=0$이면 실수가 되기 때문에 실수는 복소수에 포함되지. 그럼, 삼원수는 어떻게 돼야 할까?

삼원수의 세계에서 모든 수는 $a+bi+cj$로 나타낼 수 있어요. 이때, a, b, c는 실수. $c=0$이면 복소수가 되기 때문에 복소수는 삼원수에 포함돼요.

 그렇지. 그렇다면 삼원수의 세계라는 게 있다면 j^2도 삼원수의 세계의 수니까 $a+bi+cj$로 나타낼 수 있겠구나.

 당연하죠.

 식으로 적으면, $j^2=a+bi+cj$를 만족하는 a, b, c가 존재하게 되지. 물론, a, b, c는 실수란다. 여기서 중요한 것은 j는 복소수로는 표현할 수 없다는 점이란다. 자, 이것을 j에 대해서 정리해 보면?

 j의 차수가 높은 순으로 정리하면 되죠? $j^2-cj-a-bi=0$.

 j에 주목해 보면 이것은 2차방정식이구나. 계수는 어떻게 되지?

 1과 $-c$와 $-a-bi$에요.

 모두 복소수구나. 복소수를 계수로 하는 대수방정식의 해는 복소수지. 그럼 j는?

 어? j가 복소수가 되어 버리는데요?

 즉, 삼원수는 존재하지 않는다는 거지.

 이상하네. 사원수에서는 이런 일이 일어나지 않나요?

사원수의 세계에서 모든 수는 $a+bi+cj+dk$로 나타낼 수 있지. 해밀턴이 브룸 다리에서 발견한 것은, $i^2=j^2=k^2=ijk=-1$로 하면 모순이 생기지 않는다는 것이란다. 그래서 이 식을 다리 위의 돌에 새긴 거지. 그 후에 이를 기념하여 이 식이 새겨진 돌이 설치된단다.

아빠가 새겼으면 경범죄로 잡혀갔을 텐데 말이죠. 하지만 모순이 생기지 않는다고 해도 사원수라는 것은 복소수를 확장하기 위해 억지로 생각해낸 수잖아요. 굳이 연구할 필요가 있을까요? 사원수의 곱셈 같은 건 어려워 보여서 생각하기도 싫은걸요.

사원수의 진가를 알아보는 데는 아마 100년 정도 걸렸을 거야. 지금은 이 우주의 본연의 모습과 굉장히 깊은 곳에서 연결되어 있음이 밝혀져 있지. 양자역학 등의 연구에서 빼놓을 수 없는 무기란다. 가까운 예로, 컴퓨터 그래픽에도 응용되고 있단다. '툼 레이더' 게임에서 라라가 자유자재로 움직일 수 있는 것도 사원수 덕분이지.

우와. 그러니까 게임을 즐길 수 있는 것도 사원수 덕분이라는 건가요? 해밀턴 씨는 참 고마운 분이네요.

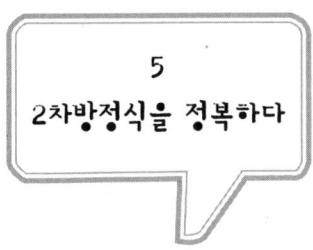

5
2차방정식을 정복하다

2차방정식으로 들어가기까지 꽤 많은 시간이 걸렸다. 하지만 아직도 갈 길이 멀다.

예를 들어,

$$AB = 0$$

이라는 사실을 알고 있다면,

$$A = 0 \ \text{또는} \ B = 0$$

이다. 따라서 2차방정식 $ax^2 + bx + c = 0 \, (a \neq 0)$을

$$(x + \alpha)(x + \beta) = 0$$

으로 인수분해할 수 있으면

$$x + \alpha = 0 \ \text{또는} \ x + \beta = 0$$

이다. 이때, 그리스 문자 α와 β는 각각 '알파', '베타'라고 읽는다. 이제부터는 보통의 알파벳으로는 다 표현할 수 없기 때문에 가끔 그리스 문자를 쓰게 될 것이다.

먼저 이 방법에 대해 생각해 보자.

$$(x + \alpha)(x + \beta) = x^2 + (\alpha + \beta)x + \alpha\beta$$

라는 식을 이용해서, 다음의 방정식을 풀어 보자.

$$x^2 + 5x + 6 = 0$$

앞의 식과 위의 방정식을 힐끗 노려보자.

앞의 식에서 x의 계수는 $\alpha + \beta$, 상수항은 $\alpha\beta$이다. 즉, 더해서 5가 되고 곱해서 6이 되는 수를 찾으면 된다. 2와 3은 이 조건을 만족한다. 따라서

$$x^2 + 5x + 6 = 0$$
$$(x + 2)(x + 3) = 0$$
$$x + 2 = 0 \quad \text{또는} \quad x + 3 = 0$$
$$x = -2 \quad \text{또는} \quad x = -3$$

과 같이 근을 구할 수 있다.

하나 더 풀어 보자.

$$x^2 - 9x - 112 = 0$$

더해서 −9, 곱해서 −112가 되는 수를 구하면 된다.

더해서 −9가 되는 정수는 무수히 많지만, 곱해서 −112가 되는 정수는 한정되어 있다. 먼저, 112의 약수 중에서 곱해서 112가 되는 조합을 찾아 보자.

1과 112, 2와 56, 4와 28, 7과 16, 8과 14

이것이 전부이다. 곱해서 −112가 되어야 하므로 한쪽은 양수, 한쪽은 음수여야 한다. 둘을 더하면 뺄셈이 된다. 이 약수의 조합 중에서 차가 9가 되는 것을 찾는다. 찾았다. 7과 16이다. 합이 −9가 되어야 하므로, 7과 −16이 조건을 만족한다.

$$x^2 - 9x - 112 = 0$$

$$(x+7)(x-16) = 0$$

$$x+7 = 0 \text{ 또는 } x-16 = 0$$

$$x = -7 \text{ 또는 } x = 16$$

|연습문제| 다음 방정식의 해를 구해 보자.

① $x^2 + 12x + 20 = 0$

② $x^2 + 4x - 45 = 0$

이것으로 2차방정식이 끝이라면 갈루아 이론도 필요 없을 것이다. 사실은 이와 같은 방식으로 인수분해할 수 있는 2차방정식은 극히 일부에 불과하며, 대부분의 2차방정식은 유리수로는 인수분해할 수 없다.

그럼, 그와 같은 경우에는 어떻게 해야 할까?

2차방정식에는 2차항이 있다. 1차항이 없다면 제곱근을 사용해서 풀 수 있다. 즉,

$$x^2 = A$$

와 같은 형태라면

$$x = \pm\sqrt{A}$$

가 된다. 그럼, 어떻게든 이와 같은 형태로 만들어 보자.

$$x^2 - 2x - 2 = 0$$

먼저, 상수항을 이항한다.

$$x^2 - 2x = 2$$

여기서 좌변을 (　)²의 형태로 만들 수 있으면 된다.

$$(x+a)^2 = x^2 + 2ax + a^2$$

이 전개식과 위의 방정식을 비교해 보자. 상수항 a^2은 x의 계수의 절반의 제곱이다. 따라서 원래 방정식에서 x의 계수인 2를 반으로 나누고 그것을 제곱한 1이 있으면 된다. 그럼, 양변에 1을 더해 보자.

$$x^2 - 2x + 1 = 2 + 1$$

$$(x-1)^2 = 3$$

$$x - 1 = \pm\sqrt{3}$$

$$x = 1 \pm \sqrt{3}$$

이렇게 해를 구했다. 이것은 해가 $1+\sqrt{3}$과 $1-\sqrt{3}$이라는 의미이다.

하나 더 풀어 보자.
$$x^2 + 6x + 1 = 0$$
$$x^2 + 6x = -1$$
6을 반으로 나눈 3의 제곱인 9를 양변에 더하자.
$$x^2 + 6x + 9 = -1 + 9$$
$$(x+3)^2 = 8$$
$$x + 3 = \pm\sqrt{8}$$
$$x = -3 \pm 2\sqrt{2}$$

이번엔 i가 나오는 문제를 풀어 보자.
$$x^2 - 6x + 11 = 0$$
$$x^2 - 6x = -11$$
-6을 반으로 나눈 -3의 제곱인 9를 양변에 더하자.
$$x^2 - 6x + 9 = -11 + 9$$
$$(x-3)^2 = -2$$
$$x - 3 = \pm\sqrt{-2}$$
$$x = 3 \pm \sqrt{2}\,i$$

┃연습문제┃ 다음 방정식의 해를 구해 보자.

③ $x^2 + 8x - 17 = 0$

④ $x^2 - 10x + 30 = 0$

지금까지는 분수가 나오지 않는 2차방정식을 다뤘지만, 대부분의 2차방정식은 분수가 나온다. 하나 풀어 보자.

$$3x^2 + 5x + 14 = 0$$

$$x^2 + \frac{5}{3}x + \frac{14}{3} = 0$$

$$x^2 + \frac{5}{3}x = -\frac{14}{3}$$

$\frac{5}{3}$를 반으로 나누면 $\frac{5}{6}$, 그것을 제곱한 $\frac{25}{36}$를 양변에 더하자.

$$x^2 + \frac{5}{3}x + \frac{25}{36} = -\frac{14}{3} + \frac{25}{36}$$

$$\left(x + \frac{5}{6}\right)^2 = -\frac{143}{36}$$

$$x + \frac{5}{6} = \pm\sqrt{-\frac{143}{36}}$$

$$x = -\frac{5}{6} \pm \frac{\sqrt{143}\,i}{6}$$

$$x = \frac{-5 \pm \sqrt{143}\,i}{6}$$

이렇게 되면 계산이 꽤 복잡해진다. 그래서 이것을 공식으로 만들게 된 것이다.

이제 2차방정식의 근의 공식을 만들어 보자.

$$ax^2 + bx + c = 0 \quad a \neq 0$$

$$x^2 + \frac{b}{a}x + \frac{c}{a} = 0$$

$$x^2 + \frac{b}{a}x = -\frac{c}{a}$$

$$x^2 + \frac{b}{a}x + \frac{b^2}{4a^2} = -\frac{c}{a} + \frac{b^2}{4a^2}$$

$$\left(x + \frac{b}{2a}\right)^2 = \frac{b^2 - 4ac}{4a^2}$$

$$x + \frac{b}{2a} = \pm\sqrt{\frac{b^2 - 4ac}{4a^2}}$$

$$x = -\frac{b}{2a} \pm \frac{\sqrt{b^2 - 4ac}}{2a}$$

$$x = \frac{-b \pm \sqrt{b^2 - 4ac}}{2a}$$

이것이 2차방정식의 근의 공식이다.

'2차방정식의 근의 공식을 증명하시오'라는 문제가 어느 해 대학 입시 시험에 나온 적이 있었는데, 그 결과는 참담했다고 한다. 그렇게 어려운 계산은 아니므로 이번 기회를 통해 증명 과정을 익혀 보길 바란다.

3차방정식, 4차방정식은 2차방정식보다도 훨씬 까다로워진다. 그럴 때에는 다음의 내용에서 필요한 부분만 이해하면 되므로 여기까지는 어떻게든 잘 따라와 주길 바란다.

2차방정식의 근의 공식을 이용하면 식에 숫자를 대입하는 것만으로도 방정식의 해를 구할 수 있다.

$$x^2 + 3x - 5 = 0$$

의 경우에는 $a = 1$, $b = 3$, $c = -5$를 $x = \frac{-b \pm \sqrt{b^2 - 4ac}}{2a}$에 대입하면 된다.

$$x = \frac{-3 \pm \sqrt{3^2 - 4 \times 1 \times (-5)}}{2 \times 1} = \frac{-3 \pm \sqrt{9 + 20}}{2} = \frac{-3 \pm \sqrt{29}}{2}$$

> **│연습문제│** 다음 방정식의 해를 근의 공식을 이용해서 구해 보자.
> ⑤ $x^2 - 13x - 325 = 0$
> ⑥ $3x^2 + 8x + 15 = 0$

::::

 어려워요. 너무 어려워요.

 이 정도 계산은 익숙해지면 간단하게 풀 수 있단다. 2차방정식까지는 중학교에서 배우니까 조금만 더 힘을 내렴.

 '가득한 사랑은 −1'의 계산이 더 좋아요.

 2차방정식에도 i가 나온단다. 그런 2차방정식은 중학교에서는 배우지 않지만. 어쨌든 연습문제를 풀어 보렴. 먼저 인수분해부터.

 ① $x^2 + 12x + 20 = 0$을 인수분해하는 거죠? 먼저 20의 약수의 조합을 구하면, 1과 20, 2와 10, 4와 5. 이 중에서 더해서 12가 되는 것은……, 아! 2랑 10이네요. 따라서

$$(x+2)(x+10) = 0$$
$$x+2 = 0 \quad \text{또는} \quad x+10 = 0$$
$$x = -2 \quad \text{또는} \quad x = -10$$

다 풀었다!

 잘하고 있어.

 ② $x^2 + 4x - 45 = 0$
먼저, 45의 약수의 조합을 구해 보면, 1과 45, 3과 15, 5와 9. 이번에는 차가 4가 되어야 하니까……, 9와 5네요.

$$(x+9)(x-5)=0$$
$$x+9=0 \text{ 또는 } x-5=0$$
$$x=-9 \text{ 또는 } x=5$$

 잘했어. 다음은 완전제곱이란다.

 ③ $x^2+8x-17=0$. 먼저 상수항을 이항하면 $x^2+8x=17$. 그다음에 어떻게 하는 거였죠?

 x의 계수의 절반을 제곱해서 양변에 더해 보렴.

 아, 맞다. 8의 절반의 제곱은 16이니까
$$x^2+8x+16=17+16$$
$$(x+4)^2=33$$
$$x+4=\pm\sqrt{33}$$
$$x=-4\pm\sqrt{33}$$

 좋아, 다음.

 ④ $x^2-10x+30=0$
$$x^2-10x=-30$$

음…… -10을 반으로 나눠서 제곱하는 거였죠? -5의 제곱은 25니까
$$x^2-10x+25=-30+25$$
$$(x-5)^2=-5$$
$$x-5=\pm\sqrt{-5}$$

어? 루트 안이 음수가 됐어요.

 그 정도로 놀라면 안 되지.

'사랑은 허무하다'를 이용하면 되겠네요.

$$x - 5 = \pm\sqrt{5}\,i$$
$$x = 5 \pm \sqrt{5}\,i$$

 잘했어. 다음은 공식이다.

 공식은 꼭 외워야 하나요?

억지로 외우려 하지 않아도 몇 번만 연습해 보면 외워질 거야. 공식은 외우는 것이 아니란다. 공식이 어떻게 만들어졌는지를 알고 있는 것이 더 중요하지. 아빠는 공식을 거의 외우지 않았지만, 특별히 불편함을 느낀 적은 없었단다. 대학 입시 시험에서 삼각함수 공식을 몰라서 초조해 했던 기억은 있지만.

 그래서 어떻게 하셨어요?

 시험 시간 내에 어떻게든 공식을 만들어냈단다. 시간이 부족할 뻔 했지만, 다행히도 잘해냈었지.

 운이 좋았네요.

 운도 실력이라고 할 수 있지. 자, 연습문제를 풀어 보렴.

 ⑤ $x^2 - 13x - 325 = 0$

$$x = \frac{-b \pm \sqrt{b^2 - 4ac}}{2a}$$

위 식의 a에 1, b에 -13, c에 -325를 넣으면 되는 거죠?

$$x = \frac{-(-13) \pm \sqrt{(-13)^2 - 4 \times 1 \times (-325)}}{2 \times 1}$$

이제는 보는 것만으로도 질리네요.

 전자계산기를 사용해도 좋으니 조금만 더 힘을 내 보렴.

 네, 알겠어요.

$$x = \frac{13 \pm \sqrt{169 + 1300}}{2} = \frac{13 \pm \sqrt{1469}}{2}$$

 루트 안의 수를 그냥 두어도 될까?

 (전자계산기를 사용해 나눗셈을 해 본다.) 1469를 소인수분해하면 13×113이니까, 아무것도 밖으로 뺄 수가 없어요.

 좋아, 그럼 마지막 문제를 풀어 보렴.

 ⑥ $3x^2 + 8x + 15 = 0$

이번에는 $a = 3$, $b = 8$, $c = 15$를 대입하면 되네요.

$$x = \frac{-8 \pm \sqrt{8^2 - 4 \times 3 \times 15}}{2 \times 3} = \frac{-8 \pm \sqrt{64 - 180}}{6} = \frac{-8 \pm \sqrt{116}\,i}{6}$$

 루트 안의 수는?

 116을 소인수분해하면 $2^2 \times 29$니까,

$$x = \frac{-8 \pm 2\sqrt{29}\,i}{6} = -\frac{8}{6} \pm \frac{2\sqrt{29}\,i}{6} = -\frac{4}{3} \pm \frac{\sqrt{29}\,i}{3}$$

 자, 2차방정식에 대해서 조금만 더 보충해 볼까?

아직도 더 있어요?

 그렇게 어렵지 않으니 걱정하지 않아도 된단다. 2차방정식의 두 근이 α, β일 때, 2차방정식은 $(x-\alpha)(x-\beta) = 0$으로 인수분해된다고 했었지?

 네.

 이 식을 전개하면?

 음……, $x^2 - \alpha x - \beta x + \alpha\beta = 0$.

 x에 대해 정리해 보렴.

 $x^2 - (\alpha + \beta)x + \alpha\beta = 0$

 이 식과 2차방정식 $x^2 + ax + b = 0$을 비교해 보면?

 무슨 말씀을 하시는 건지 모르겠어요.

 그러니까, a와 b의 값은 무엇이 되지?

 a는 α와 β를 더한 값에 마이너스 부호를 붙인 것이고, b는 α와 β를 곱한 값이에요.

그렇지. 따라서 예를 들어, 더해서 6이 되고 곱해서 4가 되는 수는?

 그런 수는 없어요.

 있단다. 그 수가 어떤 2차방정식의 해라면?

 아, 무슨 말씀을 하시는 건지 알겠어요.
그렇다면, 구하려는 두 수는 $x^2 - 6x + 4 = 0$의 두 근이에요.

 자, 그 식을 풀어 보면?

 인수분해가 안 되니까, 공식을 써야겠네요.
$$x = \frac{6 \pm \sqrt{36-16}}{2 \times 1} = \frac{6 \pm \sqrt{20}}{2} = \frac{6 \pm 2\sqrt{5}}{2} = 3 \pm \sqrt{5}$$

 두 개를 더해 보면?

 $(3 + \sqrt{5}) + (3 - \sqrt{5}) = 6$, 6이 되네요.

 곱하면?

 $(3 + \sqrt{5})(3 - \sqrt{5}) = 3^2 - (\sqrt{5})^2 = 9 - 5 = 4$

 정확히 6과 4가 되었구나.

와, 신기하네요.

 신기할 것도 없단다. 지금 사용한 근과 계수의 관계는 앞으로도 중요한 의미를 가지게 될 거야.

 뭐가 중요하다는 건지 잘 모르겠어요.

6
가짜를 찾아내다

어서 3차방정식, 4차방정식의 해법에 대해 살펴보고 싶지만 그 전에 세 가지 시련을 뛰어넘어야 한다.

방정식의 근이 $\alpha, \beta, \gamma, \cdots$일 때, 방정식은 다음과 같이 인수분해된다($\gamma$는 '감마'라고 읽는다).

$$(x-\alpha)(x-\beta)(x-\gamma)\cdots = 0$$

식을 전개해 보자. 2차방정식, 3차방정식, 4차방정식을 각각 전개해 보면,

2차방정식: $(x-\alpha)(x-\beta) = x^2 - (\alpha+\beta)x + \alpha\beta = 0$

3차방정식:

$$(x-\alpha)(x-\beta)(x-\gamma) = x^3 - (\alpha+\beta+\gamma)x^2$$
$$+ (\alpha\beta + \beta\gamma + \gamma\alpha)x - \alpha\beta\gamma = 0$$

4차방정식(δ는 '델타'라고 읽는다):

$$(x-\alpha)(x-\beta)(x-\gamma)(x-\delta) = x^4 - (\alpha+\beta+\gamma+\delta)x^3$$
$$+ (\alpha\beta + \alpha\gamma + \alpha\delta + \beta\gamma + \beta\delta + \gamma\delta)x^2$$
$$- (\alpha\beta\gamma + \alpha\beta\delta + \alpha\gamma\delta + \beta\gamma\delta)x + \alpha\beta\gamma\delta = 0$$

정갈한 규칙에 따라 전개된다는 것을 알 수 있다.

첫 항의 계수는 1

그다음 항의 계수는 각각의 근을 한 번씩 더한 것에 마이너스 부호를 붙인 값이고,

그다음 항의 계수는 각각의 근을 두 개씩 곱해서 모두 더한 값이고,

그다음 항의 계수는 각각의 근을 세 개씩 곱해서 모두 더한 값에 마이너스 부호를 붙인 값이고,

……

와 같이 계속된다.

이번에는 5차방정식을 살펴보자(ε은 '엡실론'이라고 읽는다).

$$(x-\alpha)(x-\beta)(x-\gamma)(x-\delta)(x-\varepsilon) = 0$$

식을 전개해 보자.

5차항의 계수는 각각의 괄호에서 1차항만을 고르면 되기 때문에 1.

4차항의 계수는 각각의 괄호에서 1차항을 4개 고르면 되기 때문에, 근을 한 번씩 더하고 마이너스 부호를 붙인 값이다. $-(\alpha+\beta+\gamma+\delta+\varepsilon)$.

3차항의 계수는 각각의 괄호에서 1차항을 3개 고르면 되기 때문에, 근을 두 개씩 곱해서 모두 더한 값이다. $\alpha\beta + \alpha\gamma + \alpha\delta + \cdots$.

2차항의 계수는 각각의 괄호에서 1차항을 2개 고르면 되기 때문에, 근을 세 개씩 곱해서 모두 더하고 마이너스 부호를 붙인 값이다.

$-(\alpha\beta\gamma + \alpha\beta\delta + \alpha\beta\varepsilon + \cdots)$.

1차항의 계수는 각각의 괄호에서 1차항을 1개 고르면 되기 때문에, 근을 네 개씩 곱해서 모두 더한 값이다. $\alpha\beta\gamma\delta + \alpha\beta\gamma\varepsilon + \cdots$.

상수항은 각각의 괄호에서 1차항을 0개 고르면 되기 때문에, 5개의 근을 곱한 값이고 음수이다. $-\alpha\beta\gamma\delta\varepsilon$.

6차 이상의 경우에도 같은 방식으로 생각할 수 있다.

방정식의 계수에는 모든 근이 일정한 횟수만큼 나오게 된다. 따라서 근의 위치를 바꿔도 계수는 변하지 않는다.* 이것은 방정식의 중요한 성질이다.

몇 개의 문자에 대해서, 문자를 교환해도 변하지 않는 식을 '대칭식'이라고 부른다. 그리고 방정식의 계수와 같이,

한 개씩 곱해서 모두 더한 값
두 개씩 곱해서 모두 더한 값
세 개씩 곱해서 모두 더한 값
……

과 같이 계속되는 대칭식을 기본대칭식이라고 한다.

지금은 상수항에만 주목해 보도록 하자. 상수항은 모든 근을 곱한 값이다. 따라서 그 방정식의 근이 정수이면, 그 근은 상수항의 약수가 된다. 이를 이용해서 정수근을 갖는 고차방정식을 풀 수 있다.

다음의 방정식을 풀어 보자.

$$x^3 - 8x^2 - 5x + 84 = 0$$

84의 약수는 {1, 2, 3, 4, 6, 7, 12, 14, 21, 28, 42, 84}이므로, 이 약수들과 이것에 마이너스 부호를 붙인 값을 대입해서 0이 되는지를 확인하면 된다.

---

* 예를 들어, 3차항의 계수 $\alpha\beta + \alpha\gamma + \alpha\delta + \cdots$에서 α가 있는 항은 $\alpha\beta, \alpha\gamma, \alpha\delta, \alpha\varepsilon$, 4개이다. 뿐만 아니라 $\beta, \gamma, \delta, \varepsilon$이 있는 항도 각각 4개임을 확인할 수 있다. 따라서 3차항의 계수 $\alpha\beta + \alpha\gamma + \alpha\delta + \cdots$에서 $\alpha, \beta, \gamma, \delta, \varepsilon$을 각각 $\beta, \gamma, \delta, \varepsilon, \alpha$로 바꾸어도 '두 개씩 곱하여 더한 것'이며, $\alpha, \beta, \gamma, \delta, \varepsilon$이 있는 항도 각각 4개라는 것도 변함없다. 즉, 3차항의 계수는 근의 위치를 바꾸어도 변하지 않는다-옮긴이

1을 대입하면, $1 - 8 - 5 + 84 = 72$

-1을 대입하면, $-1 - 8 + 5 + 84 = 80$

마찬가지로, 2를 대입하면 50, -2를 대입하면 54, 3을 대입하면 24, 그리고 -3을 대입하면 0이 된다. 따라서 -3이 하나의 근임을 알 수 있다.

｜연습문제｜ 다음 방정식의 해를 구해 보자.

$$x^3 - 6x^2 + 11x - 6 = 0$$

위와 같은 방식으로 4와 7도 근임을 확인할 수 있다.

유리수근을 갖는 고차방정식은 이처럼 간단하게 풀 수 있기 때문에, 고차방정식의 무리에 집어넣지 않는 것이 보통이다. 사실 유리수근을 갖는 고차방정식은 1차방정식을 곱한 것에 불과하기 때문에 언뜻 고차방정식으로 보일지 몰라도 실제로는 가짜인 것이다.

대부분의 고차방정식은 유리수근을 갖지 않는다. 그리고 그와 같은 경우, 방정식을 푸는 것은 매우 어렵다.

유리수근을 갖지 않는 방정식은 '기약방정식'이라고 한다. 갈루아는 3차 이상의 기약방정식에 도전함으로써 갈루아 이론을 탄생시킨 것이나.

∷∷

세 가지 시련이요?

채은이가 좌절하지 않길 기도하고 있단다.

어떤 신에게 기도하셨어요?

공교롭게도 기도 드리고 싶은 신이 없구나. 지금은 신에게 의존하지 말고, 자기 자신의 머리를 믿어 보자꾸나. 먼저, 연습문제를 풀어 볼까?

정수근을 갖는 방정식이니까 가짜인 거죠? 가짜를 상대할 필요가 있을까요?

 하지만 가짜 방정식도 풀 수 없다면, 진짜 방정식(기약방정식)에는 전혀 손을 댈 수 없을 거야.

 $x^3 - 6x^2 + 11x - 6 = 0$이 정수근을 가진다면, 그 근은 ±1, ±2, ±3, ±6 중에 하나니까 전부 대입해 봐야겠어요. 1을 대입하면, $1 - 6 + 11 - 6 = 0$

우와! 한 번에 구했다! 우선 하나의 근은 1이에요.

 나머지 근은?

 안 구하면 안 되나요?

 사실은 나눗셈을 하면 훨씬 수월하긴 하단다.

 수식의 나눗셈이요?

 그렇게 어렵지 않단다. 1이 근이라는 이야기는 이 식이 $x-1$로 나누어떨어진다는 것을 의미하지. 따라서 $x-1$로 나눠보면 된단다.

$$(x^3 - 6x^2 + 11x - 6) \div (x - 1) = x^2 - 5x + 6$$

이 식을 인수분해하면,

$$(x - 2)(x - 3)$$

따라서 답은 1, 2, 3이 되지.

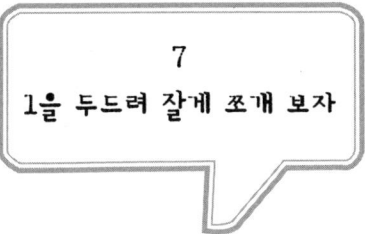

두 번째 시련은 1의 거듭제곱근이다.

거듭제곱근이란 거듭제곱의 반대이므로, 1의 거듭제곱근은 같은 수를 여러 번 곱해서 1이 되는 수를 말한다. 1은 몇 번 곱해도 1이므로 1이 1의 거듭제곱근이라는 것은 쉽게 알 수 있다. 즉, 1은 1의 세제곱근이기도 하고, 다섯제곱근이기도 하고, 100 제곱근이기도 하다.

1 이외에 1의 거듭제곱이 또 있을까?

1의 제곱근은 1과 −1이다.

1의 네제곱근은 더 많다.

$$1^4 = 1$$
$$i^4 = 1$$
$$(-1)^4 = 1$$
$$(-i)^4 = 1$$

즉, 1의 네제곱근은 1, i, −1, −i, 네 개다. 이것을 그림으로 살펴보자.

원점을 중심으로 반지름이 1인 원을 생각해 보자. −1은 180° 지점에

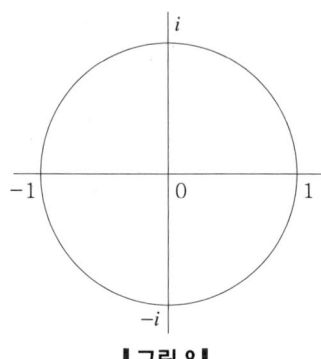

┃그림 8┃

있다. −1을 곱하는 것은 180° 회전시키는 것으로 볼 수 있기 때문에, −1이 1의 제곱근이 된다. 또, $180° \times 4 = 720° = 360° \times 2$이다. 360°의 정수배는 제자리로 돌아오기 때문에 결국 1이 된다. 따라서 −1은 1의 네제곱근이기도 한 것이다.

i는 90° 지점에 있다. $90° \times 4 = 360°$이므로 i도 1의 네제곱근이다.

−i는 270° 지점에 있다. $270° \times 4 = 1080° = 360° \times 3$이므로, −$i$ 역시 1의 네제곱근이 된다.

그럼, 1의 세제곱근은 어떻게 될까?

다음 그림과 같이 360°를 3으로 나눈 120° 지점에 있는 점 A와, 240°

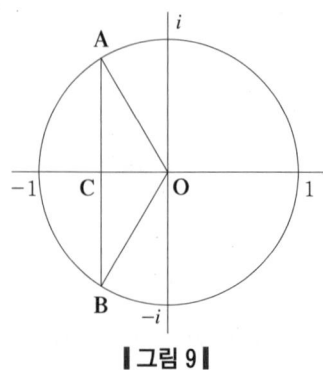

┃그림 9┃

지점의 점 B가 1의 세제곱근이 된다.

△OAC는 이등변삼각형을 둘로 나눈 직각삼각형이므로, 세 변의 길이의 비는

$$\overline{OC} : \overline{OA} : \overline{AC} = 1 : 2 : \sqrt{3}$$

이다. $\overline{OA} = 1$이므로, 이 삼각형의 세 변의 길이의 비는 다음과 같다.

$$\overline{OA} = 1, \quad \overline{OC} = \frac{1}{2}, \quad \overline{AC} = \frac{\sqrt{3}}{2}$$

따라서 점 A, 점 B는

$$A: -\frac{1}{2} + \frac{\sqrt{3}}{2}i, \quad B: -\frac{1}{2} - \frac{\sqrt{3}}{2}i$$

이다. 점 A는 보통 ω(오메가)로 나타낸다. 그럼 점 B는 ω^2이 된다.

계산을 통해 확인해 보자.

$$\omega^2 = \left(-\frac{1}{2} + \frac{\sqrt{3}}{2}i\right)^2 = \frac{1}{4} - \frac{\sqrt{3}}{2}i - \frac{3}{4} = -\frac{1}{2} - \frac{\sqrt{3}}{2}i$$

즉, 1의 세제곱근은 1, ω, ω^2이 된다.

계산을 통해 1의 세제곱근을 구해 보자.

$$x^3 = 1$$

$$x^3 - 1 = 0$$

$$(x-1)(x^2 + x + 1) = 0$$

여기서, $x^2 + x + 1 = 0$을 공식을 사용해 풀어 보자.

$$x = \frac{-1 \pm \sqrt{1^2 - 4 \times 1 \times 1}}{2 \times 1} = \frac{-1 \pm \sqrt{-3}}{2} = \frac{-1 \pm \sqrt{3}i}{2}$$

방금 전에 구한 답과 같다.

1의 다섯제곱근은 360°를 5로 나눈 72° 지점의 점을 구하면 된다. 그런데 이것은 그림 상에서 구하기가 어렵기 때문에 계산을 통해서만 구할

수 있는데, 이 역시 약간의 테크닉이 필요하다.

사실 1의 거듭제곱근은 모두 근호와 덧셈, 뺄셈, 곱셈, 나눗셈을 이용해서 구할 수 있다. 이를 증명한 사람 역시 가우스이다. 단, 그 방법은 여기서 소개하기에는 너무 어렵기 때문에 지금은 가우스 선생님을 믿어 주길 바란다.

▮연습문제▮ 1의 여섯제곱근과 1의 여덟제곱근을 구해 보자.

∷∷

지금까지 1의 거듭제곱근 같은 건 생각해 본 적도 없었는데…….
ω처럼 이상하게 생긴 수를 3번 곱하면 1이 되다니 신기하네요.

자, 1의 여섯제곱근을 구해 볼까?

그림을 그려 보면 이렇게 되겠네요. 먼저, 점 A는 1.

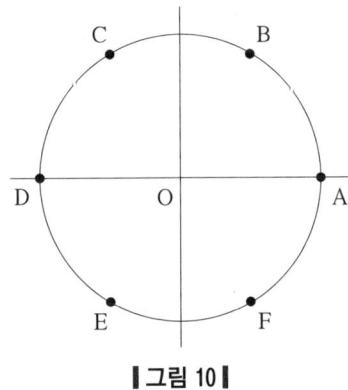

| 그림 10 |

점 B는?

△OAB는 정삼각형이니까 1의 세제곱근을 구할 때랑 똑같네요.
$$B: \frac{1}{2} + \frac{\sqrt{3}}{2}i$$

계속해서 적어 보렴.

부호를 바꾸기만 하면 되는 거죠?

$$A:1 \quad B:\frac{1}{2}+\frac{\sqrt{3}}{2}i \quad C:-\frac{1}{2}+\frac{\sqrt{3}}{2}i$$
$$D:-1 \quad E:-\frac{1}{2}-\frac{\sqrt{3}}{2}i \quad F:\frac{1}{2}-\frac{\sqrt{3}}{2}i$$

 아주 잘하고 있어! 그림 1의 여덟제곱근은?

 먼저 그림을 그리면,

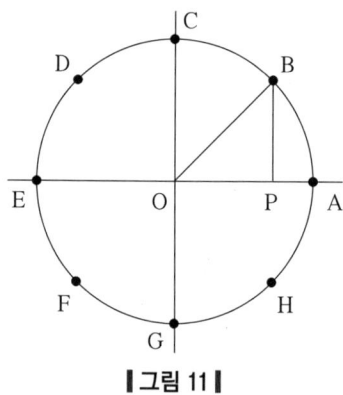

┃그림 11┃

△OPB는 직각이등변삼각형이에요. $\overline{OB}=1$이니까,

$$\overline{OP}=\overline{PB}=\frac{\sqrt{2}}{2}$$

따라서 1의 여덟제곱근은

$$A:1 \quad B:\frac{\sqrt{2}}{2}+\frac{\sqrt{2}}{2}i \quad C:i \quad D:-\frac{\sqrt{2}}{2}+\frac{\sqrt{2}}{2}i$$
$$E:-1 \quad F:-\frac{\sqrt{2}}{2}-\frac{\sqrt{2}}{2}i \quad G:-i \quad H:\frac{\sqrt{2}}{2}-\frac{\sqrt{2}}{2}i$$

그런데 모양이 이상해요. 정말 이 수들을 여덟제곱하면 1이 되나요?

 의심스럽니?

 아니에요. 전혀 의심스럽지 않아요, 아빠. (의심스럽다고 하면 분명 여덟제곱을 계산해 보라고 하겠지.)

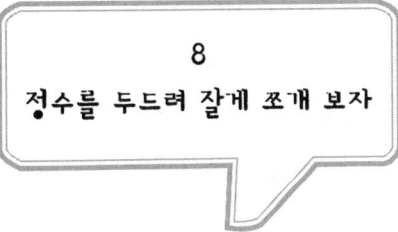

세 번째 시련이다. 바로 앞에서는 1의 거듭제곱근을 구해 보았는데, 이번에는 정수의 거듭제곱근을 구해 보자.

2의 제곱근 중 양수는

$$\sqrt{2}$$

로 나타낸다. 마찬가지로 2의 세제곱근 중 실수는 다음과 같이 적는다.

$$\sqrt[3]{2}$$

이제 2의 네제곱근, 다섯제곱근의 표기법을 짐작할 수 있을 것이다. 각각 다음과 같이 나타낸다.

$$\sqrt[4]{2}, \quad \sqrt[5]{2}$$

(앞에서 언급했듯이 $\sqrt[4]{}$과 $\sqrt[5]{}$은 비슷한 모양의 기호이지만, $\sqrt[4]{2}$는 2의 네제곱근 중 양수를, $\sqrt[5]{2}$는 2의 다섯제곱근 중 실수를 의미한다는 사실에 주의해야 한다-옮긴이)

대부분의 거듭제곱근의 크기는 2의 제곱근의 크기를 구했던 방법과 같은 방법으로 구할 수 있다. $x = \sqrt[3]{2}$라고 하면,

$$1^3 = 1, \quad 2^3 = 8 \rightarrow 1 < x < 2$$

소수점 첫째 자리까지 계산해 보면,

$$1.2^3 = 1.728, \quad 1.3^3 = 2.197 \to 1.2 < x < 1.3$$

소수점 둘째 자리까지 계산해 보면,

$$1.25^3 = 1.953125, \quad 1.26^3 = 2.000376 \to 1.25 < x < 1.26$$

이 된다. 사실 더 쉽게 구할 수 있는 방법이 있다. 일본 에도시대의 수학자들은 주판을 이용해서 불과 몇 분 만에 소수점 이하 수십 자리까지 구했다고 한다. 하지만 아무리 계산을 해 나가도 끝이 보이질 않았다. $\sqrt[3]{2}$ 역시 반복이 없는 무한소수가 되었다. $\sqrt[4]{2}$, $\sqrt[5]{2}$ 등도 마찬가지였다.

여기에서 사용한

$$\sqrt{} \quad \sqrt[3]{} \quad \sqrt[4]{} \quad \sqrt[5]{}$$

는 '근호'라고 한다.

여기서 주의해야 할 것은 2의 제곱근이 양수와 음수, 두 개였다는 점이다.

가우스가 증명한 대수학의 기본정리에 따르면, n차방정식은 복소수 범위에서 n개의 근을 가진다. 2의 세제곱근은

$$x^3 = 2$$

의 근이므로, 당연히 세 개이다.

$$\sqrt[3]{2}$$

은 그중 하나에 불과하다. 나머지 두 개는 무엇일까?

1의 세제곱근을

$$1, \ \omega, \ \omega^2$$

이라고 하자. 그러면

$$\sqrt[3]{2}\,\omega, \ \sqrt[3]{2}\,\omega^2$$

도 2의 세제곱근이 된다. ω도 ω^2도 세제곱하면 1이 되기 때문이다.

이제 2의 네제곱근도 구할 수 있을 것이다. 1의 네제곱근이 1, i, -1, $-i$였기 때문에, 2의 네제곱근은

$$\sqrt[4]{2},\ \sqrt[4]{2}\,i,\ -\sqrt[4]{2},\ -\sqrt[4]{2}\,i$$

네 개가 된다.

┃연습문제┃ 5의 세제곱근을 구해 보자.

::::

 뭔가 알 것 같기도 하고 모를 것 같기도 해요.

 기본적으로는 1의 거듭제곱근과 같단다.

 형식적으로는 풀 수 있어요. 5의 세제곱근은, $\sqrt[3]{5},\ \sqrt[3]{5}\,\omega,\ \sqrt[3]{5}\,\omega^2$이 될 것 같네요.

 그렇지.

 이걸로 세 개의 시련은 끝인가요?

 이제 드디어 3차방정식을 배울 차례란다. 만만치 않을거야.

채은이의 노트

2차방정식을 어려워하는 내가 이상하게 느껴진다. 지금 생각해 보면, 어쩜 저렇게도 똘했나 싶어 이상한 기분이 든다.

1을 빙글빙글 회전시키는 것이 너무 인상적이어서 묘하게 이해가 갔던 게 기억난다. 정말로 이해했던 것인지는 잘 모르겠지만.

학교 수학 선생님도 종종 "수학의 본질은 자유"라고 말씀하시는데, 방정식을 풀 수 없게 되었다는 이유로 수를 제멋대로 확장시켜 나가는 것을 보면 정말 자유롭다는 생각을 했다. 그건 그렇고, 수직선상에 빽빽하게 가득 채워져 있어서 한 치의 빈틈도 없어 보이는 유리수 사이에 압도적인 양의 무리수가 존재한다는 사실은 굉장히 장대하다고 할까, 몇 번을 생각해 봐도 수라는 건 참 대단하구나 하고 감동하게 된다. 맨 처음 이 이야기를 들었던 게 언제였는지는 잘 기억나지 않지만, 그 이후로 계속해서 머릿속에서 떠나질 않는다.

그러고 보니 아빠가 '인류가 알 수 있는 수는 실제의 0%다'라는 말을 한 적이 있다. 간단하게 말해서, 인류가 알 수 있는 수는 유한하기 때문에, 무한으로 존재하는 수의 실제 양과의 비율을 계산하면 0%가 된다는 말이다. 0%가 0을 말하는 건 아니라는 사기 같은 이야기. 하지만 생각해 보면 참 충격적인 말이다. 수학을 아무리 많이 공부해도 0%밖에 알 수 없다니, 너무 허무하다.

수의 확장이라고 해 봤자, 지금은 아무렇지 않게 사용하고 있는 수들이니까 여기까지는 쉽게 이해할 수 있으려나? 나도 조금은 성장한 것 같기도 하다. 헤헤.

대칭은 더 이상 규칙성에 관한
막연한 느낌들, 혹은 우아함과 아름다움에
관련된 예술적 감각이 아니었다.
이제 그것은 엄밀한 논리적 정의를 갖춘 수학 개념이었다.
수학자들은 대칭을 가지고 계산을 하거나
대칭에 관한 정리들을 증명할 수 있었다.
그리고 새로운 주제인 군론이 탄생했다.
대칭을 향한 여정은 이제 전환점을 맞았다.

이언 스튜어트, 「아름다움은 왜 진리인가」

CHAPTER 2
3차방정식과 4차방정식

> **1**
> **그 이름하여**
> **니콜로 폰타나 타르탈리아**

아라비아 수학자들은 2차방정식의 해법을 완성한 후, 3차방정식에 도전하여 특정 종류의 3차방정식에 대해서는 해법을 발견했지만, 일반적인 3차방정식의 근의 공식은 찾아내지 못했다.

당시에는 방정식을 푸는 데 도형을 사용했다. 2차방정식은 직사각형을 변형해서 풀었고, 3차방정식은 직육면체를 변형해서 풀었는데 좀처럼 잘 풀리지 않았다. 마찬가지로 4차방정식에 대해서는 4차원 공간의 직육면체를 고려해야 했기 때문에 손도 대지 못했다.

그렇게 시간은 흘렀다. 알콰리즈미가 죽은 해가 845년 혹은 850년으로 추정되고 있기 때문에, 방정식론의 역사에서는 약 700년 정도의 세월이 허무하게 흘러갔다고 할 수 있다.

제타바나(Jetavana, 스리랑카에 있는 사원의 이름-옮긴이)의 종소리, 제행무상(諸行無常, 인생의 덧없음을 의미하는 불교 용어-옮긴이)의 울림. 사라쌍수(沙羅雙樹)의 꽃의 색, 성자필쇠(盛者必衰)의 이치를 드러낸다. 영화(榮華)를 다한 이슬람 제국에 어두운 그늘이 들어서게 된 시대, 무대는 유럽으로 옮겨 간다.

1571년, 오스만 투르크 제국의 해군과 스페인, 베니스의 연합군이 레판토에서 격돌하였고, 무적을 자랑하던 오스만 제국의 해군은 패배한다. 지중해 무역으로 베니스가 가장 번영했던 시대이다.

　젊은 세르반테스는 이 해전에서 왼팔에 부상을 입어, 본국으로 돌아가던 중에 해적에게 습격당해 노예가 된다. 갖은 고생을 다한 세르반테스가 『돈키호테』로 성공을 거두는 것은 그로부터 34년 후의 일이다.

　레판토해전이 일어나기 약 반세기 전, 이탈리아의 어느 시골 마을에서 니콜로 폰타나라는 남자아이가 태어났다. 폰타나는 어렸을 적, 이탈리아에 쳐들어온 프랑스 병사들에 의해 입을 다쳐 그 뒤로 소리를 잘 내지 못하게 되었다고 한다. 그래서 폰타나는 타르탈리아라는 이름을 갖게 되었다. 타르탈리아는 '말더듬이'라는 뜻이다.

　그 전쟁 때 폰타나는 마침 학교에서 알파벳 K까지 배웠었는데, 그 이후에는 학교에 다닐 수 없게 되어 묘지에 가서 묘비를 보면서 알파벳을 익혔다고 한다.

　독학으로 수학을 익힌 폰타나는 20대가 되어서는 수학을 가르치며 나름대로 생활을 꾸려나갈 수 있게 되었다.

　당시의 수학은 '마법'의 일종이었다. 수학뿐만이 아니라 모든 과학이 마법과 동일시되는 시대였다.

　수학자들 사이에서는 수학 기술을 겨루는 공개 시합이 열렸으며, 보통 그 시합에는 막대한 상금이 걸렸다. 수학자로 살아남기 위해서는 그 시합에서 계속해서 이겨야만 했다. 말 그대로 『산학무예장(算學武藝帳)』(저자의 시대 소설로 산사(算士)의 생애를 그린 작품이다－옮긴이)의 시대였다.

당시 공개 시합에서 인기가 있었던 것은 아라비아에서 건너온 비술(秘術)이었다. 그 대부분은 방정식의 해법에 관련된 것이었다.

여기서 볼로냐 대학 박사 스키피오네 델 페로(Scipione del Ferro)라는 남자가 등장한다. 페로는 3차방정식의 해법을 발견하고, 페로파(派) 수학술로 한 세기를 풍미한다. 페로파의 수학은 그 제자들에게만 비밀리에 전해져 내려왔다.

페로의 마법은 완벽하진 않았지만, 당시에는 그 뒤를 따를 자가 없었다. 시간이 흘러 페로는 죽고 페로의 수학은 그의 제자 피오레가 이어받았다.

타르탈리아파 수학자로 이름을 알리고 있던 폰타나의 앞을 가로막은 것은 바로 피오레였다. "시골을 전전하며 돈벌이하는 수학자가 3차방정식이라니, 지나가는 개가 다 웃겠네"라며 폰타나의 심기를 건드린 것이다. 폰타나의 입장에서 피오레의 도전을 피해 도망가는 것은 타르탈리아파의 창시자로서 체면이 깎이는 일이었다. 그리고 무엇보다도, 수학자로서 먹고 살아갈 수 없게 되는 일이었다.

폰타나는 과감하게 그 도전을 받아들였다.

시합은 두 사람 모두 30개씩 문제를 내고, 상대방의 문제를 풀어 정답을 많이 맞힌 쪽이 이기는 방식이었다. 페로파는 3차방정식의 비술을 가지고 있었기 때문에 당연히 3차방정식에 관한 문제를 냈다.

폰타나는 아직 3차방정식의 해법을 발견하지 못했기 때문에, 마음을 가다듬고 필사적으로 그 해법을 찾기 시작했다. 그러던 중 시합 직전에 하늘의 계시를 받아 그 해법을 발견했다.

시합은 예상대로 3차방정식을 중심으로 전개되었다. 폰타나는 페로파의 허를 찔러 페로파가 풀 수 없는 문제를 냈다.

결과는 30대 0. 폰타나의 압승이었다.

폰타나는 이 시합에서 승리하여 일약 유명해졌다.

당연히 폰타나는 3차방정식의 해법을 철저하게 비밀로 부치고 있었는데, 어느 날 카르다노(Cardano)라는 남자가 폰타나에게 접근하여 끈질기게 그 비밀을 알아내려 했다.

카르다노는 당시 이탈리아에서 매우 유명한 의사이자 자연철학자, 수학자, 연금술사, 점성술사, 수상술사, 마법사, 도박꾼으로 알려져 있었다. 과학과 마법의 경계가 불분명했던 시대에 걸맞은 신분들이다.

페로파를 넘어뜨린 폰타나는 이탈리아 최고의 수학자로 이름을 날리게 됐지만, 전쟁고아였던 탓에 가진 재산도 인맥도 없었다. 그에 반해 카르다노는 재산도 많았고, 인맥도 풍부했다.

카르다노는 가난한 폰타나에게 일자리를 알아봐 주겠다며 어르고 달래서 결국 폰타나가 "절대 공개하지 않겠다"고 맹세했던 3차방정식의 해법을 알아내게 된다.

그 후 카르다노는 폰타나 이전에 페로가 이미 3차방정식의 비밀을 어느 정도 완성해 놓았음을 알게 되고, 폰타나의 해법이 페로의 해법을 조금 보완한 것에 불과하다는 해명을 하며 폰타나의 해법을 『위대한 기술』이라는 책에서 공개해 버린다.

폰타나는 매우 분노하여 카르다노에게 도전장을 내던졌다.

하지만 카르다노는 자기가 직접 나서지 않고, 비장의 무기인 자신의 제자 페라리를 내보낸다. 페라리는 폰타나의 기술을 기초로 4차방정식의 해법을 발견한 바 있었다.

4차방정식의 해법을 익힌 페라리 앞에서 폰타나는 무너졌고, 쓸쓸하게 그 마을을 떠났다.

  3차방정식의 근의 공식을 발견한 것은 폰타나였지만, 현재의 3차방정식의 근의 공식은 '카르다노의 공식'이라 불리고 있다. 그리고 4차방정식의 근의 공식은 '페라리의 공식'이라 불린다.

  카르다노는 75세 때, 자신의 호로스코프(horoscope)를 개발했다. 호로스코프란 점성술을 위한 천체 배치도로, 호로스코프를 만드는 것은 당시 수학자들의 생업이었다. 행성이나 황도 12궁을 배치하는 호로스코프를 만들기 위해서는 고도의 수학이 필요했고, 일반인들은 호로스코프를 마법으로 여겼다. 당시의 점성술은 현재 텔레비전 등에서 볼 수 있는 별자리 운세와는 비교할 수 없을 정도로 정교했다. 하지만 아무리 정교해도 호로스코프로 사람의 운명을 점칠 수는 없었다. 이러한 미신에 갈피를 못 잡던 일류 수학자들을 히파티아가 봤다면 얼마나 한탄했을까?

  어쨌든 카르다노는 호로스코프로 자신이 죽는 날을 점쳤고, 정확히 그날 생을 마감했다. 자살이었다고 한다.

  이제, 3차방정식을 풀어 보자. 이 해법은 알콰리즈미 이후 700년이나 되는 세월 동안 수많은 수학자들의 노력에도 불구하고 발견되지 못했으며, 발견 당시에도 마법으로 여겨졌을 정도로 계산이 꽤 번거롭기 때문에 마음의 준비를 단단히 하길 바란다.

  다음의 방정식을 풀어 보자.

$$x^3 + 6x^2 + 18x + 18 = 0$$

먼저, 폰타나파의 마법을 사용해 보자.
$$x = X - 2$$
이것을 앞의 식에 대입해 보자.

$(X-2)^3 + 6(X-2)^2 + 18(X-2) + 18 = 0$

$X^3 - 6X^2 + 12X - 8 + 6(X^2 - 4X + 4) + 18(X - 2) + 18 = 0$

$X^3 - 6X^2 + 12X - 8 + 6X^2 - 24X + 24 + 18X - 36 + 18 = 0$

$X^3 + 6X - 2 = 0$

어? 이상하다? 2차항이 사라져 버렸네? 이것은 언제나 유용하다.

자, 계속해서 방정식을 풀어 보자. 폰타나의 성공 비결은
$$X = u + v$$
에 있다. 식이 복잡해지기만 할 것 같지만, 이것이 바로 열쇠이다. 이것을 방정식에 대입해서 정리해 보자. $(u + v)$에 주목하는 것이 중요하다.

$(u+v)^3 + 6(u+v) - 2 = 0$

$u^3 + 3u^2v + 3uv^2 + v^3 + 6(u+v) - 2 = 0$

$u^3 + 3uv(u+v) + v^3 + 6(u+v) - 2 = 0$

$u^3 + v^3 - 2 + 3uv(u+v) + 6(u+v) = 0$

$u^3 + v^3 - 2 + (u+v)(3uv + 6) = 0$

위의 식을 잘 관찰해 보자.

$u^3 + v^3 - 2 = 0$ ⋯ ①

$3uv + 6 = 0$ ⋯ ②

위의 두 식이 성립하면 전체가 0이 된다. 따라서 이 식이 성립하기 위한 u와 v의 값을 구하면,
$$X = u + v$$

이므로 근을 구할 수 있다. 그런데 식 ①과 ②가 성립하기 위한 u와 v의 값을 구할 수 있을까?

식 ①로부터,
$$u^3 + v^3 = 2$$

식 ②로부터,
$$3uv = -6$$
$$uv = -2$$

이것을 세제곱하면,
$$u^3 v^3 = -8$$

즉, u^3과 v^3은 더해서 2, 곱해서 -8이 되는 수이다. 이것은 2차방정식
$$t^2 - 2t - 8 = 0$$

의 근이다. 공식을 이용해서 풀면,
$$t = \frac{-(-2) \pm \sqrt{(-2)^2 - 4 \times 1 \times (-8)}}{2 \times 1}$$
$$= \frac{2 \pm \sqrt{4+32}}{2} = \frac{2 \pm \sqrt{36}}{2} = \frac{2 \pm 6}{2}$$
$$t = 4 \text{ 또는 } t = -2$$

이 값이 u^3과 v^3이다. 어느 쪽이 4가 되든 상관없기 때문에
$$u^3 = 4$$
$$v^3 = -2$$

로 두고, ω를 1의 세제곱근이라고 하면,
$$u = \sqrt[3]{4}, \quad \sqrt[3]{4}\,\omega, \quad \sqrt[3]{4}\,\omega^2$$
$$v = -\sqrt[3]{2}, \quad -\sqrt[3]{2}\,\omega, \quad -\sqrt[3]{2}\,\omega^2$$

이다. $\sqrt[3]{4}, \sqrt[3]{2}$는 세제곱해서 각각 4, 2가 되는 수이다.

이 중에서, 곱해서 -2가 되는 쌍을 찾으면 된다. 따라서

$$X = \sqrt[3]{4} - \sqrt[3]{2}, \quad \sqrt[3]{4}\omega - \sqrt[3]{2}\omega^2, \quad \sqrt[3]{4}\omega^2 - \sqrt[3]{2}\omega$$

$x = X - 2$이므로, x를 구하면

$$x = -2 + \sqrt[3]{4} - \sqrt[3]{2}, \quad -2 + \sqrt[3]{4}\omega - \sqrt[3]{2}\omega^2, \quad -2 + \sqrt[3]{4}\omega^2 - \sqrt[3]{2}\omega$$

조금 힘들었지만, 드디어 다 풀었다. 매번 이와 같은 계산을 할 수는 없기 때문에 이것을 공식으로 만들어 보자.

$$ax^3 + bx^2 + cx + d = 0 \quad a \neq 0$$

을 풀어 보자.

먼저, 전체를 a로 나누자.

$$x^3 + \frac{b}{a}x^2 + \frac{c}{a}x + \frac{d}{a} = 0$$

다음으로,

$$x = X - \frac{b}{3a}$$

를 대입해서 정리하자. 그럼 2차항이 사라지고, 방정식은 다음과 같은 형태가 된다.

$$X^3 + pX + q = 0$$

여기서

$$X = u + v$$

로 두고, 이것을 대입해서 정리하자.

$$(u+v)^3 + p(u+v) + q = 0$$
$$u^3 + 3u^2v + 3uv^2 + v^3 + p(u+v) + q = 0$$
$$u^3 + 3uv(u+v) + v^3 + p(u+v) + q = 0$$
$$u^3 + v^3 + q + 3uv(u+v) + p(u+v) = 0$$
$$u^3 + v^3 + q + (u+v)(3uv + p) = 0$$

여기서

$$u^3 + v^3 + q = 0 \quad \cdots ①$$
$$3uv + p = 0 \quad \cdots ②$$

를 만족시키는 u, v를 구하면, $X = u + v$이므로 X를 구할 수 있다.

①로부터, $u^3 + v^3 = -q$

②로부터, $uv = -\dfrac{p}{3}$

즉, u^3과 v^3은 합이 $-q$, 곱이 $-\dfrac{p^3}{27}$이다. 이것은

$$t^2 + qt - \frac{p^3}{27} = 0$$

의 근이다. 이 식을 풀면,

$$t = \frac{-q \pm \sqrt{q^2 + \dfrac{4}{27}p^3}}{2}$$

이 된다. 이대로 두어도 좋지만, 다음과 같이 변형하면 더 깔끔한 식을 구할 수 있다.

$$t = \frac{-q \pm \sqrt{q^2 + \dfrac{4}{27}p^3}}{2}$$

$$= -\frac{q}{2} \pm \frac{\sqrt{q^2 + \dfrac{4p^3}{27}}}{2}$$

$$= -\frac{q}{2} \pm \sqrt{\frac{q^2 + \dfrac{4p^3}{27}}{4}}$$

$$= -\frac{q}{2} \pm \sqrt{\frac{q^2}{4} + \frac{4p^3}{4 \times 27}}$$

$$= -\frac{q}{2} \pm \sqrt{\frac{q^2}{4} + \frac{p^3}{27}}$$

$$= -\frac{q}{2} \pm \sqrt{\left(\frac{q}{2}\right)^2 + \left(\frac{p}{3}\right)^3}$$

이것의 세제곱근 중에서, 곱해서 $-\frac{p}{3}$가 되는 것을 u, v라고 하면,

$$u\omega 와 v\omega^2, \quad u\omega^2 과 v\omega$$

도 곱해서 $-\frac{p}{3}$가 된다. 따라서

$$X = u + v, \quad u\omega + v\omega^2, \quad u\omega^2 + v\omega$$

이때

$$x = X - \frac{b}{3a}$$

였기 때문에,

$$x = -\frac{b}{3a} + u + v, \quad -\frac{b}{3a} + u\omega + v\omega^2, \quad -\frac{b}{3a} + u\omega^2 + v\omega$$

이것으로 문제를 다 풀었다. 지금까지 살펴본 내용을 깔끔하게 정리해 보자.

┃폰타나, 카르다노의 공식┃

$$ax^3 + bx^2 + cx + d = 0 \quad a \neq 0$$

전체를 a로 나누고, $x = X - \frac{b}{3a}$로 두고 정리하면 2차항이 사라진다. 그 방정식을

$$X^3 + pX + q = 0$$

이라고 하자. 이때,

$$-\frac{q}{2} + \sqrt{\left(\frac{q}{2}\right)^2 + \left(\frac{p}{3}\right)^3} \quad 과 \quad -\frac{q}{2} - \sqrt{\left(\frac{q}{2}\right)^2 + \left(\frac{p}{3}\right)^3}$$

을 계산해서 그 세제곱근 중에서, 곱해서 $-\frac{p}{3}$가 되는 것을 u와 v라고 하자.

근은 다음과 같다.

$$-\frac{b}{3a}+u+v, \quad -\frac{b}{3a}+u\omega+v\omega^2, \quad -\frac{b}{3a}+u\omega^2+v\omega$$

공식을 사용해서 조금 전의 방정식을 풀어 보자.

$$x^3+6x^2+18x+18=0$$

먼저, $x=X-2$로 두고 정리한다.

$$X^3+6X-2=0$$

다음으로, $-\frac{q}{2}\pm\sqrt{\left(\frac{q}{2}\right)^2+\left(\frac{p}{3}\right)^3}$을 계산한다. $p=6$, $q=-2$이다.

$$-\frac{-2}{2}\pm\sqrt{\left(\frac{-2}{2}\right)^2+\left(\frac{6}{3}\right)^3}=1\pm\sqrt{1+8}$$
$$=1\pm\sqrt{9}=1\pm3=4 \text{ 또는 } -2$$

이 세 세제곱근 중에, 곱해서 -2가 되는 것은 $\sqrt[3]{4}$와 $-\sqrt[3]{2}$이므로, 방정식의 근은 다음과 같다.

$$x=-2+\sqrt[3]{4}-\sqrt[3]{2},\ -2+\sqrt[3]{4}\omega-\sqrt[3]{2}\omega^2,\ -2+\sqrt[3]{4}\omega^2-\sqrt[3]{2}\omega$$

｜연습문제｜ 다음 방정식의 해를 구해 보자.

① $x^3-9x+12=0$

② $x^3-3x-8=0$

::::

 으아아아악!

 왜 그러니?

 무슨 말씀을 하시는지 전혀 모르겠어요.

 한 줄 한 줄 잘 읽어보면, 무슨 말을 하고 있는지 정도는 알 수 있을 텐데?

뭐, 전~혀 모르겠다는 말은 아니지만요……. 그런데 3차방정식을 푸는 데 $X = u + v$로 두려는 발상은 대체 어디서 오는 거예요? 그런 걸 한다고 하더라도 보통은 식이 더 복잡해질 거라는 생각이 들 텐데요. 아마 100년을 생각해도 그런 발상은 절대 떠오르지 않을 거예요.

아무 생각도 없이 $X = u + v$로 둔 것은 아니란다. 처음에 폰타나의 마법으로 2차항을 없앨 수가 있었지? 근과 계수의 관계로부터 생각해 보면 어떠니?

 그래도 잘 모르겠어요.

 근과 계수는 어떤 관계에 있지?

 방정식의 세 개의 근을 α, β, γ라고 하면,

$(x-\alpha)(x-\beta)(x-\gamma) = 0$ 이었으니까
$$\alpha + \beta + \gamma = 0$$
$$\alpha\beta + \beta\gamma + \gamma\alpha = p$$
$$\alpha\beta\gamma = -q$$

 p 와 q 에 대해서는 아는 것이 없으니까 어쩔 수 없겠지만, 처음의 식에서 힌트를 찾을 수 있지 않니? $\alpha =$ 의 형태로 바꾸면?

 이항하라는 말씀이세요? $\alpha = -\beta - \gamma$ 가 돼요.

 이것을 대입했다고 생각해 볼 수 있지 않겠니? 마이너스는 이때 별로 중요하지 않단다.

 뭐, $x = u + v$ 의 형태이긴 하지만, 보통은 이 상태에서 어떻게든 될 거라고 생각하지 않나요.

 보통은 생각해내지 못하기 때문에 발견하기까지 그렇게 힘들었던 게 아닐까? 처음에는 마법으로 여겨졌을 정도니까 말이야.

어쨌든, 연습문제에 도전해 보렴.

 어쩔 수 없군요. 인세 10%를 위해서라면! 음…… 먼저, $x-\cdots$, 어? 이 방정식, 처음부터 2차항이 없어요.

 일부러 그런 방정식을 고른 거란다. 계산이 간단할 수 있게 말이야. 감사해 하렴.

 네, 감사합니다, 아빠. 그럼 계속해서
$$p = -9, \, q = 12$$

따라서 이것을
$$-\frac{q}{2} \pm \sqrt{\left(\frac{q}{2}\right)^2 + \left(\frac{p}{3}\right)^3}$$

에 대입하면 되죠?

$$-\frac{12}{2} \pm \sqrt{\left(\frac{12}{2}\right)^2 + \left(\frac{-9}{3}\right)^3} = -6 \pm \sqrt{6^2 + (-3)^3} = -6 \pm \sqrt{36-27}$$
$$= -6 \pm \sqrt{9} = -6 \pm 3 = -9 \text{ 또는 } -3$$

그다음에는 어떻게 하는 거였죠?

 그 세제곱근 중에, 곱해서 $-\frac{p}{3}$가 되는 값을 구해야지.

 아 맞다. 그랬었죠. $p = -9$니까 곱해서 3이 되는 값을 구하면 되겠네요. 음……, $-\sqrt[3]{9}$랑 $-\sqrt[3]{3}$이네요. 그러니까 세 근은

$$x = -\sqrt[3]{9} - \sqrt[3]{3}, \quad -\sqrt[3]{9}\omega - \sqrt[3]{3}\omega^2, \quad -\sqrt[3]{9}\omega^2 - \sqrt[3]{3}\omega$$

후…… 지친다.

 자, 그럼 ②번을 풀어 볼까?

 이것도 2차항이 없네요. $p = -3$, $q = -8$이니까

$$-\frac{q}{2} \pm \sqrt{\left(\frac{q}{2}\right)^2 + \left(\frac{p}{3}\right)^3}$$

에 대입하면,

$$-\frac{-8}{2} \pm \sqrt{\left(\frac{-8}{2}\right)^2 + \left(\frac{-3}{3}\right)^3} = 4 \pm \sqrt{16-1} = 4 \pm \sqrt{15}$$

이것의 세제곱근은 어떻게 되나요?

 $4 + \sqrt{15}$의 세제곱근은
$\sqrt[3]{4+\sqrt{15}}, \sqrt[3]{4+\sqrt{15}}\omega, \sqrt[3]{4+\sqrt{15}}\omega^2$이란다.

 그럼, $4 - \sqrt{15}$의 세제곱근은
$\sqrt[3]{4-\sqrt{15}}, \sqrt[3]{4-\sqrt{15}}\omega, \sqrt[3]{4-\sqrt{15}}\omega^2$이라는 건 알겠는데,

어떤 거랑 어떤 걸 곱해야 1이 되는지 잘 모르겠어요.

 $\sqrt[3]{4+\sqrt{15}}$ 랑 $\sqrt[3]{4-\sqrt{15}}$ 를 곱하면 어떻게 되니?

 음……

 근호 안의 수를 서로 곱하면?

 $(4+\sqrt{15})(4-\sqrt{15}) = 16-15 = 1$

 그럼 1이 세제곱근이라는 말이니까, 실수 중에서는?

 아, 1이네요.

 그럼, 원래의 방정식의 근은?

 $\sqrt[3]{4+\sqrt{15}} + \sqrt[3]{4-\sqrt{15}}$, $\sqrt[3]{4+\sqrt{15}}\,\omega + \sqrt[3]{4-\sqrt{15}}\,\omega^2$, $\sqrt[3]{4+\sqrt{15}}\,\omega^2 + \sqrt[3]{4-\sqrt{15}}\,\omega$

 모양이 이상해요. 게다가, 이런 공식은 절대로 못 외울 거예요.

 앞에서도 말했지만, 공식은 외우는 것이 아니란다.

하지만 이런 공식은 직접 유도하는 것도 너무 어렵단 말이에요.

뭐, 거기까지는 요구하지 않을 거란다. 먼저, 3차방정식을 풀 수 있다는 것은 이해했겠지?

 풀리긴 했네요.

 풀기 위해서 어떤 계산을 했지?

 음…… 먼저 a로 나눠서……

 세세한 거 말고. 사칙연산 이외에 어떤 계산을 했었지?

 처음에 2차방정식을 풀었어요.

 2차방정식은 공식을 이용해서 풀었지만, 공식을 이용하지 않을 때에는 사칙연산 이외에 어떤 계산을 하니?

 더하기, 빼기, 곱하기, 나누기 이외에 어떤 것을 했냐는 말씀이신 거죠? 그 이외에 뭘 했었지……?

 중요한 것을 잊고 있구나. 초등학교에서는 배우지 않았던 것인데.

 아, 루트인가요?

 그러니까, $X^2 = A$를 풀었지?

 네.

 다음은?

 세제곱근을 구했어요.

 그것은 $X^3=B$를 푸는 것이었지. $X^2=A$나 $X^3=B$와 같은 방정식을 '보조방정식'이라고 한단다. 결국, 3차방정식은 사칙연산과 두 개의 보조방정식을 이용해서 풀 수 있지. 이것만큼은 꼭 기억하고 있으렴.

 이것만큼이라고 하셔도……

 자꾸 이런 식으로 나오면 인세를 10퍼센트가 아니라 1퍼센트로 내려야겠군.

 아니에요, 아니에요. 이 정도는 확실히 외워둘게요.

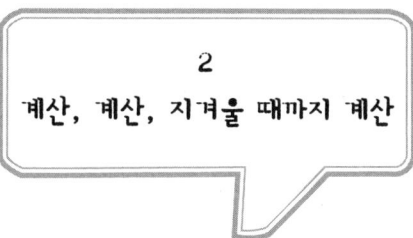

2
계산, 계산, 지겨울 때까지 계산

    3차방정식의 계산도 힘들었지만, 4차방정식은 더 까다로운 계산을 해야 한다. 완벽하게 푸는 건 어렵겠지만, 풀 수 있다는 것 정도는 증명하려 한다.

    3차방정식을 어떻게 풀었는지 다시 한번 확인해 보자.

    먼저,

$$ax^3 + bx^2 + cx + d = 0 \quad a \neq 0$$

의 전체를 a로 나눈 뒤 x^3의 계수를 1로 하고, $x = X - \dfrac{b}{3a}$를 대입해서 x에 관한 2차항을 없앤다. 그럼 방정식은 다음과 같은 형태가 된다.

$$X^3 + pX + q = 0$$

여기서, $X = u + v$로 두고 정리한다. 이때, u와 v를 구해야 하므로 u와 v의 합과 곱을 알면 2차방정식을 이용해서 풀 수 있다.

    실제로는 u와 v가 아니라, u^3과 v^3의 합과 곱이 구해진다. 이것을 풀어서 세제곱근을 구하면 원래의 방정식의 근을 구할 수 있다.

    같은 방식을 4차방정식에 적용해 보자.

$$ax^4 + bx^3 + cx^2 + dx + e = 0 \quad a \neq 0$$

전체를 a로 나눈다.
$$x^4 + \frac{b}{a}x^3 + \frac{c}{a}x^2 + \frac{d}{a}x + \frac{e}{a} = 0$$
이번에는
$$x = X - \frac{b}{4a}$$
를 대입한다. 첫 번째 항을 전개하면,
$$\left(X - \frac{b}{4a}\right)^4 = X^4 - 4 \times \frac{b}{4a}X^3 + \cdots = X^4 - \frac{b}{a}X^3 + \cdots$$
이 되고, 두 번째 항을 전개하면,
$$\frac{b}{a}\left(X - \frac{b}{4a}\right)^3 = \frac{b}{a}X^3 + \cdots$$
X^3이 나오는 것은 이 두 군데뿐이므로, 3차항은 사라진다. 여기서 다시 한번 방정식을
$$X^4 + pX^2 + qX + r = 0$$
으로 둔다. 그리고 $X = u + v + w$로 두고 정리한다. 이번에는 u, v, w, 세 개이므로 3차방정식을 풀면 된다.

앞에서 살펴봤던 3차방정식의 근과 계수의 관계를 복습해 보자.

3차방정식의 세 근을 α, β, γ라고 하면, 방정식은 다음과 같이 된다.
$$(x - \alpha)(x - \beta)(x - \gamma) = 0$$
이것을 전개하면,
$$x^3 - (\alpha + \beta + \gamma)x^2 + (\alpha\beta + \beta\gamma + \gamma\alpha)x - \alpha\beta\gamma = 0$$
이 된다. 즉, u, v, w를 근으로 하는 3차방정식은
$$-(u + v + w)$$
$$uv + vw + wu$$
$$-uvw$$

를 계수로 한다. 그럼, 이 값들이 어떤 식으로 나타나는지에 주의하면서 문제의 방정식을 정리해 보자.

$$(u+v+w)^4 + p(u+v+w)^2 + q(u+v+w) + r = 0$$

한번에 계산하기에는 너무 복잡하므로, 먼저 첫 번째 항부터 계산해 보자.

$$\begin{aligned}(u+v+w)^4 &= \{(u+v+w)^2\}^2 \\ &= \{(u^2+v^2+w^2) + 2(uv+vw+wu)\}^2 \\ &= (u^2+v^2+w^2)^2 + 4(u^2+v^2+w^2)(uv+vw+wu) \\ &\quad + 4(uv+vw+wu)^2\end{aligned}$$

여기서, $u^2+v^2+w^2$이 주된 역할을 할 것 같기 때문에 이것을 A로 두자. 그리고 두 개씩 곱한 것을 B로 두자.

$$A = u^2 + v^2 + w^2$$
$$B = u^2v^2 + v^2w^2 + w^2u^2$$

먼저, A를 대입해 보자.

$$A^2 + 4A(uv+vw+wu) + 4(uv+vw+wu)^2$$

한꺼번에 계산하는 것은 힘들기 때문에 우선 마지막 항을 전개해 보자.

$$\begin{aligned}4(uv+vw+wu)^2 &= 4(u^2v^2+v^2w^2+w^2u^2) + 8(uv^2w+u^2vw+uvw^2) \\ &= 4(u^2v^2+v^2w^2+w^2u^2) + 8uvw(u+v+w) \\ &= 4B + 8uvw(u+v+w)\end{aligned}$$

여기서 다시 uvw를 C로 두자.

$$C = uvw$$

그럼 위의 식은 다음과 같이 된다.

$$4B + 8C(u+v+w)$$

정리하면

$$(u+v+w)^4 = A^2 + 4A(uv+vw+wu) + 4B + 8C(u+v+w)$$

두 번째 항을 전개해 보자.

$$p(u+v+w)^2 = p\{u^2+v^2+w^2+2(uv+vw+wu)\}$$
$$= pA + 2p(uv+vw+wu)$$

다시 원래의 식으로 돌아가 보자.

$(u+v+w)^4 + p(u+v+w)^2 + q(u+v+w) + r = 0$
$A^2 + 4A(uv+vw+wu) + 4B + 8C(u+v+w) + pA +$
$2p(uv+vw+wu) + q(u+v+w) + r = 0$
$(uv+vw+wu)(4A+2p) + (u+v+w)(8C+q) + A^2 + pA + 4B + r = 0$

이 식을 잘 살펴보면

$$4A + 2p = 0 \quad \cdots ①$$
$$8C + q = 0 \quad \cdots ②$$
$$A^2 + pA + 4B + r = 0 \quad \cdots ③$$

이 성립하면 위의 방정식이 성립함을 알 수 있다.

①로부터,

$$4A + 2p = 0$$
$$4A = -2p$$
$$A = -\frac{p}{2}$$

②로부터,

$$8C + q = 0$$
$$8C = -q$$
$$C = -\frac{q}{8}$$

$A = -\frac{p}{2}$ 를 ③에 대입해서,

$$A^2 + pA + 4B + r = 0$$
$$\left(-\frac{p}{2}\right)^2 + p\left(-\frac{p}{2}\right) + 4B + r = 0$$

$$\frac{p^2}{4} - \frac{p^2}{2} + 4B + r = 0$$

$$-\frac{p^2}{4} + 4B + r = 0$$

$$4B = \frac{p^2}{4} - r$$

$$B = \frac{p^2}{16} - \frac{r}{4}$$

이때,

$$A = u^2 + v^2 + w^2$$
$$B = u^2v^2 + v^2w^2 + w^2u^2$$
$$C = uvw$$

이므로,

$$u^2 + v^2 + w^2 = A = -\frac{p}{2}$$
$$u^2v^2 + v^2w^2 + w^2u^2 = B = \frac{p^2}{16} - \frac{r}{4}$$
$$u^2v^2w^2 = C^2 = \left(-\frac{q}{8}\right)^2 = \frac{q^2}{64}$$

따라서 u^2, v^2, w^2을 근으로 하는 3차방정식은,

$$t^3 + \frac{p}{2}t^2 + \left(\frac{p^2}{16} - \frac{r}{4}\right)t - \frac{q^2}{64} = 0$$

이 된다. 이 식은 3차방정식이므로 풀 수 있다. 세 개의 근이 각각, $u^2, v^2,$ w^2이므로, 그 제곱근을 구해서 곱이 $C = -\frac{q}{8}$가 되는 값을 u, v, w라 하면,

$$uvw = u(-v)(-w) = (-u)v(-w) = (-u)(-v)w$$

이므로, X는 다음과 같다.

$$u + v + w$$

$$u - v - w$$
$$-u + v - w$$
$$-u - v + w$$

이와 같은 방법으로 방정식을 풀 수 있다는 것은 알 수 있었지만, 실제로 그 계산을 하는 것은 매우 힘들다.

::::

 …….

 왜 그러니?

 너무 어려워요…….

 계산이 복잡할 것 같아서 4차방정식의 근의 공식을 직접 유도하는 건 생략했단다. 이 정도로 어렵다고 하면 안 되지.

 하지만 전혀 이해가 안 가요.

 3차방정식에서 확인했던 것들을 여기서도 확인해 볼까? 이 부분만 잘 알고 있어도 된단다. 앞으로 계속해서 수학을 공부한다 하더라도 직접 4차방정식을 풀 일은 없을 테니까 말이야.

 정말이에요?

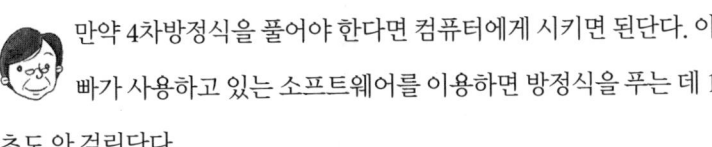 만약 4차방정식을 풀어야 한다면 컴퓨터에게 시키면 된단다. 아빠가 사용하고 있는 소프트웨어를 이용하면 방정식을 푸는 데 1초도 안 걸린단다.

 그 이야기를 들으니 조금 안심이 되네요.

 그럼 다시 한번 물어볼게. 4차방정식을 풀 때, 사칙연산 이외에 무엇을 해야 하지?

 음…… 먼저, 3차방정식을 풀어요.

 그럼, 3차방정식을 풀 때에는 사칙연산 이외에 무엇을 해야 하지?

 두 개의 보조방정식 $X^2 = A$와 $X^3 = B$를 풀어요.

 그렇지. 그럼, 3차방정식을 풀고 나서는?

 제곱근을 구했어요.

 다시 말해서?

 $X^2 = C$라는 보조방정식을 풀었어요.

 그렇지. 그렇게 하면 모두 푼 거지. 자, 정리하면, 4차방정식을 풀기 위해서 사칙연산 이외에 무엇을 하면 되지?

세 개의 보조방정식 $X^2=A$와 $X^3=B$와 $X^2=C$를 풀면 돼요.

 그렇지. 그걸 알고 있으면 된단다.

 그런데, 고등학교에 가면 이런 까다로운 계산을 해야 하나요?

 고등학교에서도 일반적인 3차방정식은 배우지 않는단다. 당연히, 일반적인 4차방정식도 나오지 않지.

 그 말을 들으니 조금 안심은 되지만, 그래도 계산은 정말로 귀찮네요. 지금 학교에서 배우고 있는 문자식 계산도 지겨워요.

 뭐, 때로는 있는 힘을 다해 계산하는 완력도 필요하지만, 수학 능력과 계산 능력이 언제나 일치하는 건 아니란다.

 그래요? 천재 수학자는 모두 계산을 잘하지 않았나요? 가우스는 초등학교 때 1부터 100까지의 합을 단번에 구했다고 하던데.

 믿을 수 없을 정도로 계산을 잘하는 수학자가 있었다는 것은 분명한 사실이지. 오일러는 눈이 보이지 않게 된 후에도 복잡한 적분 계산을 해냈었지. 당연히 전부 암산으로 말이야. 존 폰 노이만(John von Neumann)이라는 수학자는 인간의 탈을 쓴 악마라는 말까지 들었던 남자인데, 전화번호부를 펼쳐서 순식간에 그 페이지에 있는 전화번호의 합을 구했다고 해.

 굉장하네요.

 그런데 계산을 잘 못 하던 수학자들도 있단다. 쿠머(Ernst Eduard

Kummer)는 대수적 정수론의 권위자였지만, 구구단도 제대로 못 외워서 학생들에게 종종 지적을 당했다고 해. 강의 도중에 7×9를 몰라서 한 학생이 장난으로 67이라고 말해주자 "아니야, 그건 소수니까 아닐 거야"라고 말했지. 또 다른 학생이 65라고 말하자 '65일 리도 없어. 65는 5의 배수이니까. 아마도 7×9는 63일 거야'라고 했다고 해.

 7×9를 모르는데 어떻게 67이 소수라는 건 알았을까요?

 글쎄, 어째서일까. 쿠머는 복소수의 소인수분해에 대해서 연구하고 있었으니까, 소수와 친했을지도 모르겠구나.

 흠······.

 옛날에 고하리 아키히로(小針睍宏)라는 교토대학 교수의 책을 읽은 적이 있는데, 고하리 교수는 학창시절 친구와 함께 자주 가던 값이 저렴한 식당이 있었는데, 그 식당 아주머니는 자신들이 아무리 수학과 학생들이라고 말해도 믿어주질 않았다고 해. 언제나 돈 계산을 잘 못했기 때문이지.

그런데도 교토대학 교수가 되었네요.

재미있는 문장을 쓰는 분이었지. 애석하게도 젊은 나이에 돌아가셨지만 말이야. 수험생을 위한 참고서에 이런 말을 적어 놓기도 했단다. "덧셈공식은 물론, 반각공식이나 세 배각 공식, 심지어 합을 곱으로, 곱을 합으로 바꾸는 공식까지 아무렇지도 않게 쓸 수 있게 되면 적신호입니다. 그런 공식들은 누구나 외우기 싫어하죠. 그것을 싫어하지 않게 되었다는 것은 정상적인 인간의 감수성을 상실하고, 기계 인간이 되기 시작했다는 것입니다." 여기서 교수님이 말하고 있는 것은 삼각함수 공식들인데, 공식을 통째로 암기하는 수험생들이나 학생들에게 암기시키려고 하는 선생님들을 통렬하게 비판하고 있는 거란다.

 좋은 말씀이네요.

 교수님은 그 책에 수학의 비법에 대해서 이렇게 적으셨지. "두리번두리번 장난스러운 눈빛으로 뭐 재미있는 일 없을까 하고 입에 침을 모아서 못된 장난거리를 찾고 있는 듯한 유머 정신, 어려워 보이는 문제가 나왔을 때 어떻게든 편해 보겠다고 땡땡이치려는 나태한 정신 상태, 대충 속여서 도망가려는 자유로운 정신, 이 세 가지 정신…… 아, 정신주의는 별로군, 근성이라고 하자니 땀 냄새가 나서 지적이지 않고…… 뭐 아무튼, 못된 장난과 나태함 그리고 도피, 이 삼박자가 맞아떨어지지 않으면 수학 따위는 절대 할 수 없지요."

 그렇구나. 나는 너무 성실해서 농땡이 피우고 속이려 하지 않아서 안 되는 거구나.

 아니, 그 부분에 관해서 만큼은 수학적 재능이 있단다. 안심하렴.

 칭찬하신……건가요?

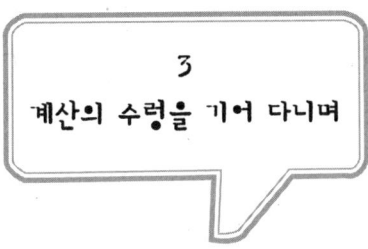

3
계산의 수렁을 기어 다니며

지금까지 3차방정식, 4차방정식의 해법을 살펴보았는데, 다른 건 몰라도 복잡한 계산을 해야만 한다는 사실은 알 수 있었을 것이다. 이 해법들이 발견된 당시에 왜 마법처럼 여겨졌는지도 이해할 수 있을 것이다.

일반적인 대수방정식은 다음과 같이 나타낼 수 있다.

$$a_1 x^n + a_2 x^{n-1} + a_3 x^{n-2} + \cdots + a_{n+1} = 0 \quad a_1 \neq 0$$

이 계산은, 미지수 x와 계수에 대한 사칙연산과 거듭제곱뿐이다. 사칙연산을 거꾸로 계산하는 것 역시 사칙연산이며, 거듭제곱을 거꾸로 계산하는 것은 거듭제곱근을 구하는 것이다. 따라서 사람들은 모든 대수방정식은 사칙연산과 거듭제곱근을 구해서 풀 수 있다고 믿었다.

실제로, 2차방정식은 사칙연산과

$$X^2 = A$$

라는 보조방정식으로 거듭제곱근을 구해서 풀 수 있다.

3차방정식은 사칙연산과

$$X^2 = A$$
$$X^3 = B$$

라는 보조방정식으로 거듭제곱근을 구하면 풀 수 있다. 4차방정식도 마찬가지다. 따라서 당연히 5차방정식도 사칙연산과 거듭제곱근을 구해서 풀 수 있다고 믿었고, 계속해서 필사적으로 노력했다.

그런데 100년, 200년이 흘러도 5차방정식을 거듭제곱근으로 푸는 방법은 발견되지 않았다.

연구는 계속되어 3차방정식, 4차방정식에 대해서는 폰타나, 카르다노, 페라리의 공식과는 전혀 다른 형태의 해법도 발견되었다.

또, 5차방정식도 교묘한 식의 변형에 의해,

$$X^5 - X - A = 0$$

이라는 형태까지 만들 수 있게 되었다. 이제 그 해법이 바로 눈앞에 나타날 것만 같았다. 하지만 끝내 앞으로 한발 더 내딛진 못했다.

단지 방정식을 풀어내겠다는 것이라면 세밀한 값을 대입하면서 해를 근사하는 방법도 있다.

예를 들어, 3차방정식

$$x^3 + 6x^2 + 24x + 30 = 0$$

에 대해 생각해 보자.

$$y = x^3 + 6x^2 + 24x + 30$$

으로 두고, 그래프를 그려 보자.

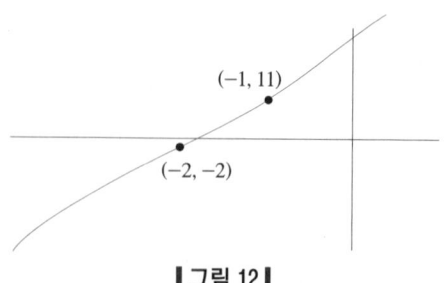

│그림 12│

$x=-1$일 때, $y=11$, $x=-2$일 때, $y=-2$이므로, 그래프는 $x=-1$과 $x=-2$ 사이에서 반드시 x축과 만난다. 따라서 근은 -1과 -2 사이에 적어도 하나 존재한다. 더 세밀한 값을 대입시켜 나가면, 얼마든지 정밀한 값을 구할 수 있다.

사실 더 효율 높은 방법이 있다. 예를 들어, 다음과 같은 그래프를 가정해 보자.

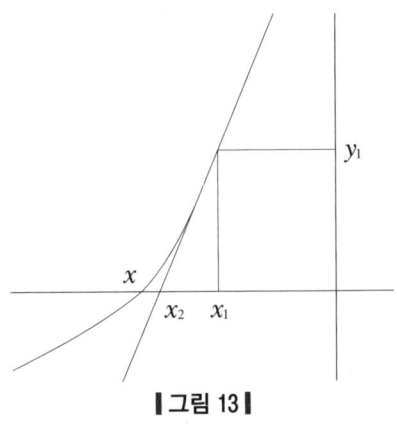

| 그림 13 |

먼저, 근삿값으로 x_1을 정하자. 이것은 적당한 값이면 된다. 그리고 점 (x_1, y_1)에서 그래프에 접하는 직선을 그리고, 그 직선과 x축과의 교점을 x_2라 하자. 방정식의 진짜 근은 x이므로, x_1보다 x_2가 실제 근에 가깝다는 것을 알 수 있다. x_1으로부터 x_2를 구하는 계산은 그렇게 어렵지 않다. 따라서 이것을 반복해 나가면, 구하고자 하는 값에 한없이 근접할 수 있다.

이러한 방법을 사용하면 소수점 아래 10번째 자리, 20번째 자리까지 근을 구하는 것이 그렇게 어렵지 않다. 그리고 실용적인 의미에서 그 이상 정밀하게 근을 구할 필요도 없다.

그런데 사람들은 실용적인 의미를 떠나, 거듭제곱근으로 방정식을 푸는 데 필사적이었다. 그곳은 마치 깊이를 알 수 없는 늪과도 같았다.

일본에서는 에도시대에 놀라울 정도로 독자적인 수학이 발전했다는 이야기를 앞에서도 했었다. 에도시대에 발전한 수학은 '와산(和算)'이라 불린다.

에도시대 사람들은 주군에서 서민에 이르기까지 와산을 예술과도 같이 즐겼다. 바둑이나 장기, 노래와 마찬가지로 여겼던 것이다.

와산에서 가장 발달한 부분은 구적이었다. 구적은 평면도형이나 입체도형의 면적이나 부피를 구하는 것이다. 와산은 구적에 한해서만큼은 미분적분학의 바로 한 발 앞에 이르렀을 정도로 발달했다. 예를 들어, 원기둥에다가 옆으로 원기둥형의 구멍을 뚫은 입체의 부피는 대학교에서 미적분을 배운 사람도 구하기 힘든데, 와산가들은 그 방법을 궁리 끝에 고안해냈다.

물론 구적 이외에도 다양한 연구가 이루어졌다. 가장 유명한 와산가는 세키 다카카즈(關孝和)였다. 17세기 후반에 활약한 그는, 점찬술(點竄術)이라 불리는 대수학을 발명하는 등 획기적인 업적을 남긴 세키파(派)의 창시자이다.

와산가 중에는 재미있는 에피소드를 남긴 사람들이 매우 많다.

18세기에 활약한 구루시마 요시히로(久留島義太)는 다양한 분야에서 참신한 성과를 올렸다. 예를 들어, 어떤 양의 정수가 주어졌을 때 주어진 정수와 서로소이며 그 정수보다 작은 양의 정수의 개수를 구하는 오일러의 φ함수를 오일러보다도 먼저 발견했다.

요시히로는 언제나 열정적으로 연구했지만, 결과를 정리하는 데에는 전혀 흥미를 보이지 않았다. 요시히로의 연구가 지금까지 남아 있을 수 있는 것은 그가 뭉쳐서 버린 꼬깃꼬깃한 종이를 그의 제자들이 모아서 기록해 두었기 때문이다.

와산의 마지막을 장식한 것은 덴메이(天明), 덴포(天保) 시대 즈음 활약한 와다네이(和田寧)였다. 와다네이는 와산의 궁극이라 불리는 적분표인 용상양표(龍商陽表)의 완성에 심혈을 기울였다. 하지만 생활이 어려워 이웃에 사는 아이들에게 주판을 가르치며 어떻게든 입에 풀칠을 해 나가다 결국 극도의 빈곤을 견디지 못해 죽음을 맞이하였다. 남겨진 아내와 자식들은 아사했다고 전해진다.

와산가는 주판이라는 계산기를 활용했다. 그들은 복잡한 구적을 무한수열로 전개하여 주판으로 소수점 아래 수십 자리까지 계산했다.

와산가들은 방정식에도 주판을 활용했다. 앞서 살펴본 방법으로 소수점 아래 수십 자리까지 근삿값을 구해나간 것이다. 와산가들은 주판을 사용해 3차방정식이나 4차방정식을 불과 몇 분 만에 풀어냈다. 복잡한 연립방정식을 정리해서, 수백차에 이르는 괴물과도 같은 방정식을 구해서 주판을 이용해 풀었던 수완가들도 있었다.

주판으로 얼마든지 정밀한 근삿값을 구할 수 있었던 탓인지 와산가들은 거듭제곱근으로 방정식을 푸는 것에는 흥미를 보이지 않았다. 그 때문에, 구적 분야에서는 미분 적분의 바로 한 발 앞까지 이르렀음에도 불구하고 방정식론에서는 거의 성과를 남기지 못했다.

조선에서도 독자적인 수학이 발전했다. 조선에서는 일반 서민이 아닌 중인(中人)이라 불리는, 지배층 양반과 서민의 중간 신분의 사람들이 수학을 연구했다. 중인은 의술이나 통역 등의 실무를 담당하는 사람들로, 그중에는 셈을 전문으로 하는 사람도 있었다.

　조선의 산사(算士)들이 하는 일은 정부의 통계를 내는 등 보통의 사칙연산을 할 수 있으면 충분히 해낼 수 있는 일이었다. 그런데 그러한 일에만 몰두하지 않고, 수학의 세계를 탐험한 산사도 있었다.

　그들은 방정식에 대해서도 연구했으며, 고차방정식을 푸는 방법도 발견했다. 그런데 그 역시 거듭제곱근에 의한 해법이 아닌 근삿값을 구하는 방향으로 나아갔다. 조선의 산사는 주판이 아닌 산가지(算木, 수를 셀 때 사용하던 막대로, 대나무나 뼈 등으로 만든다-옮긴이)를 활용해 방정식을 풀었다.

　유럽의 수학자들도 물론, 근삿값을 구하는 방법은 알고 있었다. 하지만 그들은 끝까지 거듭제곱근에 의한 해법에 집착했다. 그렇게 세월은 계속해서 흘러갔다.

::::

　　실용적인 의미에서 소수점 아래 10번째 자리, 20번째 자리까지 구할 필요가 없다는 부분이 잘 이해가 안 가네요. 정밀한 기계를 만들기 위해서는 필요할지도 모르잖아요.

　　그럼, 구체적인 예를 들어 생각해 볼까? 과학을 악용하는 못된 과학자들이 지구 정복을 위해 거대한 로봇을 만들려고 했다고 하자. 가장 큰 부품의 길이가 1km정도였지. 그들은 복잡한 방정식을 풀어서 그 길이를 결정했어. 예를 들어, 0.990123456789…km와 같이 말이야.

잠깐만요. 길이 1km짜리 부품을 사용할 만큼 큰 로봇이라면 그 무게 때문에 찌그러져 버릴 거예요.

 잘 아는구나.

 상식이잖아요.

 괴짜 과학자들은 이 로봇을 중력이 없는 우주공간에서 사용하려고 했어.

 지상에도 내려놓을 수 없는 로봇으로 지구 정복을 하는 건가요?

 「천공의 성 라퓨타」와 비슷하다고 볼 수 있지.

 그건 공중에 떠 있긴 하지만, 우주공간은 아니에요.

 사소한 것에 집착하면 큰 인물이 될 수 없단다. 자, 다시 본론으로 돌아가자. 이 부품에 허용되는 오차가 1mm였다고 하자. 1mm는 0.000001km니까 소수점 아래 6번째 자리의 수가 중요하겠지. 그 아래로 늘어서는 숫자는 전혀 의미가 없게 되지.

 정밀한 로봇이니까 허용 오차가 더 작을지도 모르잖아요.

 1km에 대해서 1mm란다. 금속으로 만들어졌다면 아주 작은 온도 변화로도 그 정도는 어긋나게 되지.

 과학자들이 온도에 따른 변화까지 계산해서 정밀한 기계를 만들지도 모르잖아요.

 그럼 소수점 아래 20번째 자리까지 계산했다고 해 보자. 이때 중요한 것은 소수점 아래 20번째 숫자겠지.

이것은 0.00000000000001mm인데, 이렇게 되면 물질은 양자의 흔들림 속에 있고, 애초에 길이도 결정할 수 없지. 어떠니? 더 정밀하게 해 볼까?

 뭐, 그냥 그렇다고 치죠. 그런데 실용적인 의미도 없는데 어째서 방정식을 푸는 데 그렇게 필사적이었던 거예요?

 수학자들 중에는 성격이 비뚤어진 사람들이 많아서 도움이 안 되는 것을 자랑스럽게 여기는 사람들도 있었단다. 하디라는 수학자는 라마누잔을 발굴해낸 것으로도 유명한데, 자신이 연구하고 있는 순수수학은 아무런 도움도 되지 않는다고 자랑하고 다녔다고 해. 특히, 자신의 연구는 절대로 전쟁에 도움이 되지 않는다고 말했다고 하는구나.

꽤 센스가 있어 보이는데요?

하지만 얄궂게도 현대에는 정수론 등의 순수수학이 암호해독을 하는 스파이 접전에 이용되고 있단다. 하디가 이 사실을 알게 되면 울어 버릴지도 모르겠구나. 하디는 매년 연초에 그해의 목표를 세웠는데, 어떤 해의 목표는 다음과 같았다고 하는구나.

1. 리만 가설을 증명한다.
2. 오벌(Oval)에서 열리는 최종 테스트 매치 네 번째 이닝(inning)에서 200보다 큰 첫 번째 소수인 211번의 연속 출루(not out)를 기록한다.

3. 일반대중이 이해할 수 있는 신의 부재론을 발견한다.

4. 에베레스트 산 등정에 성공한 첫 번째 등산가가 된다.

5. 영국과 독일로 구성된 소비에트 연방의 초대 대통령이 된다.

6. 무솔리니를 살해한다.

 1번은 수학 이야기네요. 들어본 적은 있어요. 나머지는 뭐예요?

 2번은 크리켓의 이야기 같구나. 하디는 크리켓에 푹 빠져 있었지.

 그렇구나.

 3번은 신의 부재를 증명하는 것이지. 이것에 대해서는 꽤 진지하게 생각했던 모양이야. 과격한 무신론자로 유명했었으니까. 4번은 세계에서 가장 높은 에베레스트에 등정하는 것. 5번과 6번은 갑자기 세력이 강해진 파시즘(fascism), 소련의 스탈린주의(Stalinism)에 대해 느끼는 불안과 그것을 막을 수 없는 영국에 불만을 나타내는 것으로 보이는구나.

 파시즘이랑 스탈린주의가 뭐예요?

 한마디로 말해서, '자유'와 정반대인 정치체제라고 할 수 있지.

 그래서 하디의 목표는 실현됐어요?

 실현될 리 없지. 농담 같은 얘기들이란다. 그거야 어찌 됐든, 하디의 순수수학이 그 후 암호해독에 이용되고 있는 것에서도 알 수 있듯이, 순수수학은 생각지도 못한 곳에 응용되는 경우가 많단다. 그렇다고 미래에 응용될 것을 기대하면서 무언가를 연구하는 수학자는 그렇게 많지 않은 것 같구나.

 그럼 왜 연구를 하는 거예요?

 수학을 사랑하기 때문이지. 눈앞에 난문이 있으면 어떻게든 풀려고 하는 것이 수학자들이란다. 5차방정식이 풀리지 않는다면 어떻게든 풀려고 노력하는 거지. 페라리가 4차방정식의 근의 공식을 발견하고 나서 수백 년 동안, 정말로 많은 수학자들이 5차방정식의 근의 공식을 찾아내기 위해 노력을 거듭해 왔단다.

 하지만 결실을 맺지 못했다는 거군요. 헛된 노력!

 헛되지 않단다. 많은 수학자가 있는 힘을 다해 노력해 주었기 때문에 새로운 방정식론이 시작될 수 있었던 거지.

채은이의 노트

이 부분이 제일 어려웠다. 지금 읽어 봐도 너무 복잡해서 따라가기가 힘들다. 4차방정식만 해도 이렇게 힘든데, 5차방정식이나 그 이상의 차수의 방정식을 연구했던 많은 수학자들은 정말로 말도 안 되는 계산을 했겠지. 그렇게 고생했는데도 아무런 보상도 받지 못했다고 생각하니 나는 처음부터 너무 편하게 배우고 있는 건 아닌가 하는 생각에 면목이 없다. 아무리 복잡해도 포기하지 않는 그 정신은 정말 대단한 것 같다. 나는 조금 복잡한 분수만 나와도 의기소침해지는데, 이래선 안 되겠다. 조금이라도 본받아야겠다.

1722년, 프랑스 바로크 시대의 작곡가
장필리프 라모는 이렇게 썼다.
"음악과 그토록 오랫동안 함께 하면서 얻은
경험들에도 불구하고, 음악적 아이디어들을
구체화하기 위해서는 수학의 도움이 절대적으로
필요했음을 고백해야겠다."
몇백 년 동안 작곡가들은 대칭의 유희를 즐겨 왔지만,
그들이 무엇을 하고 있었는지를 완전히
이해하려면 갈루아가 발전시킨
수학적 언어가 필요하다.

마커스 드 사토이, 「대칭」

CHAPTER 3
라그랑주, 군, 체

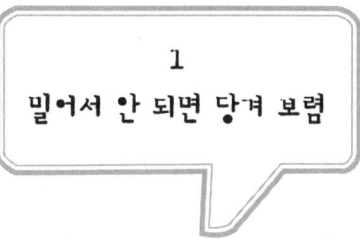

1
밀어서 안 되면 당겨 보렴

※부록 1~3 참고.

 많은 수학자들이 5차방정식의 해법을 찾기 위해 계산의 수렁을 기어 다닐 때, 높은 곳에서 그 모습을 내려다보며 계산의 방향을 정시화한 사람이 있었다. 바로 라그랑주다.

라그랑주

 1736년에 태어난 라그랑주는 해석역학과 수론에서 눈부신 업적을 남긴 18세기를 대표하는 수학자이다. 30대 무렵에는 베를린에서 활약했고, 프리드리히 대왕의 총애를 받았다. 50대가 되어서는 루브르 궁전에 입주를 허가 받아, 마리 앙투아네트에게 수학을 가르쳤다.

 1789년, 프랑스 혁명이 발발하고 라그랑주의 인생에도 큰 변화가 찾아온다. 라그랑주는 마리 앙투아네트의 총애를 받고 있었기 때문에 혁명 당시 지인의 집에 몸을 숨기고 있었고, 그 지인의 딸과 사랑에 빠져 결혼한다. 당시 라그랑주는 56세였고, 르모니에 공주는 라그랑주보다 30살 어렸다.

그리고 그다음 해, 혁명이 잠잠해질 기미가 보이자 라그랑주는 도량형제도 개혁위원장이 되어 미터법 확립에 힘을 쏟았다.

그때 때마침 절친했던 화학자 라부아지에가 수세청부인이었다는 이유만으로 처형을 당한다. 라그랑주에게 이것은 크나큰 충격이었다. 그때 라그랑주는 "그의 목을 베어버리는 것은 한순간이겠지만, 그와 같은 두뇌를 가진 사람이 나타나는 데는 100년이 걸릴 것이다"라고 말했다고 한다.

그 후, 라그랑주는 나폴레옹에게도 총애를 받아 새로운 프랑스 과학교육의 지도자의 위치에 서게 된다.

1813년, 라그랑주는 조용히 숨을 거두었다. 그는 숨을 거두기 직전, "더 못된 아내를 둘 걸 그랬다. 내가 죽어 아내가 슬퍼할 것이 마음에 걸린다"라는 말을 남겼다고 한다.

방정식론에 혁명을 일으킨 라그랑주의 업적을 살펴보기로 하자.

라그랑주 이전의 수학자들은 나름대로 궁리 끝에 보조방정식

$$X^n = A$$

를 찾을 때 A를 원래의 방정식의 계수로부터 구하려고 노력했지만, 라그랑주는 반대로 이 A를 방정식의 근을 이용해서 나타내 보았다.

밀어서 안 되면 당겨 봐야 한다. 정면에서 공격해도 꿈쩍 않는 난공불

락의 성을 뒤쪽에서 공격하려 했던 것이었다. 때로는, 고정관념에 사로잡히지 않고 완전히 새로운 관점에서 문제를 바라볼 때 해결의 실마리가 발견되기도 한다. 라그랑주의 성공의 비밀은 이러한 발상의 전환에 있었다.

2차방정식부터 살펴보자.

2차방정식

$$x^2 + ax + b = 0$$

의 두 근을 α, β라고 하면, 근과 계수의 관계로부터,

$$a = -(\alpha + \beta)$$

$$b = \alpha\beta$$

이다. a, b 모두 α, β의 대칭식이다. 즉, α, β의 자리를 바꿔도 변화가 없다.

방정식을 푼다는 것은 α, β를 어떻게든 a, b로 나타내는 것을 의미한다.

$$\alpha = \langle a, b\text{에 관한 식}\rangle$$

$$\beta = \langle a, b\text{에 관한 식}\rangle$$

으로 나타내면 된다. 그런데 더하기, 빼기, 곱하기, 나누기만으로는 계산할 수 없다. 왜 그런지는 근을 서로 바꿔보면 확실히 알 수 있다.

$$\alpha = \langle a, b\text{에 관한 식}\rangle$$

에서 근을 치환해 보자. 근은 α와 β 두 개밖에 없으므로, 치환 방법은 이 둘을 서로 바꾸는 것뿐이다.

α와 β를 바꿔도 a와 b에는 변화가 없기 때문에, 우변의 값은 변하지 않는다.

그런데 좌변은 α가 β로 바뀌어 버려 모순이 발생한다.*

즉, 더하기, 빼기, 곱하기, 나누기로 〈a, b에 관한 식〉을 유도하는 것은 불가능하다.

그런데 앞서 확인했듯이, 2차방정식을 푸는 것은 가능하다. 그 비밀은 제곱근에 있다.

예를 들어, 4의 제곱근은 +2와 −2 두 개이다. 따라서 근을 치환했을 때, 제곱근이 변하면 위의 모순은 해결된다.

두 개의 제곱근은 −1배의 관계에 있다. 따라서 그 제곱근을 방정식의 근으로 나타냈을 때, 근의 치환에 의해 −1배가 될 수도 있다.

근의 치환에 의해 −1배가 되는 식은 무한히 많은데, 가장 간단한 것은

$$\alpha - \beta, \text{ 치환하면 } \beta - \alpha = -(\alpha - \beta)$$

이다. 실제로 이것을 구함으로써 2차방정식을 풀 수 있다.

계산해 보면,

$$\begin{aligned}
(\alpha - \beta)^2 &= \alpha^2 - 2\alpha\beta + \beta^2 \\
&= \alpha^2 + 2\alpha\beta + \beta^2 - 4\alpha\beta \\
&= (\alpha + \beta)^2 - 4\alpha\beta \\
&\left(\begin{array}{l}\text{여기서 } \alpha + \beta = -a \\ \phantom{\text{여기서 }} \alpha\beta = b \text{이므로}\end{array}\right) \\
&= a^2 - 4b
\end{aligned}$$

---

* $a = -(\alpha + \beta)$, $b = \alpha\beta$라는 사실에 주목하면 결국 〈a, b에 관한 식〉은 〈α, β에 관한 대칭식〉이다. 즉 α를 다음과 같이 나타낼 수 있다.

$$\alpha = \langle a, b \text{에 관한 식}\rangle = \langle \alpha, \beta \text{에 관한 대칭식}\rangle$$

이다. 이 식을 $f(\alpha, \beta)$로 나타내자. 부록 3을 통해서 알 수 있듯이, 특별한 조건을 만족시키는 α, β에 대해서는 $\alpha = f(\alpha, \beta)$의 좌변과 우변의 식에서 각각 근을 치환하여도 등식이 성립한다. 그런데 실제로 근을 치환해 보면 좌변은 α에서 β로 변하는 반면, 우변은 $f(\beta, \alpha)$이 되는데 $f(\alpha, \beta)$는 대칭식, 즉 $f(\beta, \alpha) = f(\alpha, \beta)$이므로 우변의 값은 변하지 않는다. 따라서 $\alpha = f(\alpha, \beta) = \beta$가 된다. 바로 이것이 저자가 설명하는 모순이다. 특별한 조건을 만족시키기 위해서는 적어도 α와 β가 같으면 안되기 때문이다.
—옮긴이

이므로 그 제곱근을 구하면 $\alpha - \beta$를 구할 수 있다. 그 다음에는

$$\alpha + \beta = -a$$

임을 이용해서 α와 β를 구하면 된다.*

3차방정식에 대해서도 마찬가지로 생각하면 된다.

3차방정식

$$x^3 + ax^2 + bx + c = 0$$

의 세 근을 α, β, γ라고 하면, 근과 계수의 관계로부터

$$a = -(\alpha + \beta + \gamma)$$
$$b = \alpha\beta + \beta\gamma + \gamma\alpha$$
$$c = -\alpha\beta\gamma$$

가 된다. a, b, c는 α, β, γ의 대칭식이다.

2차방정식의 경우와 마찬가지로 생각하면, 이때에는 세제곱근에 초점을 맞추면 된다. 예를 들어, 8의 세제곱근은 1을 제외한 1의 세제곱근 중 하나를 ω라고 하면,

---

* $\alpha + \beta = -a$이고 $\alpha - \beta = (a^2 - 4b$의 제곱근)이므로 두 식을 더하면,

$$2\alpha = -a + (a^2 - 4b\text{의 제곱근}),$$
$$\alpha = -\frac{a}{2} + \frac{(a^2 - 4b\text{의 제곱근})}{2}$$

이고, 두 식을 빼면

$$2\beta = -a - (a^2 - 4b\text{의 제곱근}),$$
$$\beta = -\frac{a}{2} - \frac{(a^2 - 4b\text{의 제곱근})}{2}$$

이다. 여기서 $(a^2 - 4b$의 제곱근)은 $\sqrt{a^2 - 4b}$와 $-\sqrt{a^2 - 4b}$이다.

$$\alpha = -\frac{a}{2} + \frac{(a^2 - 4b\text{의 제곱근})}{2} = -\frac{a}{2} + \frac{\sqrt{a^2 - 4b}}{2}$$

라고 하자. 이때 두 근 α와 β를 치환하면,

$$\beta = -\frac{a}{2} + \frac{-(a^2 - 4b\text{의 제곱근})}{2} = -\frac{a}{2} + \frac{-\sqrt{a^2 - 4b}}{2}$$

이다. 여기서 $(a^2 - 4b$의 제곱근)은 $\alpha - \beta$이므로 근을 치환했을 때 -1배가 됨을 주목하자. 이렇게 제곱근(근을 치환했을 때 -1배가 되는 수)을 이용하여 α와 β를 나타내면 앞에서 a, b 그리고 사칙연산으로만 나타냈을 때 발생하는 모순이 생기지 않는다-옮긴이

$$2,\ 2\omega,\ 2\omega^2$$

이 된다. 세 개의 세제곱근은 ω배, ω^2배의 관계에 있다. 그럼, (2차방정식에서 ($a^2 - 4b$의 제곱근)을 $\alpha - \beta$로 나타내었던 것과 같이 - 옮긴이) 문제의 열쇠가 되는 세제곱근을 방정식의 근으로 나타내고, 근을 치환하면 세제곱근이 ω배, ω^2배가 된다고 생각할 수 있다.

근을 치환해서 ω배, ω^2배가 되는 식은 무한히 많을 테지만, 가장 간단한 식은

$$\alpha + \omega\beta + \omega^2\gamma$$

이다. 이것을 V라고 하자.

$$V = \alpha + \omega\beta + \omega^2\gamma$$

$\omega^3 = 1$임에 유의해서 V를 ω배한 식을 계산해 보면,

$$\omega V = \omega\alpha + \omega^2\beta + \omega^3\gamma = \gamma + \omega\alpha + \omega^2\beta$$

가 되어, $\alpha \to \gamma, \beta \to \alpha, \gamma \to \beta$와 같이 치환한 결과가 된다.

이제부터는 치환이 매우 중요하기 때문에 조금 전의 치환을 다음과 같이 나타내기로 하자.

$$\begin{pmatrix} 1 & 2 & 3 \\ 3 & 1 & 2 \end{pmatrix}$$

이것은 α가 1, β가 2, γ가 3이라 할 때, 1을 3, 2를 1, 3을 2로 치환한 것을 의미한다.

V를 ω^2배하면,

$$\omega^2 V = \omega^2\alpha + \omega^3\beta + \omega^4\gamma$$
$$= \omega^2\alpha + \beta + \omega\gamma$$
$$= \beta + \omega\gamma + \omega^2\alpha$$

이고, 이 치환은

$$\begin{pmatrix} 1 & 2 & 3 \\ 2 & 3 & 1 \end{pmatrix}$$

이다.

    2차방정식은 근이 두 개밖에 없기 때문에 근의 치환 방법에는 아무것도 하지 않는 것과 서로 바꾸는 두 가지 방법밖에 없었지만, 3차방정식은 근이 세 개이므로 근의 치환 방법은 이 외에도 존재한다. 세 개를 서로 바꿔 나열하는 방법의 수는

$$3 \times 2 \times 1 = 6$$

으로 총 6가지가 있다.

    근의 치환 방법에 번호를 붙여서 적어 보자.

① $\begin{pmatrix} 1 & 2 & 3 \\ 1 & 2 & 3 \end{pmatrix}$ ② $\begin{pmatrix} 1 & 2 & 3 \\ 3 & 1 & 2 \end{pmatrix}$ ③ $\begin{pmatrix} 1 & 2 & 3 \\ 2 & 3 & 1 \end{pmatrix}$

④ $\begin{pmatrix} 1 & 2 & 3 \\ 2 & 1 & 3 \end{pmatrix}$ ⑤ $\begin{pmatrix} 1 & 2 & 3 \\ 3 & 2 & 1 \end{pmatrix}$ ⑥ $\begin{pmatrix} 1 & 2 & 3 \\ 1 & 3 & 2 \end{pmatrix}$

치환 ①은 아무 것도 하지 않았기 때문에 V는 그대로 V를 유지한다.

치환 ②를 하면 V는 ωV가 된다.

치환 ③을 하면 $\omega^2 V$가 된다.

치환 ④는 직접 계산해 보자.

$$\alpha + \omega\beta + \omega^2\gamma \rightarrow \beta + \omega\alpha + \omega^2\gamma$$

이것은 V에 무언가를 곱한 식이 아니다. 이 식을 W라 하자.

$$W = \beta + \omega\alpha + \omega^2\gamma$$

치환 ⑤는,

$$\alpha + \omega\beta + \omega^2\gamma \rightarrow \gamma + \omega\beta + \omega^2\alpha = \omega W$$

치환 ⑥은,

$$\alpha + \omega\beta + \omega^2\gamma \to \alpha + \omega\gamma + \omega^2\beta = \omega^2 W$$

즉, 근을 치환하면 V는 $V, \omega V, \omega^2 V, W, \omega W, \omega^2 W$로 바뀐다.

우리는 $V, \omega V, \omega^2 V, W, \omega W, \omega^2 W$의 값을 구하고자 하는 것이며, 이 여섯 개의 값을 근으로 하는 방정식은 다음과 같다.

$$(x-V)(x-\omega V)(x-\omega^2 V)(x-W)(x-\omega W)(x-\omega^2 W) = 0$$

언뜻 어려워 보이지만, 전개해서 정리하면 $1 + \omega + \omega^2 = 0$이기 때문에 2차항과 1차항이 사라진다.

$$(x-V)(x-\omega V)(x-\omega^2 V)$$
$$= x^3 - (1 + \omega + \omega^2)Vx^2 + (1 + \omega + \omega^2)V^2 x - \omega^3 V^3$$
$$= x^3 - V^3$$

마찬가지로 $(x-W)(x-\omega W)(x-\omega^2 W) = x^3 - W^3$이므로, 방정식은

$$(x-V)(x-\omega V)(x-\omega^2 V)(x-W)(x-\omega W)(x-\omega^2 W) = 0$$
$$(x^3 - V^3)(x^3 - W^3) = 0$$
$$x^6 - (V^3 + W^3)x^3 + V^3 W^3 = 0$$

이 된다. 근의 치환으로 V^3, W^3은 변하지 않거나 교환되는 것뿐이기 때문에 $V^3 W^3, V^3 + W^3$은 변하지 않는다. 따라서 $V^3 W^3, V^3 + W^3$은 a, b, c로 나타낼 수 있다.* 그러면 2차방정식을 풀어서 V^3과 W^3을 구할 수 있다. 그 세제곱근은 V와 W이다.

V와 W를 구하면, α, β, γ를 쉽게 구할 수 있다.

---

* $V^3 = V\omega V \omega^2 V = (\alpha + \omega\beta + \omega^2\gamma)(\gamma + \omega\alpha + \omega^2\beta)(\beta + \omega\gamma + \omega^2\alpha)$과 $W^3 = W\omega W\omega^2 W = (\beta + \omega\alpha + \omega^2\gamma)(\gamma + \omega\beta + \omega^2\alpha)(\alpha + \omega\gamma + \omega^2\beta)$는 치환 ①, ②, ③에 의해 변하지 않으며 치환 ④, ⑤, ⑥은 V^3을 W^3으로, W^3을 V^3으로 바꾼다. 그러므로 $V^3 + W^3$과 $V^3 W^3$은 여섯 가지 치환에 의해 변하지 않는다. 즉, 두 식은 모두 α, β, γ에 관한 대칭식이며, 이는 α, β, γ에 관한 기본대칭다항식과 사칙연산으로 표현할 수 있다—옮긴이

$$V = \alpha + \omega\beta + \omega^2\gamma$$
$$\omega^2 W = \alpha + \omega^2\beta + \omega\gamma$$
$$-a = \alpha + \beta + \gamma$$

이 세 개의 식을 더하면,

$$V + \omega^2 W - a = 3\alpha + (1 + \omega + \omega^2)\beta + (1 + \omega + \omega^2)\gamma$$

$1 + \omega + \omega^2 = 0$이므로, β와 γ가 사라져 $\alpha = \dfrac{V + \omega^2 W - a}{3}$가 된다.

β를 구할 때에는

$$\omega^2 V = \omega^2\alpha + \beta + \omega\gamma$$
$$W = \omega\alpha + \beta + \omega^2\gamma$$
$$-a = \alpha + \beta + \gamma$$

를 더하면 된다. 그리고 γ를 구할 때에는,

$$\omega V = \omega\alpha + \omega^2\beta + \gamma$$
$$\omega W = \omega^2\alpha + \omega\beta + \gamma$$
$$-a = \alpha + \beta + \gamma$$

를 더하면 된다. 정리해 보자. 3차방정식은

$$V = \alpha + \omega\beta + \omega^2\gamma$$

라는 식에 주목함으로써 풀 수 있었다.

V에서 근을 치환해서 나오는 여섯 개의 값을 근으로 하는 6차방정식을 풀면 되는데, 이 6차방정식은 2차방정식과 세제곱근을 구해서 풀 수 있다.

문제해결의 포인트는 결국

$$V^3 - W^3$$

이라는 식에 있다. 이 식은 근의 치환에 의해 1배나 -1배로 변하며, 이것이 제곱근에 해당한다.

그리고 V, W는 근의 치환에 의해 교환되거나 1배, ω배, ω^2배가 된다.

이것이 세제곱근에 해당한다.*

마찬가지 방식으로 4차방정식에 대해서 생각해 볼 수 있지만, 4차방정식은 근이 4개이고 치환 방법이

$$4 \times 3 \times 2 \times 1 = 24$$

가지나 되기 때문에, 치환 자체에 대해서 조금 더 연구해 보고 나서 다시 살펴보도록 하자.

5차방정식에서 근의 치환 방법은

$$5 \times 4 \times 3 \times 2 \times 1 = 120$$

가지나 돼서 훨씬 더 다루기 어렵다.

라그랑주는 폰타나, 카르다노, 페라리가 발견한 방법 이외의 방법에 대해서도 계속해서 연구해 나갔다. 그리고 마침내, 대수방정식을 거듭제곱근으로 풀 수 있다는 것은, 다시 말해서,

$$X^n = A$$

를 계속해서 계산함으로써 풀 수 있다는 것은 근의 치환에 의해 그 거듭제곱근 사이를 움직여가는 값을 구할 수 있었기 때문이라는 사실을 발견한다. 다시 말해, 어떤 근의 공식에서 근을 치환하면 보조방정식을 풀어서 구한 값은 ζ(제타)를 1의 거듭제곱근이라고 했을 때,

1배, ζ배, ζ^2배, ζ^3배, …

와 같이 변하는 것이다.

---

* 저자가 설명하려는 문제해결의 포인트는 '거듭제곱근'을 이용해서 3차방정식을 해결한다는 것이다. 3차방정식을 해결하기 위해 먼저 V^3과 W^3을 두 근으로 가지는 2차방정식을 풀어야 한다. 앞에서 2차방정식의 근을 구하는 과정에서 $\alpha - \beta$를 제곱근으로 나타냈으므로 $V^3 - W^3$은 제곱근에 해당한다. 또한 $V = \alpha + \omega\beta + \omega^2\gamma$와 $W = \beta + \omega\alpha + \omega^2\gamma$는 세제곱근에 해당한다. 따라서 3차방정식의 근을 구하기 위해서는 제곱근과 세제곱근이 이용됨을 알 수 있다―옮긴이

라그랑주는 그와 같은 식의 후보로, 2차방정식의 해법의 열쇠가 된 '$\alpha - \beta$', 3차방정식의 해법의 열쇠인 '$\alpha + \beta\omega + \gamma\omega^2$'이라는 식에 주목했다. 현재 이와 같은 식은 '라그랑주의 분해식'이라 불리고 있다.

라그랑주는 이러한 방식으로 5차방정식도 풀 수 있다고 확신했다. 하지만 근의 식은 무한히 많고, 그 모든 식을 조사하는 데에는 무리가 있었다. 라그랑주는 이런 글을 남겼다.

> 현시점에서는 미지의 5차 혹은 그보다 차수가 높은 방정식에 이 해법을 응용하는 것은 타당할 것이다. 하지만 성공 여부도 의심스러운 응용을 하기 위해서 모든 시간을 쏟아 붓기에는 너무나 많은 시도와 계산이 필요하다.
>
> (야마시타 준이치의 『갈루아에의 레퀴엠』 중에서)

라그랑주는 방정식의 세계에 혁명을 불러일으켰다. 온 힘을 다해 계산하는 것이 아니라 근의 치환에 의해 변하는 식을 구하는 방법을 발견한 것이다.

여기서 한 발만 더 내딛으면 갈루아의 세계에 들어갈 수 있다. 하지만 그 한 발을 내딛기가 결코 쉽지만은 않다. 갈루아라는 천재이기에 그것이 가능했다고 할 수 있다.

라그랑주는 좋은 사람이었나봐요.

 프리드리히 대왕, 마리 앙투아네트, 나폴레옹 같은 권력자의 총애를 받았고, 여자들에게도 인기가 많았다고 하는구나.

 라부아지에 부부의 초상화도 아주 멋지네요. 부인이 중심을 이루고 있네요.

라부아지에는 화학의 기초를 쌓은 인물로 유명한데, 라부아지에 부인도 화학에 재능이 있어 남편의 연구에 큰 도움을 주었지. 이 시대에는 여성이 학문을 하면 일찍 죽는다는 미신이 있었기 때문에, 여성 수학자나 과학자는 아주 드물었지. 몇 명 있기는 했지만 대부분 부유한 가정에서 태어나서 가족, 특히 아버지의 지지를 받는 등의 좋은 조건을 갖추고 있었기에 가능했던 일이었지. 그러니까 당시에는 천부적인 재능을 가지고 있어도, 미처 알아채지 못하고 죽은 여성들이 많았을

라부아지에 부부

거야. 라부아지에 부인은 천부적인 재능을 꽃피울 수 있었던 드문 존재였고, 당시 여성 과학자로서 굉장히 유명했단다.

하지만 라그랑주의 연구 내용은 어쩐지 잘 이해가 안 가네요. $X^n = A$라는 방정식을 만들고 싶으면 그냥 만들면 되는 거잖아요. 근을 치환하고 어쩌고 할 필요 없이…….

방정식을 만들 수 있는지 없는지를, 근의 치환을 통해 시험해 보는 거란다.

만들려고 하면 만들 수 있지 않나요? 못 만들 거 뭐 있나요.

흠…… 이 부분은 이해하기 어려운 모양이구나. 채은이가 초등학교 이후에 다루었던 것은 유리수의 세계란다. 1이라는 수가 있다고 한다면, 계속해서 더해 나가 자연수를 만들 수 있지. 그리고 뺄셈을 해서 모든 정수를 만들어낼 수 있고, 나눗셈을 하면 분자와 분모가 모두 정수인 분수가 나오지. 즉, 덧셈, 뺄셈, 곱셈, 나눗셈이 허용되면 단 하나의 수로도 유리수의 세계가 만들어지지. 여기까지는 이해 가지?

네, 거기까지는 이해했어요.

그럼, 유리수의 세계에서, 예를 들어 $\sqrt{2}$라는 수를 불러내려면 어떻게 해야 하니?

글쎄요……, 소환 주문이라도 외우면 될까요?

소환 주문을 알고 있니?

그런 걸 알고 있을 리가 없잖아요.

 먼저 마법진을 그리면 된단다.

$$x^2 = 2$$

 치사해요. 그 정도는 저도 알고 있단 말이에요.

 엘로힘, 엑사임, 내가 원하고 바라노니!

 그게 뭐예요?

 미즈키 시게루(水木しげる)의 세기의 걸작 『악마군』에 나오는 소환 주문이란다. 예전에 사줬잖니. 기억이 안 나는 모양이구나?

 사 준 게 아니라 아빠가 읽고 싶어서 산 거잖아요. 다 기억하고 있어요. 악마를 불러내서 지상에 천국을 세우려고 했지만, 불러 낸 악마가 너무 한심해서 일이 잘 안 풀린다는 이야기잖아요.

 유리수 세계의 주민으로 치자면, $\sqrt{2}$ 같은 수는 악마나 요괴에 비유할 수 있겠구나. 그리고 이 악마는 혼자서만 나오지 않는단 다.

 무슨 말씀이세요?

 $x^2 = 2$를 풀면, 나오는 건 $\sqrt{2}$ 뿐만이 아니었잖니.

 아, $-\sqrt{2}$도 나와요.

$x^2 = 2$라는 방정식은 2라는 숫자밖에 사용하지 않으니까, 유리수의 세계 속에 있지. 유리수의 세계 속에 있는 것을 사용해서 악마를 소환하려고 하면 반드시 여러 명이 세트가 되어 나와 버린단다. $\sqrt{2}$와 $-\sqrt{2}$를 더하면?

 0이요.

 곱하면?

 -2.

 이렇게 세트로 되어 있는 악마는 잘 말아 넣으면 유리수 속에 봉인시킬 수 있단다. 하나 더 예를 들어 볼까? 유리수의 세계에 $\sqrt[3]{4}$를 소환하는 마법진은?

 $x^3 = 4$.

 $\sqrt[3]{4}$와 함께 나오는 녀석들은?

 $\sqrt[3]{4}\,\omega$와 $\sqrt[3]{4}\,\omega^2$이요.

 그럼, 이 녀석들을 봉인해 보자. 세 개를 곱하면?

음…… $4\omega^3$이니까, 4예요.

3장_라그랑주, 군, 체

유리수가 되었으니 성공이구나. 그럼, 세 개를 더하면?

 $\sqrt[3]{4} + \sqrt[3]{4}\omega + \sqrt[3]{4}\omega^2$.

 그것만으로는 봉인했다고 말할 수 없지. $\sqrt[3]{4}$로 묶어 보렴.

 $\sqrt[3]{4}(1 + \omega + \omega^2)$. 아! $1 + \omega + \omega^2 = 0$이니까, 0이에요!

 봉인 성공이구나! 이런 애송이 악마를 상대로 한다면야 봉인도 간단하지. 하지만 상대하기 버거운 녀석들도 있단다. 예를 들어, 이런 건 어떠니? 소환 마법진이 뭔지 알겠니?

$$\frac{-1+\sqrt{5}}{4} + \frac{\sqrt{10+2\sqrt{5}}}{4}i$$

 모르겠어요.

 함께 튀어나오는 악마들의 정체는?

 그러니까, 잘 모르겠다고요!

 그래도 저 정도면 얌전한 거란다. 이런 건 어떠니?
$\frac{1}{16}(-1 + \sqrt{7} + \sqrt{34 - 2\sqrt{17}} +$
$2\sqrt{17 + 3\sqrt{17} - \sqrt{34 - 2\sqrt{7}} - 2\sqrt{34 + \sqrt{17}}})$

 ······

라그랑주가 상대했던 건 바로 이런 녀석들이란다. 이런 녀석들까지 한데 묶어서 봉인하려는 거지. 이러한 값을 근으로 하는 방정식을 과연 유리수의 세계에서 만들 수 있을지 궁금하지? 마음대로 만들어선 안 된단다. 그래서 라그랑주는 근의 치환으로 그것이 가능한지 불가능한지를 알아보려고 했단다.

 왠지 억지로 이해되고 있는 것 같은 느낌이……

 근의 치환은 유리수의 세계에 있는지 없는지를 확인하는 주문으로도 사용할 수 있단다. 다시 말해서, 근의 치환으로 변하지 않는다면 그것은 유리수의 세계에 있다고 할 수 있지.

흠…… 흠…….

(이해한 것 같은 얼굴이기도 한데, 정말 이해한 건지 못한 건지……)
예를 들어, 근을 치환해서 어떤 식의 값이 1배, ω배, ω^2배가 됐다고 하자. 그럼, 그것들을 곱한 식은 근의 치환에 의해 변하지 않게 되지. 그럼, 소환 마법진, 방정식을 유리수의 세계에서 만들 수 있다는 거지.

단번에 이해가 가진 않지만, 우선 이해한 걸로 하고 넘어가죠.

당분간 더 진도를 나가고, 나중에 복습하면 될 거야. 어쨌든 라그랑주는 폰타나나 페라리가 어떻게 3차방정식이나 4차방정식의 근의 공식을 발견할 수 있었는지, 그 비밀을 찾아내려고 했단다. 근의 공식은 앞에서 유도할 때 눈치챘겠지만, 결과를 알고 있지 않으면 할 수 없는 식의 변형을 하고 있단다. 즉, 그것을 발견하기 위해서는 천재적인 번뜩임이 필요했던 거지. 라그랑주는 천재적인 번뜩임 없이, 근의 공식을 알아낼 방법을 찾으려 했지.

 계산의 수렁에서 기어 다닌 첫 번째 사람이라는 건가요?

 그렇다고 할 수 있지.

 그럼, 이제 갈루아에게 거의 근접한 건가요?

 그렇다고 할 수도 있지만, 앞으로의 과정이 결코 쉽지만은 않을 거야.

 하지만 목표가 희미하게 보이기 시작한 것 같은 느낌이 들어요.

 세상은 그리 호락호락하지만은 않단다.

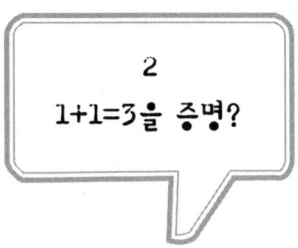

2
1+1=3을 증명?

    라그랑주는 방정식에 대해 생각할 때 근의 치환이 중요하다는 것을 발견했다.

    우선 여기서는 구체적인 문제를 떠나서 이 관계 자체에 대해 생각해 보도록 하자.

    수학은 이처럼 구체적인 문제를 떠나 추상화함으로써 발전해 왔다. 추상화를 통해 수학의 세계를 훨씬 쉽게 조망할 수 있기 때문이다.

    이 추상화된 세계에서 모든 논의는 이론에 의해 진행된다. 이 점이 일반 과학과 수학의 차이다.

    수학에 가장 가까운 자연과학은 물리학이지만, 물리학자는 수학자처럼 논리만으로 세계를 보지 않는다. 물리학자가 바라보는 대상은 이 세계이며, 물리학자가 어떤 이론이 타당하다고 믿는 것은 그 이론이 실험과 일치했을 때이다.

    화학이나 생물학 등도 실험을 거듭해서 이 세계의 현실과 이론이 일치하는가를 판단의 기준으로 삼는다.

    하지만 수학자는 다르다. 수학자는 현실을 연구하는 것이 아니라 인간의 머릿속에만 들어 있는 수학의 세계에서 놀고 있기 때문이다.

수학자가 '증명'에 집착하는 것도 수학자가 놀고 있는 곳이 현실 세계가 아니기 때문이다. 예를 들어, 100번 실험을 해서 100번 모두 이론과 일치했을 때 보통의 자연과학자라면 그 이론이 타당하다고 판단한다.

하지만 수학자는 100번은커녕 100의 100제곱 번 실험을 해서 이론과 일치했다 하더라도 그것으로 만족하지 않는다.

아직도 해결되지 않은 중요한 문제 중에 '리만 가설'이라는 것이 있다. 리만은 제타 함수의 자명하지 않은 0점은 모두 어떤 직선상에 있다고 예측했다. 그 후 거의 150년간, 전 세계의 수학자들이 리만 가설을 증명하려고 노력했지만, 아직도 해결하지 못했다. 20세기 후반에 접어들어 컴퓨터의 발달로 제타 함수에 대해서도 구체적인 계산을 할 수 있게 되었다. 컴퓨터를 사용해 굉장히 먼 지점까지 계산이 이루어졌지만 리만 가설에 반하는 결과는 발견되지 않았다. 10의 몇백 제곱이라는 믿을 수 없을 정도로 큰 수에 대해서까지 연구가 이루어져 있다.

하지만 그래도 수학자들은 만족하지 않는다.

예를 들어 실제로 소수의 분포와 같은 문제에 대해서 인간의 상식으로 생각할 수 있는 정도의 수 – 조 혹은 경 – 에 대해서 성립하는 법칙이 훨씬 큰 수에 대해서는 성립하지 않는다는 것이 발견되었고, 지금까지 컴퓨터를 사용해서 계산했는데도 리만 가설에 반하는 결과가 나오지 않았다고 해서 더 큰 수에 대해서도 성립한다는 보장은 없는 것이다.

기계를 만드는 공학 박사들은 지금까지 리만 가설에 반하는 계산결과를 얻지 못했다면 기계를 만들 때 거리낌 없이 리만 가설을 활용했을 것이다. 상식적으로 일어날 수 있는 범위에서라면 리만 가설은 충분히 타당하기 때문이다. 이처럼 공학 박사는 수학 이론이 증명되었는지 증명되지 않았는지에는 전혀 관심이 없다. 그저 도움이 되기만 하면 그만이기 때문에 정밀한 증명이 없어도 개의치 않는 것이다.

하지만 수학자들은 그렇지 않다. 수학자의 세계는 머릿속에만 있어서 현실과 일치하는지 확인할 길이 없기 때문이다. 수학의 세계에서는 '증명'이 유일하게 그 타당함을 보증할 수 있다.

이번에는 치환 자체에 대해 살펴보도록 하자.

세 개의 숫자를 치환하는 방법에는 앞에서도 살펴봤듯이

$$3! = 3 \times 2 \times 1 = 6$$

으로, 6가지가 있다. 구체적으로는 다음과 같다.

① $\begin{pmatrix} 1 & 2 & 3 \\ 1 & 2 & 3 \end{pmatrix}$ ② $\begin{pmatrix} 1 & 2 & 3 \\ 2 & 3 & 1 \end{pmatrix}$ ③ $\begin{pmatrix} 1 & 2 & 3 \\ 3 & 1 & 2 \end{pmatrix}$

④ $\begin{pmatrix} 1 & 2 & 3 \\ 2 & 1 & 3 \end{pmatrix}$ ⑤ $\begin{pmatrix} 1 & 2 & 3 \\ 3 & 2 & 1 \end{pmatrix}$ ⑥ $\begin{pmatrix} 1 & 2 & 3 \\ 1 & 3 & 2 \end{pmatrix}$

좀 더 알아보기 쉬운 치환 기호를 생각해 보자. 예를 들어 ②는

$$1 \rightarrow 2, \quad 2 \rightarrow 3, \quad 3 \rightarrow 1$$

로 치환한 것이므로 이것을

$$(1\ 2\ 3)$$

으로 나타내자. 이 기호를 보면 바로 1을 2로, 2를 3으로, 3을 1로 치환했다는 것을 알 수 있다. 이것은

$$(2\ 3\ 1)$$

또는

$$(3\ 1\ 2)$$

로 적어도 똑같기 때문에 되도록이면 가장 작은 수부터 적기로 하자.

마찬가지로,

$$③ = (1\ 3\ 2)$$
$$④ = (1\ 2)$$
$$⑤ = (1\ 3)$$
$$⑥ = (2\ 3)$$

또, ①은 아무런 변화가 없기 때문에,

$$① = (\ \ )$$

로 적기로 하자. 이와 같이 나타내면 간편할 뿐만 아니라, 이제 곧 살펴보겠지만, 치환의 중요한 성질을 쉽게 알아볼 수 있다.

치환에서 중요한 것은 계속해서 치환을 해도 그 결과는 또 다른 치환이 된다는 점이다. 예를 들어 ②를 한 후에 ⑤를 하면,

1은 ②에 의해 2가 되고, ⑤에서는 아무런 변화가 없다.

2는 ②에 의해 3이 되고, ⑤에 의해 1이 된다.

3은 ②에 의해 1이 되고, ⑤에 의해 3으로 돌아온다.

따라서,

$$②⑤ = (1\ 2\ 3)(1\ 3) = (1\ 2) = ④$$

이다. 이와 같이 연속해서 치환하는 것은 곱셈처럼 나타낸다. 여기서 주의해야 할 점은 보통의 곱셈과는 다르게 교환법칙이 성립하지 않는다는 것이다. 즉,

$$⑤② = (1\ 3)(1\ 2\ 3) = (2\ 3) = ⑥$$

이 되어, ②⑤와 ⑤②는 같지 않다.

①로는 아무런 변화가 일어나지 않기 때문에, 항등치환이라 부른다.

또,
$$②③ = (1\ 2\ 3)(1\ 3\ 2)$$
는
$$1 \to 2 \to 1,\quad 2 \to 3 \to 2,\quad 3 \to 1 \to 3$$
이므로 항등치환이 된다. ③②도
$$③② = (1\ 3\ 2)(1\ 2\ 3)$$
$$1 \to 3 \to 1,\quad 2 \to 1 \to 2,\quad 3 \to 2 \to 3$$
이 되어 역시 항등치환이다. 이와 같이 곱해서 항등치환이 되는 치환을 역치환이라 한다. ②는 ③의 역치환이고, ③도 ②의 역치환이다. 기호로는 다음과 같이 나타낸다.
$$② = ③^{-1} \quad ③ = ②^{-1}$$
오른쪽 위에 있는 −1은 역치환을 나타낸다.

역치환을 만드는 방법은 간단하다.
$$(1\ 2\ 3\ 4\ 5\ 6\ 7)$$
이라는 치환의 역치환을 만들 때에는, 숫자를 거꾸로 나열하면 된다.
$$(7\ 6\ 5\ 4\ 3\ 2\ 1)$$
이 두 개를 연결하면
$$(1\ 2\ 3\ 4\ 5\ 6\ 7)(7\ 6\ 5\ 4\ 3\ 2\ 1)$$
보다시피, $1 \to 2 \to 1, 2 \to 3 \to 2, \cdots$ 와 같이 제자리로 돌아간다. 즉, 항등치환이 된다.

두 개를 치환하는 방법은
$$(\quad)\ \text{와}\ (1\ 2)$$
로 두 개이다. ( )가 항등치환이고, (1 2)는 그 자체가 자신의 역치환이다. 이 두 개를 가지고 어떻게 계산해도 결과는 이 두 가지뿐이다.

세 개를 치환하는 방법은 6가지이다.

$$(\ \ ) \quad (1\ 2\ 3) \quad (1\ 3\ 2) \quad (1\ 2) \quad (1\ 3) \quad (2\ 3)$$

항등치환은 ( )이다. (1 2 3)과 (1 3 2)는 서로 역치환이다. 또, (1 2)와 (1 3)과 (2 3)은 각각 자기 자신이 역치환이다.

이 경우에도 여섯 개의 치환을 어떻게 곱해도 결과는 반드시 이 여섯 가지 치환 중 하나가 된다.

n개를 치환하는 경우를 모두 모아 놓은 것을 '대칭군'이라 부르며, 기호로

$$S_n$$

으로 나타낸다. S는 symmetric group의 머리글자이다. 대칭은 영어로 symmetry라고 하며, 형용사형은 symmetric, 그리고 군은 group이라 한다.

또 대칭군의 원소의 개수는 '위수'라고 하며, 기호로는

$$|S_n|$$

으로 나타낸다. 절댓값의 기호와 같기 때문에 쉽게 기억할 수 있을 것이다.

$$|S_2| = 2! = 2 \times 1 = 2$$
$$|S_3| = 3! = 3 \times 2 \times 1 = 6$$
$$|S_4| = 4! = 4 \times 3 \times 2 \times 1 = 24$$
$$|S_5| = 5! = 5 \times 4 \times 3 \times 2 \times 1 = 120$$

대칭군의 위수에 '!(느낌표)'가 있듯이, 치환하는 대상의 개수가 늘어날수록 위수는 정말 놀라울 정도로 커진다. 예를 들어,

$$|S_{10}| = 10! = 3628800$$

$$|S_{20}| = 20! = 2432902008176640000$$

이다. 위수가 커지면 구체적인 치환을 살펴보며 그 대칭군을 분석하기가 어렵기 때문에, 대칭군 자체의 성질에 대해 연구할 필요가 있다.

갈루아는 대칭군을 연구함으로써 방정식론을 정복했다. 갈루아 이론을 배우기 위해서는 반드시 대칭군에 대해서 공부해야 한다.

::::

 여기서는 증명의 중요성을 강조하고 싶었는데, 어떻게 좀 이해가 되니?

 글쎄요…….

증명의 중요성과 마찬가지로 수학에서는 작은 모순도 용납되지 않는단다. 러셀이라는 수학자가 집합론을 통해 모든 수학을 재구성하려고 했을 때, 심각한 모순이 발생했었지. 수학자들에게는 수학의 세계가 붕괴하는 건 아닌가 하는 생각이 들 정도로 충격적이었지.

어째서요? 아무리 모순이 심각하다고 해도 수학의 세계가 붕괴하다니, 너무 오버하는 거 아니에요? 그 모순 때문에 1+1이 2가 아니게 되는 것도 아니잖아요.

그렇지 않단다. 작은 모순이라도 그걸 용납하는 순간, 1+1이 2가 아닌 것을 포함해서 어떤 것이든 증명할 수 있게 된단다. 수학자는 증명을 할 때 '귀류법'이라는 방법을 자주 사용하지. 증명하고 싶은 것의 반대를 가정하고 모순을 유도해서 가정이 틀렸음을 증명하는 거란다. 예를 들어, 1+1이 3이 아니라고 가정하고 여기에 러셀의 역설을 가져오면, 모순이 발생하기 때문에 1+1이 3이 아니라는 가정은 거짓이 되지. 즉, 1+1=3이 되는 거란다.

 에이, 이건 말이 안 되죠. 1+1=3인지 아닌지랑, 그 집합론을 기초로 만든 러셀의 역설은 아무 관련이 없잖아요.

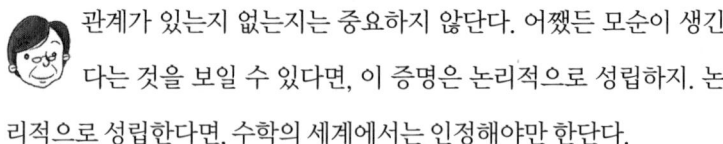 관계가 있는지 없는지는 중요하지 않단다. 어쨌든 모순이 생긴다는 것을 보일 수 있다면, 이 증명은 논리적으로 성립하지. 논리적으로 성립한다면, 수학의 세계에서는 인정해야만 한단다.

 납득할 수가 없어요. 그 하나만이라면 없던 일로 한다든가 상식적으로 생각하면 되잖아요.

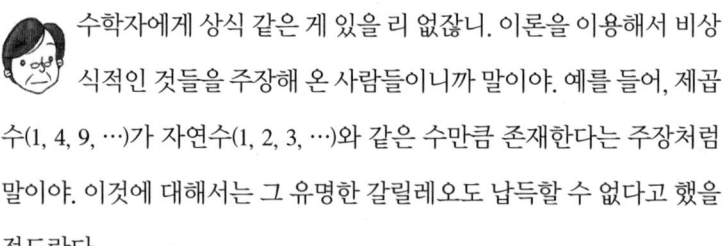 수학자에게 상식 같은 게 있을 리 없잖니. 이론을 이용해서 비상식적인 것들을 주장해 온 사람들이니까 말이야. 예를 들어, 제곱수(1, 4, 9, …)가 자연수(1, 2, 3, …)와 같은 수만큼 존재한다는 주장처럼 말이야. 이것에 대해서는 그 유명한 갈릴레오도 납득할 수 없다고 했을 정도란다.

 음…… 그래서, 어떻게 됐어요?

 수학자들 중에는 '귀류법'을 사용하지 않고 수학을 구축하려고 한 사람도 있었단다.

 그래서 결과는 어땠나요?

 성공하지 못했어. 결국, 러셀의 역설은 집합을 정할 때 신중한 규칙을 더함으로써 어떻게든 해결됐지만, 한 가지 큰 교훈을 남졌지. 논리의 세계에서는 아무리 작은 모순이라도 그것을 용납하는 순간 무엇이든 다 용납된다!

 무서운 이야기네요.

 "당신에게 부조리한 것을 믿게 만들 수 있는 사람은, 당신을 잔학행위에 끌어들일 수 있다." 이것은 볼테르(Voltaire)가 한 말인데, 볼테르는 여기서 종교에 대해서 말하고 있단다. 비판을 허용하지 않는 '신'이라는 존재가 한번 용납되면, 무엇이든 용납되는 세계가 태어나 버리지. 온갖 잔학행위가 '신'의 이름으로 용서되는 거야. 역사를 돌이켜 보면, 종교전쟁이나 종교의 이름으로 행해진 잔학행위는 셀 수 없을 정도로 많이 일어났단다. 히파티아는 "미신을 진실로 가르치는 것은 너무나도 무서운 일입니다. 아이들은 그것을 그대로 받아들여 믿게 됩니다"라고 말했지. 그런 히파티아가 광신적 그리스도 교주에게 참살당한 것은 얄궂은 역사라고밖에 말할 수가 없구나. 1600년 후에 리처드 도킨스(Clinton Richard Dawkins)는 "진정한 의미에서 유해란, 아이들에게 신앙 그 자체를 미덕이라고 가르치는 것이다. 신앙은 어떠한 정당화의 근거도 필요로 하지 않고, 어떠한 의논도 허락하지 않기 때문에 악한 것이다"(『만들어진 신』 중에서)라고 말했지. 인간은 별로 달라진 게 없는 것 같구나.

 증명 이야기가 이상한 방향으로 흘러가기 시작했어요.

 비판을 허용하지 않는 절대적인 것이 있다면, 눈썹에 침을 바르고 조심하렴.

왜 눈썹에 침을 발라요?

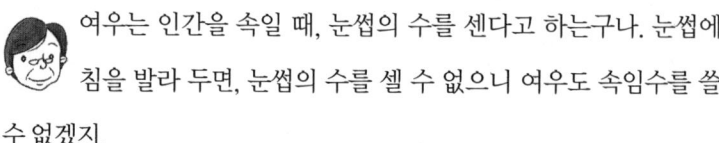 여우는 인간을 속일 때, 눈썹의 수를 센다고 하는구나. 눈썹에 침을 발라 두면, 눈썹의 수를 셀 수 없으니 여우도 속임수를 쓸 수 없겠지.

 그런 미신을 억지로 끌어내면 설득력이 없잖아요.

 이건 그냥 예를 든 것뿐이란다. 이야기가 많이 옆길로 샌 것 같구나. 어떠니, 치환이란 게 무엇인지 조금 이해가 가니?

 뭔가 이상한 느낌이 들어요.

치환의 곱셈처럼 하나의 계산 방법이 정해져 있는 집합이 있어서, 어떤 원소로 계산해도 그 결과가 그 집합 속에 있는 것을 '군'이라고 한단다. 수학 교과서에서는 군을 다음과 같이 설명하고 있지.

어떤 연산에 대해서,

① 닫혀 있다.

즉, 집합의 모든 원소 a, b에 대하여 $ab = c$일 때, c가 그 집합 속에 있다.

② 결합법칙이 성립한다.

즉, 집합의 모든 원소 a, b, c에 대하여 $(ab)c = a(bc)$이다.

③ 항등원이 존재한다.

즉, 집합의 모든 원소 a에 대하여 $ae = ea = a$가 되는 e가 존재한다.

④ 역원이 존재한다.

즉, 집합의 모든 원소 a에 대하여 $aa^{-1} = a^{-1}a = e$가 되는 a^{-1}이 존재한다.

무슨 말씀을 하시는지 전혀 모르겠어요!

 수학자는 모든 것을 정리해서 이렇게 추상적으로 설명하는 걸 좋아하지만, 처음 보는 사람들은 전혀 감이 안 잡힐 거야. 하지만 신경 쓰지 않아도 된단다. 이 조건들은 모두 치환군에 대해서 성립한단다. 갈루아도 이런 식으로 군을 정의한 건 아니란다.

 그렇다면 조금은 안심이 되네요.

 하지만 갈루아의 정의도 알아보기 힘들단다. 이런 식이지. '치환이란 하나의 순열에서 다른 순열로 변하는 것이다.'*

 훨씬 알기 쉽잖아요. 이 책의 설명보다 나은데요.

 갈루아의 정의가 알기 쉽다고? 아빠는 이걸 처음 읽었을 때, 무슨 말을 하는지 통 모르겠던데…….

 정말요?

 갈루아는 군에 대해서 특히 다음과 같은 주의사항을 남겨 놓았단다. 치환 S, T가 같은 군에 속하면, 치환 ST도 반드시 그 군에 속해야 한다.

 이 설명이 더 잘 이해되는데요?

---

* $abcd, acdb, \cdots$와 같이 a, b, c, d를 일렬로 나열한 것을 '순열'이라고 한다. 갈루아의 정의에서 치환이란 하나의 순열 $abcd$를 다른 순열 $acdb$로 바꾸는 것을 의미한다. 이를 $\begin{pmatrix} a & b & c & d \\ a & c & d & b \end{pmatrix}$로도 나타낸다—옮긴이

3장_라그랑주, 군, 체

그거 참 의외구나.

 저는 아무래도 갈루아 같은 천재인가 봐요.

 뭐, 그렇다고 해 두지.

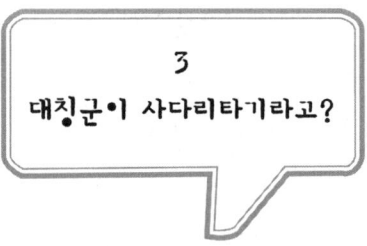

그림과 같은 사다리타기를 생각해 보자.

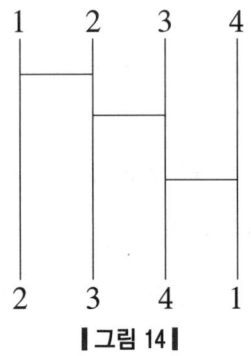

|그림 14|

이것은

$1 \to 4$의 위치

$2 \to 1$의 위치

$3 \to 2$의 위치

$4 \to 3$의 위치

로 변환한 것이기 때문에, 4개의 문자의 치환이다. 사다리타기는 사실 치환을 나타낸다.

사다리타기는 가로선에서 문자가 교환된다. 두 개의 문자를 바꾸는 치환은 '호환'이라 한다.

예를 들어, 그림의 가장 위의 가로선은

$$(1\ 2)$$

를 나타낸다. 두 번째, 세 번째 가로선은 각각

$$(2\ 3)과 (3\ 4)$$

를 나타낸다. 이 호환들의 곱에 대해 생각해 보자.

$$(1\ 2)(2\ 3)(3\ 4)$$

1은 첫 번째 호환에서 2가 되고, 두 번째 호환에서 3, 세 번째 호환에서 4가 된다.

2는 첫 번째 호환에서 1이 되고, 두 번째, 세 번째 호환에서는 변하지 않는다.

3은 첫 번째 호환에서는 변하지 않고, 두 번째 호환에서는 2가 되고, 세 번째 호환에서는 변하지 않는다.

4는 첫 번째와 두 번째 호환에서는 변하지 않고, 마지막 호환에서 3이 된다.

즉,

$$1 \to 4,\ 2 \to 1,\ 3 \to 2,\ 4 \to 3$$

이라는 치환이며

$$(1\ 4\ 3\ 2)$$

가 된다.

$$(1\ 2)(2\ 3)(3\ 4) = (1\ 4\ 3\ 2)$$

이처럼 치환은 사다리타기와 비슷하다. 단, 보통의 사다리타기와는 다르게, 다음 그림과 같이 세로선을 건너뛰게 가로선을 그릴 수 있게 해 둘 필요가 있다.

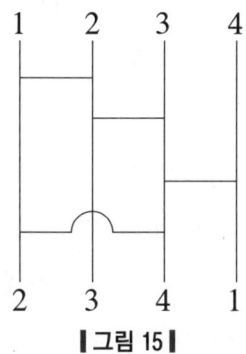

| 그림 15 |

사다리타기의 가로선은 하나의 호환을 나타낸다. 따라서 모든 치환은 호환의 곱으로 나타낼 수 있다.

다음의 두 개의 사다리타기를 비교해 보자.

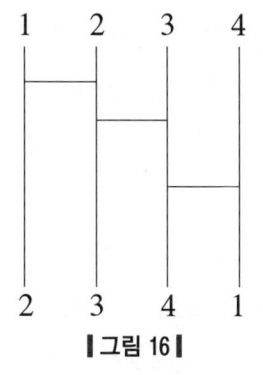   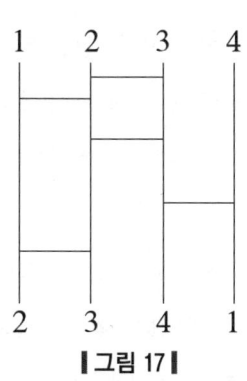

| 그림 16 | | 그림 17 |

결과는 같지만, 사다리타기는 다르다. 호환의 곱으로 적어 보면,

| 그림 16 |　(1 2)(2 3)(3 4) = (1 4 3 2)

| 그림 17 |　(2 3)(1 2)(2 3)(3 4)(1 2) = (1 4 3 2)

이처럼 치환을 호환의 곱으로 나타내는 방법은 무한히 많다.

사다리타기에 가로선 하나를 추가해서 같은 결과를 얻을 수 있을까? 얻을 수 없다. 새롭게 그린 가로선에서 문자가 바뀌기 때문이다.

그럼, 가로선을 두 개 추가해서 같은 결과를 얻을 수 있을까? 이것은 가능하다.

즉, 결과가 같은 사다리타기를 그리는 방법은 무한히 많지만, 가로선의 수는 홀수나 짝수로 정해져 있다. 어떤 방법에서는 가로선의 개수가 짝수이고, 어떤 방법에서는 가로선의 개수가 홀수가 되는 사다리타기는 존재하지 않는다. 따라서 사다리타기는 가로선이 짝수 개인 사다리타기와 가로선이 홀수 개인 사다리타기로 나눌 수 있다. 여기서 나눈다는 것은, 공통부분이 없게 분류하는 것을 말한다.

치환 역시 사다리타기로 그렸을 때, 가로선의 개수가 짝수인지 홀수인지에 따라 분류할 수 있다. 즉, 호환의 곱으로 분해했을 때, 호환이 짝수인가 홀수인가로 분류할 수 있다(이렇게 분류할 수 있는 수학적인 이유를 더 알고 싶다면 이 절의 내용을 읽고 부록 4에서 확인하기 바란다-옮긴이).

호환을 짝수 개 곱한 치환을 우치환, 홀수 개 곱한 치환을 기치환이라 부르자.

우치환에 우치환을 곱하면, 호환의 개수는 짝수가 되므로 우치환이 된다.
우치환에 기치환을 곱하면, 호환의 개수는 홀수가 되므로 기치환이 된다.
기치환에 우치환을 곱하면, 호환의 개수는 홀수가 되므로 기치환이 된다.
기치환에 기치환을 곱하면, 호환의 개수는 짝수가 되므로 우치환이 된다.

기치환을 전부 모아도 군이 되지 않는다. 기치환×기치환은 기치환이 아니기 때문이다.

그런데 우치환의 곱은 항상 우치환이다. 사실 우치환을 전부 모으면 군이 된다. 이 군을 교대군이라고 하며, 기호 A로 나타낸다. A는 alternating group의 머리글자이다.

교대군은 대칭군의 부분군이다.

$$\text{대칭군 } S \supset \text{교대군 } A$$

⊃는 '포함한다'는 뜻의 기호이다.

이번에는 치환의 형(型)에 대해 살펴보자.

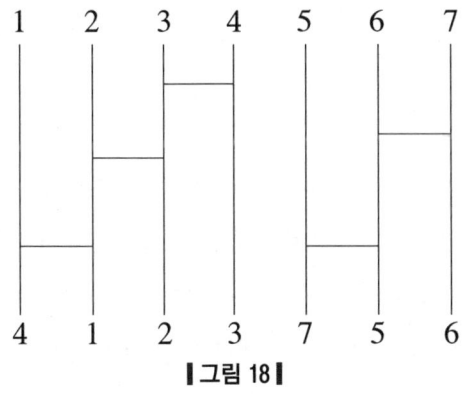

| 그림 18 |

이것은 다음의 치환과 같다.

$$\begin{pmatrix} 1 & 2 & 3 & 4 & 5 & 6 & 7 \\ 2 & 3 & 4 & 1 & 6 & 7 & 5 \end{pmatrix}$$

사다리타기를 보면 알 수 있듯이, 이 치환은 (1 2 3 4)와 (5 6 7), 두 부분으로 나눌 수 있다. 각각의 부분은

$$1 \to 2 \to 3 \to 4 \to 1$$
$$5 \to 6 \to 7 \to 5$$

와 같이 빙글빙글 도는 치환이다. 이렇게 빙글빙글 도는 치환을 '순환치환'이라고 하는데, 나중에 나오는 '순환군'과 혼동하기 쉬우므로 여기서

는 '빙글빙글 치환'이라 부르기로 하자.

이와 같이 치환은 같은 문자를 포함하지 않는 빙글빙글 치환으로 분해할 수 있다.

각각의 빙글빙글 치환은 같은 문자를 포함하지 않기 때문에, 다른 치환에 영향을 주지 않는다. 따라서 순서를 바꿔도 상관없다.

$$(1\ 2\ 3\ 4)(5\ 6\ 7) = (5\ 6\ 7)(1\ 2\ 3\ 4)$$

모든 치환은 이와 같이 같은 문자를 포함하지 않는 빙글빙글 치환의 곱으로 나타낼 수 있다. 이 빙글빙글 치환의 길이에 주목해 보면, 이 치환은

$$4\ 3$$

이라는 길이의 치환이다. 이것을 '치환의 형(型)'이라 한다. 각각의 빙글빙글 치환은 같은 문자를 포함하지 않기 때문에, 순서를 바꿔도 된다. 따라서 치환의 형은 '4 3'이라고 써도 되고, '3 4'라고 써도 같은 내용을 나타낸다. 이제부터는 길이가 긴 순서로 나열하는 것을 원칙으로 하자.

여기서 치환 α와 σ(시그마)를 가지고 기묘한 계산을 해 보자.

$$\alpha \sigma \alpha^{-1}$$

왼쪽에 α를 곱하고, 오른쪽에 α의 역원을 곱하는 이 기묘한 계산을 'σ를 α로 변환한다'고 말한다. 왜 이런 계산을 해야 하는지는 나중에 설명하도록 하겠다.

치환은 교환법칙이 성립하지 않기 때문에 이 계산은 의미 있다. 만약 교환법칙이 성립한다면,

$$\alpha \sigma \alpha^{-1} = \alpha \alpha^{-1} \sigma = \sigma \ (\sigma \alpha^{-1} \text{을 } \alpha^{-1} \sigma \text{로 바꿀 수 있다.})$$

가 되기 때문에 재미있는 일이 일어나지 않는다.

변환에 의해 치환의 형이 어떻게 바뀌는지 살펴보자.

$$\sigma = (1\ 2\ 3\ 4)(5\ 6\ 7)(8\ 9)$$

$$\alpha = (1\ 2\ 3)$$

이라고 하면, 치환 σ의 형은

$$4\ 3\ 2$$

이다. 그럼, σ를 α로 변환해 보자. α의 역원은

$$\alpha^{-1} = (3\ 2\ 1) = (1\ 3\ 2)$$

이므로, σ를 α로 변환하면,

$$\alpha\sigma\alpha^{-1} = (1\ 2\ 3)(1\ 2\ 3\ 4)(5\ 6\ 7)(8\ 9)(1\ 3\ 2)$$

가 된다. 1부터 순서대로 살펴보자.

$$1 \to 2 \to 3 \to 3 \to 3 \to 2$$
$$2 \to 3 \to 4 \to 4 \to 4 \to 4$$
$$3 \to 1 \to 2 \to 2 \to 2 \to 1$$
$$4 \to 4 \to 1 \to 1 \to 1 \to 3$$
$$5 \to 5 \to 5 \to 6 \to 6 \to 6$$
$$6 \to 6 \to 6 \to 7 \to 7 \to 7$$
$$7 \to 7 \to 7 \to 5 \to 5 \to 5$$
$$8 \to 8 \to 8 \to 8 \to 9 \to 9$$
$$9 \to 9 \to 9 \to 9 \to 8 \to 8$$

1부터 차례로 어떻게 변화하는지 살펴보자.

$$1 \to 2 \to 4 \to 3 \to 1$$
$$5 \to 6 \to 7 \to 5$$
$$8 \to 9 \to 8$$

정리하면 다음과 같다.
$$(1\ 2\ 4\ 3)(5\ 6\ 7)(8\ 9)$$
치환의 형은 바뀌지 않았다.

이번에는 σ를 β로 변환해 보자.
$$\beta = (1\ 9\ 3\ 2\ 5\ 7)(4\ 8\ 6)$$
β의 역원은
$$\beta^{-1} = (6\ 8\ 4)(7\ 5\ 2\ 3\ 9\ 1) = (4\ 6\ 8)(1\ 7\ 5\ 2\ 3\ 9)$$
이므로, σ를 β로 변환하면

(1 9 3 2 5 7)(4 8 6)(1 2 3 4)(5 6 7)(8 9)(4 6 8)

(1 7 5 2 3 9)

가 된다. 다소 번거롭겠지만, 1부터 쫓아가 보자.
$$1 \to 4 \to 1$$
$$2 \to 8 \to 5 \to 2$$
$$3 \to 9 \to 6 \to 7 \to 3$$
정리하면
$$(3\ 9\ 6\ 7)(2\ 8\ 5)(1\ 4)$$
이고, 치환의 형은
$$4\ 3\ 2$$
로 변함이 없다.

일반적으로 치환의 형은 변환에 의해 바뀌지 않는다.

치환을 같은 문자를 포함하지 않는 빙글빙글 치환(순환치환)의 곱으로 분해해서, 그것을 다른 치환으로 변환하는 경우에 대해 생각해 보자.

치환 σ가 같은 문자를 포함하지 않는 빙글빙글 치환 $ABC\cdots$로 분해됐다고 하고, 이것을 α로 변환해 보자.

$$\alpha ABC\cdots\alpha^{-1}$$

이때, $ABC\cdots$는 같은 문자를 포함하지 않으므로, 각각의 치환은 다른 치환에 영향을 주지 않는다. 따라서 A가 어떻게 변하는지를 살펴볼 때에는,

$$\alpha A\alpha^{-1}$$

만을 생각하면 된다.

이번에는, $\sigma=(1\ 2\ 3\ 4)$라는 치환을 α로 변환한 경우에 대해 생각해 보자.

$$\alpha = \begin{pmatrix} \cdots & a & \cdots & b & \cdots & c & \cdots & d & \cdots \\ \cdots & 1 & \cdots & 2 & \cdots & 3 & \cdots & 4 & \cdots \end{pmatrix}$$

라면,

$$\alpha^{-1} = \begin{pmatrix} \cdots & 1 & \cdots & 2 & \cdots & 3 & \cdots & 4 & \cdots \\ \cdots & a & \cdots & b & \cdots & c & \cdots & d & \cdots \end{pmatrix}$$

이므로, σ를 α로 변환하면,

$\alpha\sigma\alpha^{-1} =$

$$\begin{pmatrix} \cdots & a & \cdots & b & \cdots & c & \cdots & d & \cdots \\ \cdots & 1 & \cdots & 2 & \cdots & 3 & \cdots & 4 & \cdots \end{pmatrix}(1\ 2\ 3\ 4)\begin{pmatrix} \cdots & 1 & \cdots & 2 & \cdots & 3 & \cdots & 4 & \cdots \\ \cdots & a & \cdots & b & \cdots & c & \cdots & d & \cdots \end{pmatrix}$$

하나하나 살펴보자.

$$a \to 1 \to 2 \to b$$
$$b \to 2 \to 3 \to c$$
$$c \to 3 \to 4 \to d$$
$$d \to 4 \to 1 \to a$$

이므로, 결국

$$\alpha\sigma\alpha^{-1} = (a\ b\ c\ d)$$

가 되어 치환의 형은 변하지 않는다. 이것은 모든 치환에 대해서도 마찬가지로 성립한다.

∷∷

 너무 추상적이라 무슨 말인지 잘 이해가 안 가요.

 기본적으로는 사다리타기랑 똑같단다.

 여기서는 교대군, 치환의 형, 변환 같은 것에 대해 살펴본 거죠? 뭐, 이 정도라면 어떻게든 이해할 수 있을 것 같아요.

 믿음직스럽구나. 그럼 조금 연습을 해 볼까? 다음을 같은 문자를 포함하지 않는 빙글빙글 치환의 곱으로 고치면 어떻게 되겠니?

$$\begin{pmatrix} 1 & 2 & 3 & 4 & 5 & 6 & 7 & 8 & 9 \\ 2 & 9 & 5 & 7 & 6 & 8 & 4 & 3 & 1 \end{pmatrix}$$

 하나하나 살펴보면 되는 거죠? 먼저,

$$1 \to 2 \to 9 \to 1$$

이걸로 하나는 해결됐고, 이제 여기에 나오지 않은 숫자를 쫓아가 볼게요. 가장 작은 숫자는 3이네요.

$$3 \to 5 \to 6 \to 8 \to 3$$

아직 나오지 않은 건 4와 7이네요.

$$4 \to 7 \to 4$$

한꺼번에 정리하면

$$(1\ 2\ 9)(3\ 5\ 6\ 8)(4\ 7)$$

길이가 긴 순서대로 정리하면 $(3\ 5\ 6\ 8)(1\ 2\ 9)(4\ 7)$이 되겠구나. 이것을 σ라고 하자. 이제 σ를

$$\alpha = (1\ 2\ 3\ 4\ 5)(6\ 7\ 8\ 9)$$

로 변환해 보렴.

α의 역원은 거꾸로 적으면 되니까,

$$\alpha^{-1} = (9\ 8\ 7\ 6)(5\ 4\ 3\ 2\ 1)$$

σ를 α로 변환하면

$$\alpha\sigma\alpha^{-1} = (1\ 2\ 3\ 4\ 5)(6\ 7\ 8\ 9)(3\ 5\ 6\ 8)(1\ 2\ 9)(4\ 7)(9\ 8\ 7\ 6)(5\ 4\ 3\ 2\ 1)$$

어려워 보여요.

하나하나 살펴보면 된단다. 학교에서 배우는 문자식 계산보다는 쉬울 거야.

그렇긴 해요. 먼저 1부터 살펴보면, 첫 번째 괄호에서

$$1 \to 2$$

그다음 괄호에는 2가 없으니까 그대로이고, 그다음 괄호에도 2가 없네요. 그다음 괄호에서는

$$2 \to 9$$

가 되고, 다음 괄호에는 9가 없고, 그다음 괄호에서

$$9 \to 8$$

마지막 괄호에는 8이 없으니까, 결국

$$1 \to 8$$

아, 지친다.

여기서 쉬면 안 되지. 8의 다음은?

 귀찮으니까 일일이 안 적을래요.

$$1 \to 8 \to 5 \to 1$$

로 하나는 끝났고, 이번에는 2부터네요.

$$2 \to 4 \to 9 \to 7 \to 2$$

아직 안 나온 건, 음……, 3이네요.

$$3 \to 6 \to 3$$

이제 다 했네요. 정리하면

$$(1\ 8\ 5)(2\ 4\ 9\ 7)(3\ 6)$$

길이가 긴 순서대로 정리하면

$$(2\ 4\ 9\ 7)(1\ 8\ 5)(3\ 6)$$

형은 4 3 2로 변함이 없어요.

 아주 잘했어. 형이 같은 두 치환은 변환에 의해 서로 다른 치환으로 바뀔 수 있다는 것을 기억해 두렴. 예를 들어, 형이 같은 두 치환

$$\alpha = (1\ 2\ 3)(4\ 5) \qquad \beta = (2\ 3\ 5)(1\ 4)$$

에서, α를 β로 바꾸기 위해서는 어떤 치환으로 변환해야 할까?

 그런 걸 제가 알 리가 없잖아요.

 조금은 마술 같기도 할 텐데,

$$\begin{pmatrix} 2 & 3 & 5 & 1 & 4 \\ 1 & 2 & 3 & 4 & 5 \end{pmatrix}$$

라는 치환으로 변환하면 된단다.

 거짓말! 이게 뭐예요? 윗줄은 β, 아랫줄은 α를 그대로 쓴 것뿐 이잖아요.

 속는 셈 치고 한번 해 보렴.

 음……

$$\begin{pmatrix} 2 & 3 & 5 & 1 & 4 \\ 1 & 2 & 3 & 4 & 5 \end{pmatrix} (1\ 2\ 3)(4\ 5) \begin{pmatrix} 1 & 2 & 3 & 4 & 5 \\ 2 & 3 & 5 & 1 & 4 \end{pmatrix}$$

따라서

$$2 \to 1 \to 2 \to 3$$
$$3 \to 2 \to 3 \to 5$$
$$5 \to 3 \to 1 \to 2$$

니까 이건 (2 3 5). 다음은,

$$1 \to 4 \to 5 \to 4$$
$$4 \to 5 \to 4 \to 1$$

이 되니까 (1 4). 합치면 (2 3 5)(1 4). 어? β가 됐네? 믿을 수 없어요.

 결국, α를 이 치환으로 변환하면,

$$\begin{pmatrix} 2 & 3 & 5 & 1 & 4 \\ \downarrow & & & \uparrow & \\ 1 & \to 2 & 3 & 4 & 5 \end{pmatrix}$$

와 같이 변해서 결국 윗줄의 치환이 되는 거란다.

지금까지 살펴본 것들을 정리해 보자. 치환은 호환의 곱으로 나타낼 수 있었지. 우치환이란?

호환이 짝수 개인 치환이요.

 기치환은?

 호환이 홀수 개인 치환이요.

 기치환은 모아도 군이 되지 않지만, 우치환은 모으면 군이 되지. 이 군을 뭐라고 했었지?

 교대군이요.

 치환을 호환의 곱으로 나타내는 방법은 무한히 많지만, 같은 문자를 포함하지 않는 빙글빙글 치환으로 나타내는 방법은 단 한 가지뿐이었지. 자, 변환이란 무엇이었지?

 이상한 계산이요.

 α를 β로 변환하면?

 $\beta\alpha\beta^{-1}$.

 변환을 하면 치환의 형은 어떻게 되지?

 변하지 않아요.

그렇지. (서랍에서 15 퍼즐을 꺼낸다.) 이게 뭔지 아니?

1	2	3	4
5	6	7	8
9	10	11	12
13	14	15	

그림 19

아, 반가운 물건이네요. 옛날에 이 위에 그림이 그려져 있는 걸 가지고 놀았던 기억이 나요. 유치원 때였을 거예요.

그때의 퍼즐과는 조금 다르지만, 기본적으로는 똑같단다. 빈 칸으로 조각을 움직여가면서 모양을 맞추는 거지. 그림처럼 오른쪽 아래가 비어 있는 형태를 기본이라고 했을 때, 숫자의 배열 방법은 모두 몇 가지가 될 것 같니?

15개의 칸에 1부터 15까지의 숫자를 넣는 거니까, 첫 번째 칸에 넣을 수 있는 숫자는 15가지, 다음 칸은 14가지, 그다음 칸은 13가지, ……가 되니까 결국 15×14×13×……×1가지가 돼요.

즉 15의 계승이구나. 계산하면, 1,307,674,368,000가지가 되지. 다시 말해서, 1조 3,076억 7,436만 8,000가지나 되는구나.

굉장한 숫자네요.

하지만 그 모든 방법으로 배열된 퍼즐을 모두 맞출 수 있다고는 할 수 없단다. 1880년경에 미국의 샘 로이드라는 퍼즐 작가가 1,000달러의 상금을 걸고 14와 15를 바꾼 퍼즐을 팔기 시작했어. 1,000

달러라는 말에 사람들은 다들 몰려들었지. 당시 1,000달러는 꽤 큰 금액이긴 했지만, 터무니없이 큰 돈은 아니었단다. 손에 넣을 수 있을 듯 말 듯한 금액이었기 때문에, 전 세계 사람들이 모두 달려들어 이 퍼즐을 샀다고 하는구나. 덕분에 샘 로이드는 아주 큰 돈을 벌었단다. 갈루아가 죽고 반세기 정도 지난 시기였지.

1	2	3	4
5	6	7	8
9	10	11	12
13	15	14	

│그림 20│ 샘 로이드의 퍼즐

 그래서 누가 상금을 받았어요?

 그 이야기를 지금부터 하려고 하는데, 이 퍼즐은 숫자를 바꾸는 거니까 치환이라고 할 수 있겠구나.

 하지만 자유롭게 바꿀 수 있는 건 아니에요.

 처음에는 두 개밖에 움직일 수 없지만, 점점 맞춰나가다 보면 가장 안쪽에 있는 조각도 움직일 수 있지. 움직일 수 없는 조각은 없단다. 그러니까 치환이라고 할 수 있지.

 뭐, 그렇긴 하지만요.

그리고 계속해서 맞춰 나가도 이 틀에서 벗어날 수 없단다. 계속해서 치환을 거듭해도 역시 치환이 되는 거지. 그러니까 전체가 군이 되는 거야.

뭐, 그렇다고 해 두죠.

1	2	3	4
5	6	7	8
9	10	11	12
13	14	15	0

｜그림 21｜

 그림 21과 같이 아무것도 없는 칸에 0이 있다고 가정하면 더 편할 거야. 위 그림과 같은 상태에서 시작한다고 하면, 처음에 움직일 수 있는 것은 (0 15)나 (0 12)의 호환이 되겠구나. 0과 호환을 계속해 나가는 것인데, 0에만 주목해 보면, 게임을 계속해 나간다는 것은 결국 0이 16개의 칸 속을 어슬렁어슬렁 돌아다니다가 마지막에 제자리로 돌아오는 게 되지.

0이 어슬렁어슬렁 돌아다닌다고요? 표현이 재미있네요.

 오른쪽 아래에서 출발해서 어슬렁어슬렁 돌아다니다가 다시 제자리로 돌아올 때까지 걸은 횟수, 즉 호환의 수는 반드시 짝수가 된단다. 왜일까?

예전에 이런 문제에 대해 생각해 본 적이 있어요. 이건 말이죠, 체스판처럼 색칠하면 돼요. 0은 처음에 흰색에서 출발해요. 한 걸음 가면 검은색, 또 한 걸음 가면 흰색, ……, 이렇게 계속 반복을 해요. 다시 말해서, 흰색 칸에는 짝수 번째 걸음, 검은색 칸에는 홀수 번째 걸음에 오게 돼요. 제자리로 돌아가면 흰색이니까 짝수 번째 걸음이 돼요.

│그림 22│

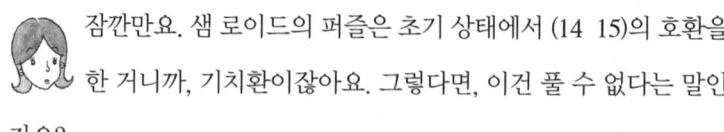

그렇지. 호환이 짝수 개니까 처음 상태에서 어떻게 변형시켜도 우치환밖에 될 수 없지. 초기 상태에서 우치환한 것에 한해서 원래의 상태로 돌아갈 가능성이 있다는 거지. 우치환은 원래대로 돌아갈 수 있는지 없는지 확인해 봐야 알겠지만, 적어도 기치환은 초기 상태로 돌아가는 건 불가능하다고 할 수 있지.

잠깐만요. 샘 로이드의 퍼즐은 초기 상태에서 (14 15)의 호환을 한 거니까, 기치환이잖아요. 그렇다면, 이건 풀 수 없다는 말인가요?

그렇지.

말도 안 돼.

샘 로이드는 처음부터 불가능하다는 것을 알고 상금을 걸었다고 해. 큰돈을 벌려면 그 정도의 치사함은 필요한 건지도 모르겠구나. 그건 그렇다 치고, 우치환과 기치환의 위력이 대단하지 않니? 실제로 해 보지 않아도 불가능하다는 것을 알 수 있으니까 말이야. 전 세계의 많은 사람들은 그 사실을 눈치채지 못해서 모두 퍼즐을 맞추려 했잖니.

 열심히 하면 될 거라고 생각했겠죠. 뭔가 불쌍하네요.

 참고로, 퍼즐을 치환으로 나타냈을 때 그 치환이 우치환인 경우는 모두 풀 수 있단다. 경우를 나눠서 생각해 보면 되는데, 군에 대한 공부와는 거리가 머니까 그건 따로 설명하지 않으마. (이번에는 루빅스 큐브를 꺼내서 충분히 섞은 다음에 채은이에게 건넨다.) 다시 처음 상태로 되돌려 보렴.

 오늘은 게임만 하는 것 같네요. (잘각잘각 소리를 내며 큐브를 맞춘다. 꽤 훌륭한 솜씨다.) 자, 완성했어요.

 잘도 맞추는구나. (나는 지금까지 매뉴얼을 보지 않으면 맞추지 못했다.)

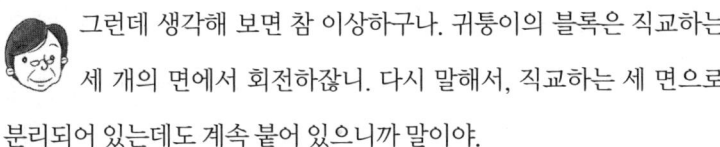 기본적인 순서를 몇 개만 외우면 되니까 그렇게 어렵진 않아요.

 그런데 생각해 보면 참 이상하구나. 귀퉁이의 블록은 직교하는 세 개의 면에서 회전하잖니. 다시 말해서, 직교하는 세 면으로 분리되어 있는데도 계속 붙어 있으니까 말이야.

 제가 큐브를 분해해 본 적이 있는데요, 아무래도 블록 다리 부분에 튀어나온 곳이 있어서 거기에 걸리는 것 같아요.

아빠는 그림으로 설명되어 있는 것을 본 적이 있는데, 논리적으로는 그렇게 될 것처럼 보여도 어쩐지 납득할 수가 없었단다. 이런 걸 잘도 생각해냈구나 하고 감탄했지. 루빅스 큐브를 발명한 에르노 루빅(Erno Rubik)은 헝가리의 건축학자로, 3차원 기하학을 설명하기 위한 움직이는 모델을 만들다가 큐브를 발명했다고 해. 샘 로이드의 퍼즐이 발매되고 100년 정도 지난 1977년에 상품화되어 세계적으로 히트를 쳤지. 재미있게도, 루빅이 발명하고 나서 1년 뒤에 일본의 기술자 이시게데루토시(石毛照敏)라는 사람도 독자적으로 똑같은 것을 발명했다고 하는구나. 이시게는 루빅의 발명에 대해서는 전혀 몰랐다고 해. 세계 이곳저곳에서 독자적으로 같은 발견, 발명이 일어난다는 것은 수학 세계에서도 종종 있는 일인데, 이 역시 그 좋은 예가 되겠구나. 어쩌면 새로운 발명을 반기는 시대의 분위기라는 게 있는지도 모르겠구나. 그건 그렇고, 루빅스 큐브는 회전을 하면 블록의 위치가 바뀌기 때문에 15 퍼즐과 마찬가지로 치환의 일종이라고 할 수 있겠구나.

 하지만 이것도 자유자재로 바꿀 수 있는 건 아니에요.

 그렇긴 하지. 기본적으로 각각의 면의 중앙에 있는 블록은 회전은 하지만 위치는 바뀌지 않지. 루빅스 큐브의 변환은 각각의 면의 회전이 기초가 된단다. 예를 들어, 빨간색 면을 정면에서 봤을 때 시계 방향으로 90° 회전시킨 것을 '빨강'이라고 해 보자. 여기서 빨간색 면이라는 것은, 정가운데 블록이 빨간색인 면을 말한단다. 그러면, '빨강', '파랑', '초록', '하양', '노랑', '주황', 6개의 치환으로 모든 치환을 표현할 수 있지.

 180° 회전은요?

"빨강, 빨강" 혹은 "빨강^2"이 되지.

 반시계방향 회전은요?

 반시계방향으로 90° 회전시키는 것은 "빨강$^{-1}$"이란다. 또는 "빨강^3"이라고 해도 같은 말이 되지.

 치환을 반복해도 치환이 되니까, 이것도 군이네요.

 그렇지.

 그런데 단 6개의 요소로 모든 것을 표현할 수 있는 걸 보니, 생각보다 간단한 군인가 보네요.

 그렇지만도 않단다. 이 군의 원소의 개수를 컴퓨터로 계산해 보면, 43,252,003,274,489,856,000이 된단다. 즉, 4,325경 2,003조 2,744억 8,985만 6,000이지.

 그렇게나 많이요?

 1초에 한 개씩 만들어 나간다고 해도 1조 년 이상이 걸리지. 우주가 시작되고 난 이래로 계속했다고 해도 시간이 턱없이 부족할 거야.

 고작 6개의 요소의 조합에 지나지 않는데!

 군으로서의 구조도 꽤 복잡하단다. 변의 가운데에 위치한 12개의 블록은 변으로만 움직이기 때문에 이 부분만을 생각해 보면, 위수가 12인 대칭군의 부분군이 되지(부분군이란 그 자체로도 군을 이루는 원래 군의 부분집합을 말한다. 물론 이때 부분군의 연산은 원래의 군의 연산과 같은 연산이다-옮긴이). 그리고 각각의 변의 블록은 반전도 한단다. 8개의 귀퉁이 블록도 귀퉁이로만 움직이니까 위수가 8인 대칭군의 부분군이 될 테고, 각각의 귀퉁이 블록의 회전도 고려해야겠지. 군은 이것들을 모두 조합한 구조로 되어 있는 거란다.

 너무 복잡해요…….

루빅스 큐브군의 구조를 파악하기 위해서는 군론에 대해서도 착실히 공부해야 할 거야. 루빅스 큐브를 이용하면, 손으로 직접 움직여 가면서 실감할 수 있다는 이점이 있지. 예를 들어, 교환법칙이 일반적으로 성립하지 않는다는 것도 한눈에 알 수 있단다. 빨강-초록을 하면 이렇게 되겠구나. (빨강-초록을 실행한다.)

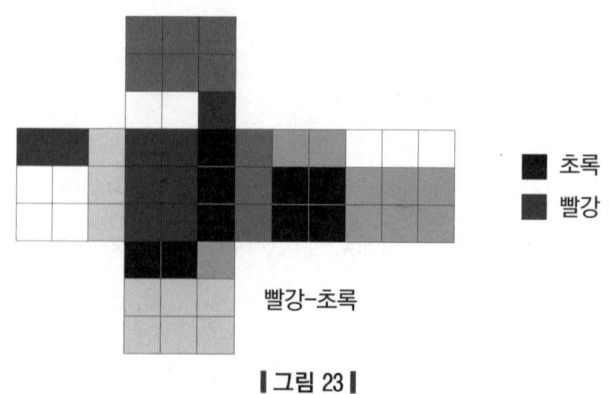

| 그림 23 |

 그럼, 제가 초록-빨강을 해 볼게요.

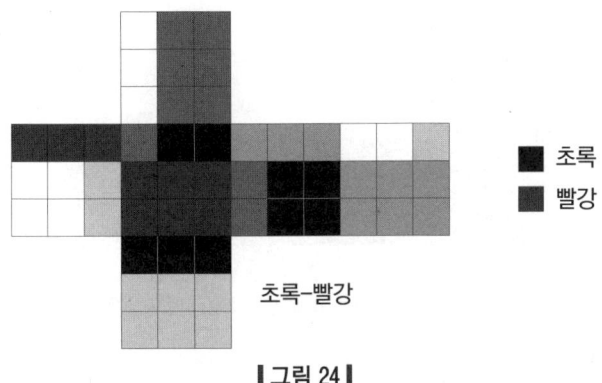

| 그림 24 |

한눈에 봐도 다르다는 걸 알 수 있지? 조금 전에 이야기했던 '치환을 해도 치환의 형은 바뀌지 않는다'라는 정리도 직접 확인할 수 있지. 자, 바로 해 볼까? 미리 얘기했어야 했는데, 바로 다음의 그림을 초기 상태라고 하자. 루빅스 큐브의 기본 순서 중에서, 3개의 변의 블록을 빙글빙글 치환하는 게 있었지?

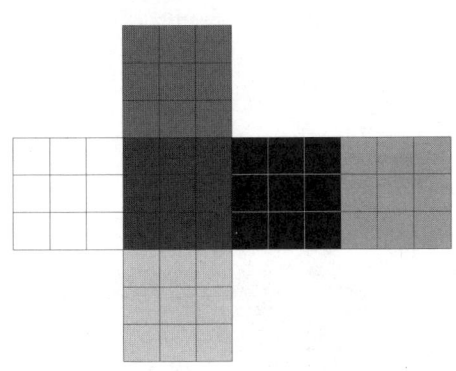

| 그림 25 |

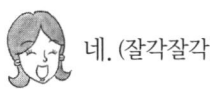

네. (잘각잘각)

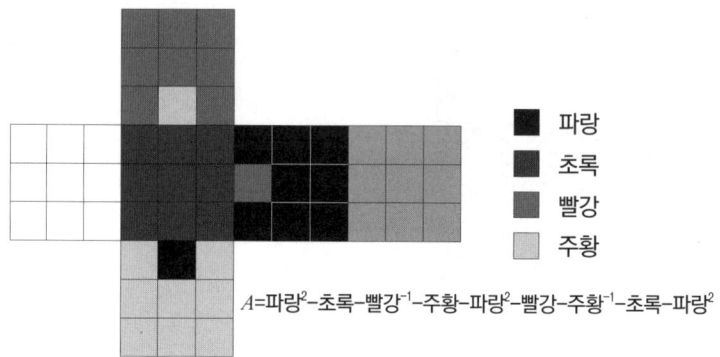

$A = 파랑^2 - 초록 - 빨강^{-1} - 주황 - 파랑^2 - 빨강 - 주황^{-1} - 초록 - 파랑^2$

| 그림 26 |

 파랑^2-초록-빨강$^{-1}$-주황-파랑^2-빨강-주황$^{-1}$-초록-파랑^2 이구나. 이 치환을 A라고 하자. 다시 원래대로 만들어 보렴.

 원래대로 되돌리라고요? (잘각잘각)

 이제 적당히 뒤섞인 치환을 만들어 보렴. 예를 들어, 초록-빨강-파랑-주황-노랑-초록은 어떠니?

 6개밖에 없는데도 꽤 뒤섞인 치환이 만들어지네요.

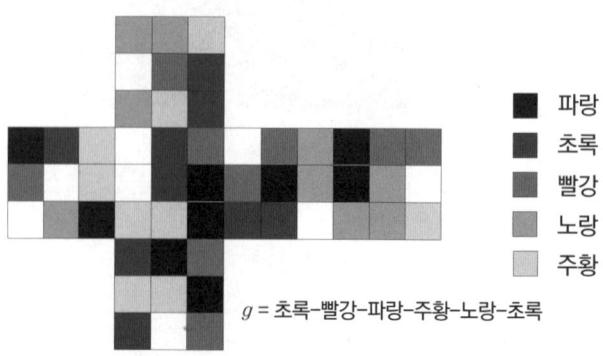

$g = 초록-빨강-파랑-주황-노랑-초록$

| 그림 27 |

이 순서를 g라고 하고, A를 g로 변환해 보렴. 즉, gAg^{-1}을 하라는 말인데, 지금 g까지 했으니까 다음은 A를 하면 되겠구나.

 그러니까 이제 파랑^2–초록–빨강$^{-1}$–주황–파랑^2–빨강–주황$^{-1}$–초록–파랑^{2}을 하면 되는 거죠? (잘각잘각) 여전히 뒤섞여 있어요.

 이제 g^{-1}을 하면 되겠구나. 초록$^{-1}$–노랑$^{-1}$–주황$^{-1}$–파랑$^{-1}$–빨강$^{-1}$–초록$^{-1}$을 해 보렴.

 (잘각잘각) 우와!

 깔끔한 결과가 나왔지?

 거짓말 같아요.

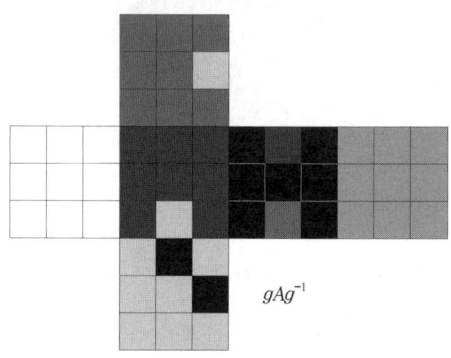

│그림 28│

 A에 의해 세 개의 블록이 순환한 거란다. A를 g로 변환한 gAg^{-1}도 치환의 형은 변하지 않으니까 세 개의 블록이 순환하는 거야.

어떤 블록이 어떻게 움직였는지 화살표로 나타내 볼까?

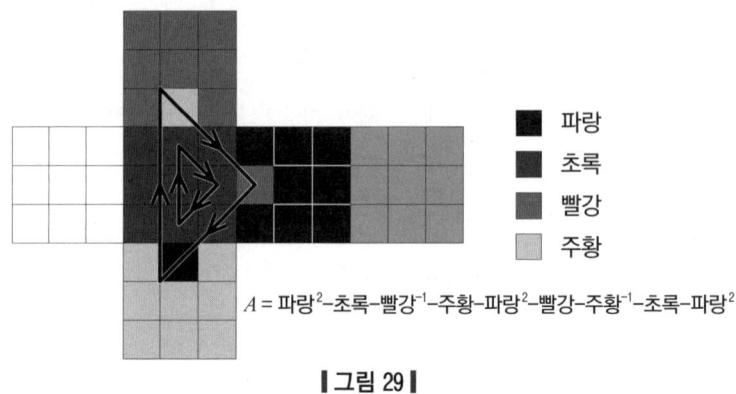

|그림 29|

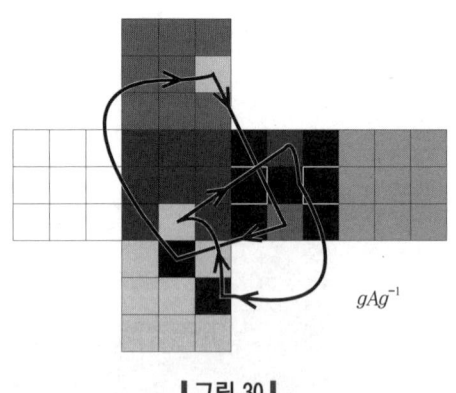

|그림 30|

이 변환을 하면 몇 가지 기본 순서를 사용해서 무엇이든 할 수 있지. 예를 들어, 변에 있는 블록을 움직이려 하면, 어떻게든 그 변의 블록을 기본 순서로 움직이고 싶은 곳으로 가져오면 되는 거야. 이 때 다른 블록의 움직임은 중요하지 않단다. 단, 어떠한 순서로 움직였는지는 제대로 메모해 둘 필요가 있지. 그리고 기본 순서로 움직인 다음에 마지막으로 방금 했던 순서의 역치환을 하면 된단다. 그렇게 하면 움직

이고 싶은 블록만 움직일 수 있는 거지.

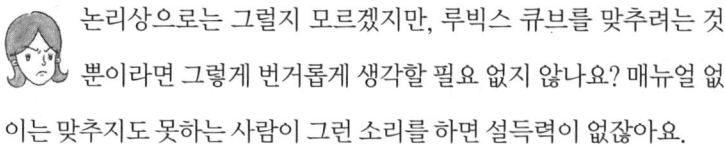 논리상으로는 그럴지 모르겠지만, 루빅스 큐브를 맞추려는 것뿐이라면 그렇게 번거롭게 생각할 필요 없지 않나요? 매뉴얼 없이는 맞추지도 못하는 사람이 그런 소리를 하면 설득력이 없잖아요.

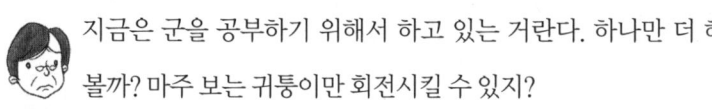 지금은 군을 공부하기 위해서 하고 있는 거란다. 하나만 더 해 볼까? 마주 보는 귀퉁이만 회전시킬 수 있지?

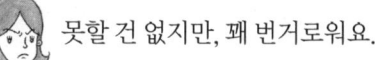 못할 건 없지만, 꽤 번거로워요.

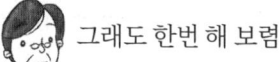 그래도 한번 해 보렴.

하면 되잖아요. (채은이가 잘각잘각 맞추기 시작한다.)
파랑^2–빨강–초록–빨강$^{-1}$–초록–빨강–초록^2–빨강$^{-1}$–초록^2–빨강$^{-1}$–초록$^{-1}$–빨강–초록$^{-1}$–빨강$^{-1}$–초록^2–빨강–초록^2–파랑^2.
다 했어요.

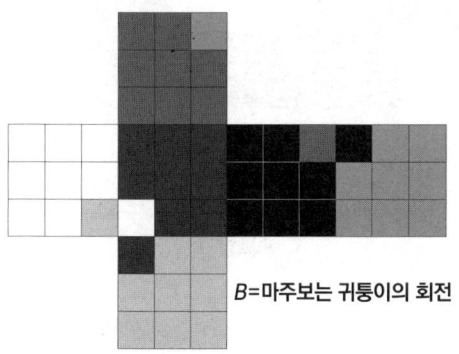

B=마주보는 귀퉁이의 회전

│그림 31│

 이 치환을 B라고 하자. 그럼, 다시 원래대로 돌려놓으렴.

힝…… 모처럼 만든 건데…….

 원래대로 돌려 놓지 않으면 계속해서 설명을 할 수가 없단다.

 정말 귀찮네……. (잘각잘각)

 치환 B를 이용해서 마주 보는 귀퉁이를 회전시켜 보렴. 예를 들어, 초록-주황-하양이 만나는 귀퉁이에 이웃하는 초록-빨강-하양을, 회전하는 또 하나의 귀퉁이인 파랑-빨강-노랑의 위치로 옮겨 볼까?

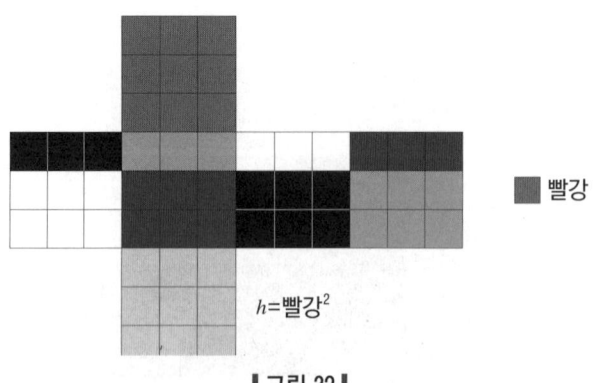 간단해요. 먼저, 빨강^{2}을 하면 돼요. (잘각잘각)

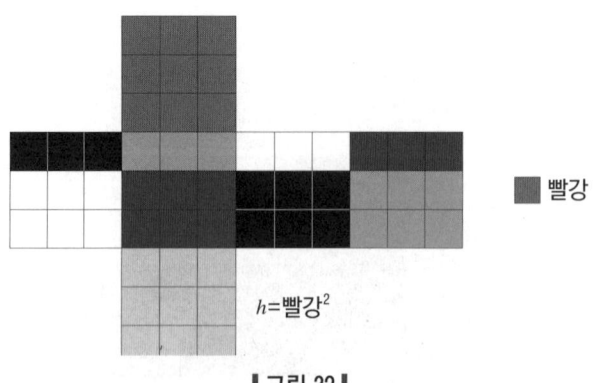

$h = $ 빨강^2

| 그림 32 |

 그렇지. 그것을 h라고 하고 hBh^{-1}을 하면 마주 보는 귀퉁이를 회전시킬 수 있겠지. 자, 회전시켜 보렴.

 귀찮은 건 전부 저한테 시키시네요. (잘각잘각, 투덜투덜)

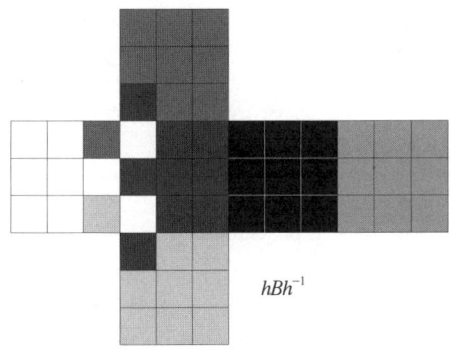

hBh^{-1}

| 그림 33 |

 중간에 너무 많이 섞여서 어떻게 될지 걱정했는데, 깔끔한 결과가 나와서 다행이에요.

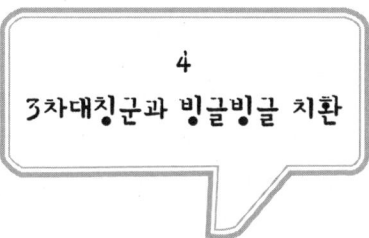

4
3차대칭군과 빙글빙글 치환

3차대칭군은 S_3이라고 쓰는데, 이 절에서는 3차대칭군만을 다룰 것이므로 간단하게 S로 표기하기로 하지. S의 원소는 다음과 같이 6개이다.

$$(\ )$$
$$(1 \ 2 \ 3)$$
$$(1 \ 3 \ 2)$$
$$(1 \ 2)$$
$$(1 \ 3)$$
$$(2 \ 3)$$

멋을 부리기 위해 원소에 그리스 문자를 이름으로 붙여 주자. 먼저, 항등원을 ε이라 하자.

$$\varepsilon = (\ )$$

그리고 $(1 \ 2 \ 3)$을 σ라 하자. 그럼

$$\sigma^2 = (1 \ 2 \ 3)(1 \ 2 \ 3) = (1 \ 3 \ 2)$$

가 된다. 따라서 $(1 \ 3 \ 2)$는 새로운 이름을 붙여줄 필요 없이 σ^2이다. 또

한,
$$\sigma^3 = \varepsilon$$
이 된다. 이것은 직접 계산해보지 않아도 알 수 있다. σ는 세 개를 빙글빙글 돌리고 있는 것이기 때문에, 세 번 반복하면 원래대로 돌아온다.

이번에는
$$A = \{\varepsilon \quad \sigma \quad \sigma^2\}$$
에 대해 생각해 보자. 이 세 개의 원소는 각각 어떻게 계산해도 A의 틀을 벗어나지 않는다. 그러므로 A도 하나의 군이 된다. 이것은 S의 부분군이다.

조금만 생각해 보면 알 수 있듯이, 군에는 반드시 항등원과 역원이 존재한다. 왜 그런지는 연습문제를 통해 살펴보도록 하자.

또, 이 부분군 A는 σ라는 하나의 치환을 계속 곱해서 만들어진 것이다. 이처럼 하나의 원소를 계속 곱해서 만들어진 군을 '순환군'이라 한다. 순환군은 가장 단순한 군이다.

(1 2)를 α라고 하자. 그럼,
$$\alpha^2 = (1\ 2)(1\ 2) = \varepsilon$$
마찬가지로, (1 3) = β, (2 3) = γ라고 하면
$$\beta^2 = \varepsilon \qquad \gamma^2 = \varepsilon$$
이 된다.

S의 원소를 나열해 보면 다음과 같다.
$$\varepsilon = (\ )$$
$$\sigma = (1\ 2\ 3)$$
$$\sigma^2 = (1\ 3\ 2)$$

$$\alpha = (1\ 2)$$
$$\beta = (1\ 3)$$
$$\gamma = (2\ 3)$$

즉,
$$S = \{\varepsilon\ \alpha\ \beta\ \gamma\ \sigma\ \sigma^2\}$$

여기서 다음의 집합에 대해 생각해 보자.
$$A = \{\varepsilon\ \sigma\ \sigma^2\}$$
$$B = \{\varepsilon\ \alpha\}$$
$$C = \{\varepsilon\ \beta\}$$
$$D = \{\varepsilon\ \gamma\}$$

이것은 모두 S의 부분군이다.

S의 부분군 B에 주목해 보자. B에 포함되어 있지 않은 다른 원소를 B의 왼쪽에 곱해 보자. 어느 것을 곱해도 상관 없지만, 예를 들어, σ를 곱해 보자.

$$\sigma B = \{\sigma\varepsilon\ \sigma\alpha\}$$

이때
$$\sigma\varepsilon = \sigma$$
$$\sigma\alpha = (1\ 2\ 3)(1\ 2) = (2\ 3) = \gamma$$

이므로
$$\sigma B = \{\sigma\ \gamma\}$$

이다. 그럼 이번에는 B에도 σB에도 포함되어 있지 않은 β를 곱해 보자.
$$\beta B = \{\beta\varepsilon\ \beta\alpha\} = \{\beta\ \sigma^2\}$$

이 결과, S는 B에 의해 원소의 개수가 같은 세 개의 집합으로 분할된다.

즉,
$$S = B \cup \sigma B \cup \beta B$$
B는 부분군이지만, σB, βB는 부분군이 아니다.
$$\sigma B = \{\sigma \ \gamma\}$$
이지만,
$$\sigma\gamma = (1\ 2\ 3)(2\ 3) = (1\ 3) = \beta$$
가 되어, σB라는 틀에 다 들어가지 않기 때문이다.

이때 B, σB, βB 등은 B의 '잉여류(coset)'라고 한다. 각각의 잉여류는 만들어지는 방식에서 알 수 있듯이, 원소의 개수가 같다. 따라서 다음의 식이 성립한다.

$$S의 위수 = B의 위수 \times 잉여류의 개수$$

즉, B의 위수는 S의 위수의 약수이다. 이것은 모든 군에 적용된다. 군을 분석할 때 사용할 수 있는 강력한 무기의 하나이다. 이것은 발견한 사람의 이름을 따서 라그랑주의 정리라 불리고 있다.

┃라그랑주의 정리┃ 부분군의 위수는 그 군의 위수의 약수이다.

대칭군에서는 교환법칙이 성립하지 않기 때문에, 잉여류를 만들 때, 원소를 오른쪽에 곱하느냐 왼쪽에 곱하느냐에 따라 다른 잉여류가 만들어진다.

위에서와 마찬가지로 원소를 오른쪽에 곱해서 잉여류를 만들어 보자.

$$S = \{\varepsilon \ \alpha \ \beta \ \gamma \ \sigma \ \sigma^2\}$$

$$B = \{\varepsilon \ \alpha\}$$

이때

$$\alpha\sigma = (1\ 2)(1\ 2\ 3) = (1\ 3) = \beta$$

이므로,

$$B\sigma = \{\varepsilon\sigma \ \alpha\sigma\} = \{\sigma \ \beta\}$$

조금 전에는 다음의 잉여류를 만들기 위해 β를 사용했지만, 여기에서는 β가 나왔기 때문에 사용할 수 없다. 따라서 γ를 곱해 보자.

$$\alpha\gamma = (1\ 2)(2\ 3) = (1\ 3\ 2) = \sigma^2$$

이므로,

$$B\gamma = \{\varepsilon\gamma \ \alpha\gamma\} = \{\gamma \ \sigma^2\}$$

결국

$$S = B \cup B\sigma \cup B\gamma$$

와 같이 분할되었다.

두 개의 분할을 나란히 적어 보자.

$$S = B \cup \sigma B \cup \beta B$$

$$S = B \cup B\sigma \cup B\gamma$$

갈루아의 유서에 다음과 같은 부분이 있었던 것을 떠올려 보자.

다시 말해서, 군 G가 또 다른 [군] H를 포함할 때, 군 G는 H의 치환 전체에 동일한 치환을 곱하여 만들어진 집합으로 $G = H \cup HS \cup HS' \cup \cdots$와 같이 분할될 수 있고, [군 G는] $G = H \cup TH \cup T'H \cup \cdots$와 같이 동일한 치환을 곱하여 이루어진 집합으로 분할될 수 있다.

이 두 가지 분할 방법은 일반적으로 일치하지 않는다. 이것이 일치할 때,

그 분할을 고유분할이라고 한다.

이것은 방금 살펴봤던 부분군에 의해서 잉여류로 분할되는 것을 가리킨다. 두 개의 분할 방식은 일반적으로는 일치하지 않는다. 하지만 갈루아는 일치할 때가 있다고 말하고 있는 것이다. 어떤 경우에 일치한다는 것일까?

S의 부분군에서는 A에 의한 분해가 그 경우에 해당한다. 확인해 보자.

$$S = \{\varepsilon \ \alpha \ \beta \ \gamma \ \sigma \ \sigma^2\}$$
$$A = \{\varepsilon \ \sigma \ \sigma^2\}$$

여기서
$$\alpha\sigma = (1\ 2)(1\ 2\ 3) = (1\ 3) = \beta$$
$$\alpha\sigma^2 = (1\ 2)(1\ 3\ 2) = (2\ 3) = \gamma$$

이므로,
$$\alpha A = \{\alpha\varepsilon \ \alpha\sigma \ \alpha\sigma^2\} = \{\alpha \ \beta \ \gamma\}$$

이렇게 해서 6개의 원소가 모두 나왔으므로 분할은 끝이다.
$$S = A \cup \alpha A$$

또,
$$\sigma\alpha = (1\ 2\ 3)(1\ 2) = (2\ 3) = \gamma$$
$$\sigma^2\alpha = (1\ 3\ 2)(1\ 2) = (1\ 3) = \beta$$

이므로
$$A\alpha = \{\varepsilon\alpha \ \sigma\alpha \ \sigma^2\alpha\} = \{\alpha \ \gamma \ \beta\}$$

가 된다. 순서는 관계없으므로

$$\alpha A = A\alpha$$

즉,

$$S = A \cup \alpha A$$

$$S = A \cup A\alpha$$

는 완전히 일치한다.

현재 A와 같은 성질을 갖는 부분군은 '정규부분군'이라 불린다. 갈루아는 정규부분군에 의한 분할을 '고유분할'이라 불렀는데, 이것을 발견함으로써 방정식론을 정복한 것이다.

A는 원소 α에 대해서

$$\alpha A = A\alpha$$

라는 성질을 가진다. 계산해 보면 알 수 있듯이, 다른 원소에 대해서도 성립한다.

$$\beta A = A\beta$$

$$\gamma A = A\gamma$$

정규부분군은 군 속에서 재미있는 행동을 한다.

$$S = A \cup \alpha A$$

이고, $\{A \ \alpha A\}$라는 집합을 생각해 보자.

A는 군이므로, A의 원소와 A의 원소를 곱해도 A의 원소가 된다.

$$A^2 = AA = A^*$$

A와 αA의 원소를 곱하면 αA의 원소가 된다.

---

* AA는 다음과 같이 계산한다.
  $AA = \{\varepsilon \ \sigma \ \sigma^2\}\{\varepsilon \ \sigma \ \sigma^2\}$
  $= \{\varepsilon\varepsilon \ \varepsilon\sigma \ \varepsilon\sigma^2 \ \sigma\varepsilon \ \sigma\sigma \ \sigma\sigma^2 \ \sigma^2\varepsilon \ \sigma^2\sigma \ \sigma^2\sigma^2\}$
  $= \{\varepsilon \ \sigma \ \sigma^2 \ \sigma \ \sigma^2 \ \varepsilon \ \sigma^2 \ \varepsilon \ \sigma\} = \{\varepsilon \ \sigma \ \sigma^2\} = A$. —옮긴이

$$A \cdot \alpha A = \{\varepsilon \ \sigma \ \sigma^2\}\{\alpha \ \beta \ \gamma\}$$
$$= \{\varepsilon\alpha \ \varepsilon\beta \ \varepsilon\gamma \ \sigma\alpha \ \sigma\beta \ \sigma\gamma \ \sigma^2\alpha \ \sigma^2\beta \ \sigma^2\gamma\}$$
$$= \{\alpha \ \beta \ \gamma \ \gamma \ \alpha \ \beta \ \beta \ \gamma \ \alpha\}$$
$$= \{\alpha \ \beta \ \gamma\}$$
$$= \alpha A$$

이것은 다음과 같이 생각해도 좋다. $\alpha A = A\alpha$이므로, 아래의 식에서 $A\alpha$를 αA로 바꿔 보자.

$$A\alpha A = \alpha AA = \alpha A$$

αA와 αA의 원소를 곱하면 A의 원소가 된다.

$$\alpha A \alpha A = \alpha \alpha A A = \varepsilon A = A$$

위 내용을 다음과 같은 표로 정리해 볼 수 있다.

	A	αA
A	A	αA
αA	αA	A

이것은 A를 항등원으로 하는 군이다. 이 군을 '잉여군'이라 부른다.

정규부분군이 있으면 군은 2층 구조를 갖게 된다.

먼저, 원래의 군 S는 다음 그림과 같이 나타낼 수 있다.

군 S

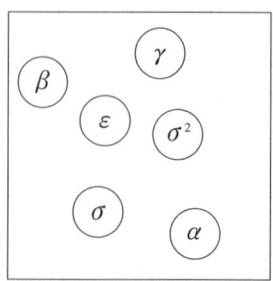

| 그림 34 |

군 S 속의 치환은 서로 곱해도 군을 벗어나지 못한다. 하나하나의 치환을 공이라고 할 때, 공과 공을 부딪쳐서 합체시켜도 다른 치환이 될 뿐이지, 군 전체에는 변함이 없는 것이다.

물론 정규부분군 A도 군이다.

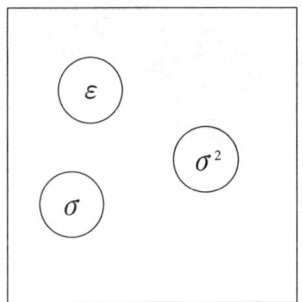

|그림 35|

군 S 속에서 A의 잉여류는 군을 이룬다.

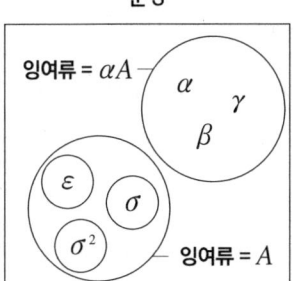

|그림 36|

잉여군의 경우에는 잉여류가 하나의 원소가 되기 때문에 그 안에 무엇이 들어 있는지는 고려하지 않아도 된다.

정규부분군 이외의 잉여류는 그 자체로는 군이 아니다. 따라서 잉여류 내의 치환을 동그라미로 묶지 않았다.

잉여군은 다음과 같이 나타낼 수 있다.

군 S

| 그림 37 |

일반적으로 군 G의 정규부분군이 있을 때, G를 H로 분할한 잉여류는 군을 이룬다.

H가 정규부분군이라는 것은 G의 모든 원소에 대해서

$$\alpha H = H\alpha$$

가 성립함을 의미한다. G가

$$G = H \cup \alpha H \cup \beta H \cup \gamma H \cup \cdots$$

와 같이 분할된다고 하면

$$\alpha H \beta H = \alpha \beta H H = \alpha \beta H \ (H\beta = \beta H \text{이므로}, H \text{와} \ \beta \text{를 바꾸었다.})$$

가 된다. α와 β는 G의 원이므로, $\alpha\beta$도 G의 원이다. 즉, $\alpha\beta H$는 잉여류 중 하나가 된다.

잉여군의 항등원은 H이다. 또, αH의 역원은 $\alpha^{-1}H$이다.

$$\alpha H \alpha^{-1} H = \alpha \alpha^{-1} H H = \varepsilon H = H$$

그림으로 그려 보면 다음과 같다.

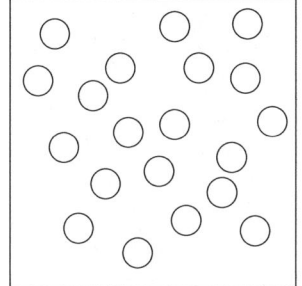

| 그림 38 |

물론 이것은 군이며, 위수는 20이다.

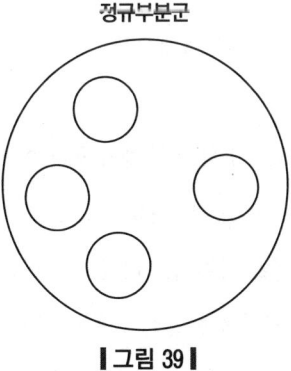

| 그림 39 |

정규부분군이 군이 아니라면, 백마(白馬)는 말이 아니다. 그림 39에서 군의 위수는 4이다.

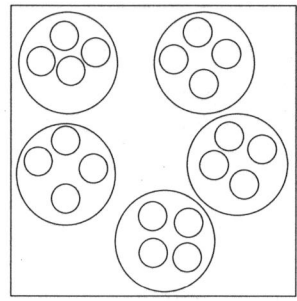

|그림 40|

그리고 이것은 잉여류로 이루어진 군이다. 그림 40에서 잉여군의 위수는 5이다.

정규부분군이란, 어떤 원에 대해서도

$$\alpha H = H\alpha$$

가 성립하는 부분군이다. 이 식의 양변의 오른쪽에 α^{-1}을 곱해 보자.

$$\alpha H \alpha^{-1} = H \alpha \alpha^{-1} = H$$

이 식의 좌변이 눈에 익을 것이다. 이것은 '변환'이라는 계산이었다. 즉, 정규부분군에는 어떤 치환을 변환한 모든 치환이 포함되어 있다.*

변환에 의해 '치환의 형'이 바뀌지 않는다는 것은 앞에서 살펴보았다. 또, 형이 같은 치환은 변환에 의해 하나의 치환에서 또 다른 치환을 만들 수 있다는 것도 살펴보았다. 따라서 대칭군의 정규부분군에는 형이 같은 치환이 모두 포함되어 있다고 할 수 있다. 단, 원래의 군이 대칭군이 아닌 경우에는 변환된 치환이 그 안에 포함되는지 여부를 확인할 필요

---

* 예를 들어, σ가 H의 원소라면 $\alpha\sigma\alpha^{-1}$는 $\alpha H\alpha^{-1}$의 원소이고 $\alpha H\alpha^{-1} = H$이므로 $\alpha\sigma\alpha^{-1}$ 역시 H의 원소가 된다. 따라서 σ를 어떠한 치환으로 변환하여도 변환된 치환은 H에 포함된다-옮긴이

가 있다.

3차대칭군에 대해 정리해 보자.

3차대칭군 S의 위수는 6이다. S는 위수가 3인 정규부분군을 가진다. 다음의 도식에서 정규부분군은 H로 표기했다.

$$\underset{\text{위수 6}}{S} \underset{\substack{\text{잉여군}\\\text{위수 2}}}{\supset} \underset{\text{위수 3}}{H} \underset{\substack{\text{잉여군}\\\text{위수 3}}}{\supset} \underset{\text{위수 1}}{\varepsilon}$$

ε은 모든 원소에 대해서

$$\alpha\varepsilon = \varepsilon\alpha = \alpha$$

이므로, 항등원만으로 구성된 부분군도 정규부분군이 되는 것에 주의하자. 두 개의 잉여군의 위수는 각각 2, 3이다.

::::

여러 가지 새로운 단어들이 등장해서 머릿속이 복잡해지기 시작했어요. 복잡한 계산은 안 나와서 다행이지만…….

갈루아 이전에도 군을 연구한 수학자는 있었지만, 갈루아는 군의 중요성을 알아차리고 철저하게 연구해서 방정식론을 정복했단다. 특히 정규부분군의 발견은 대서특필감이었지. 그래서 '군론은 갈루아에서 시작한다'고들 하는 거란다.

가장 이해가 안 가는 건 잉여군이에요.

아무래도 익숙해질 필요가 있는 부분이겠구나. 잉여군이든 원래의 군이든 그 속에 든 것은 같단다. 다음의 두 그림을 비교해 보면 알 수 있을 거야. 양쪽 모두 20개의 치환이 들어 있지.

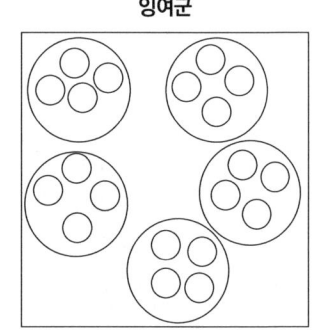

| 그림 41 | | 그림 42 |

원래의 군은 하나하나의 치환을 원소로 해서 군을 이루고 있지. 다시 말해서 하나하나의 치환을 곱해도 군을 벗어나지 않는단다. 잉여군의 경우에는 그 치환 몇 개를 모아서 봉지에 넣었다고 생각하면 된단다. 봉지와 봉지를 곱해도 군을 벗어나거나 봉지가 찢어지지 않지.

 듣고 보니 그러네요.

 그럼 군에는 반드시 항등원과 역원이 있음을 증명해 보렴.*

 증명을 하려고 해도 어디서부터 손을 대야 할지 모르겠어요.

---

* 앞에서 설명하였듯이 군이 되기 위해서는 항등원과 역원이 존재해야 한다. 따라서 이를 증명한다는 것은 옳지 못하다. 여기서는 항등원과 역원의 존재를 증명한다기보다는 항등원과 역원을 군에 포함되는 한 원소 σ를 이용하여 구체적으로 나타내는 방법을 설명하는 것이다—옮긴이

지금은 원소가 유한한 군만을 고려하고 있단다. 원소가 유한하니까 하나의 원소를 차례차례 곱해 나가면 언젠가는 같은 원소가 되겠지.

 그렇겠네요.

 σ를 원소로 할 때,
$$\sigma,\ \sigma^2,\ \sigma^3,\ \sigma^4,\ \cdots$$
의 속에는 같은 것이 있지. 예를 들어, σ^4과 σ^7이 같다고 해 보자.
$$\sigma^4 = \sigma^7$$

 그래서요?

 이건 이렇게도 이야기할 수 있지.
$$\sigma\sigma\sigma\sigma = \sigma\sigma\sigma\sigma\sigma\sigma\sigma$$
가만히 째려보면……

 째려봤어요.

 무엇을 알 수 있니?

 음……

 $\sigma\sigma\sigma$, 즉 σ^3을 곱해도 변하지 않지?
$$\sigma^4 \sigma^3 = \sigma^4$$
이라는 거지. 그러니까 σ^3은?

변하지 않는다는 말은, 항등원?

 그렇지. 이제는 항등원이 존재한다고 말할 수 있지. 그럼, σ의 역원은?

 모르겠어요.

 $\sigma^3 = \varepsilon$이니까, σ에 뭘 곱하면 ε이 되니?

 σ^2이요.

 즉, σ의 역원은 σ^2인 거지. 이렇게 해서 역원이 존재한다는 것도 증명했구나.

 뭔가 속은 기분이에요.

 치환은 모두 같은 문자를 포함하지 않는 빙글빙글 치환으로 분해할 수 있단다. 그러니까 빙글빙글 치환은 치환의 기초라고 할 수 있지. 길이가 5인 빙글빙글 치환에는 어떤 것이 있지?

 우선 (1 2 3 4 5).

 그것을 σ라고 하자. σ^2은?

$$1 \to 2 \to 3$$

$$3 \to 4 \to 5$$
$$5 \to 1 \to 2$$
$$2 \to 3 \to 4$$
$$4 \to 5 \to 1$$

그러니까 결국

$$(1\ 3\ 5\ 2\ 4)$$

하나하나 확인하지 않고, 하나 건너서 숫자를 읽으면 된단다.

아, 그렇구나. 그럼 σ^3은 두 개 건너서 읽으면 되겠네요.

$$\sigma^3 = (1\ 4\ 2\ 5\ 3)$$

그렇지. σ^4은?

$\sigma^4 = (1\ 5\ 4\ 3\ 2)$. σ^5은…… 어? 전부 제자리로 돌아와 버렸어요.

σ^5은 ε이야. 일반적으로 길이가 n인 빙글빙글 치환은 n제곱하면 항등치환이 된단다. 이것 말고도 길이가 5인 빙글빙글 치환이 있었지?

음…… $(1\ 2\ 3\ \cdots)$까지는 같고, 그다음에는 거꾸로 되어 있는 게 있네요. $(1\ 2\ 3\ 5\ 4)$.

그렇지. 그것 말고도 또 있지만, 이 정도로 해 두고 넘어가도록 하자. 잉여류라는 건 이해했니?

확실히는 모르겠어요.

갈루아 이론을 이해하기 위해서는 중요한 개념이란다. 잉여류를 만드는 방법은 꼭 복습해 두렴. 정규부분군에 대해서도 배웠지? 정규부분군이란 어떤 부분군이니?

 모든 원소에 대해서
$$\alpha H = H\alpha$$
가 성립하는 군이요.

 그 식은
$$\alpha H \alpha^{-1} = H$$
라고도 쓸 수 있단다. 즉, 변환을 해도 바뀌지 않지. 그러니까?

 치환의 형이 변하지 않아요.

 즉, 대칭군의 정규부분군은 형이 같은 치환을 모두 포함하지. 정규부분군에 의한 잉여류의 특징은?

 그것도 군을 이뤄요.

 그 군의 이름은?

 잉여군이요.

 좋아, 그럼 군의 세계로 한발 더 나아가 볼까?

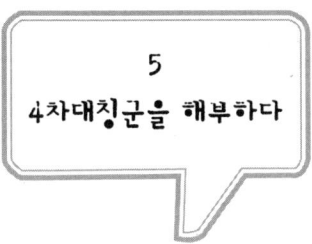

5 4차대칭군을 해부하다

먼저 4차대칭군의 치환이 어떤 형을 갖는지 살펴보자. 4라는 정수는 자연수의 합에 의해 다음과 같이 분할된다. 길이가 1인 치환은 항등치환이므로 무시한다.

$4 \to$ 길이가 4인 치환

$3+1 \to$ 길이가 3인 치환

$2+2 \to$ 길이가 2인 치환 × 길이가 2인 치환

$2+1+1 \to$ 길이가 2인 치환

$1+1+1+1 \to$ 항등치환

4차대칭군에는 이와 같이 다섯 가지 형이 있다.

일반적으로 자연수 n을 분할하는 방법의 가지 수를 '분할수'라 부른다. 언뜻 간단해 보이지만, 사실은 굉장히 깊은 내용을 담고 있다. 앞에서 예로 든 인도의 마술사 라마누잔은 분할수에 대해서도 매우 신기한 공식을 발견했다. 나마기리 여신이 가르쳐주지 않았다면, 인류는 지금도 이 공식을 발견하지 못했을지도 모른다.

여담은 이쯤에서 그만하고 본론으로 돌아가자. 4차대칭군에는 우선,

길이가 4인 치환이 존재한다. 그중 하나를 α라 하자.
$$\alpha = (1\ 2\ 3\ 4)$$
그럼,
$$\alpha^2 = (1\ 3)(2\ 4)$$
$$\alpha^3 = (1\ 4\ 3\ 2)$$
$$\alpha^4 = \varepsilon$$
이다. 이때
$$\{\varepsilon\ \alpha\ \alpha^2\ \alpha^3\}$$
도 부분군이다. 이와 같이 하나의 치환을 계속해서 곱해서 만들어진 부분군을 순환군이라고 했다.

순환군은 교환법칙이 성립한다. 순환군의 원소는 같은 값을 반복해서 곱한 것이므로, 곱하는 순서는 중요하지 않다.

또, 어떤 군의 위수가 소수라면, 그 군은 순환군이라고 말할 수 있다. 라그랑주의 정리에 따르면 부분군의 위수는 그 군의 위수의 약수이므로, 군의 위수가 소수면 그 부분군의 위수는 1과 n, 즉 항등원만의 군과 그 군만이 된다.

위수가 7인 군을 예로 들어 보자. 그 군의 항등원이 아닌 원소를 α라고 하자.
$$\varepsilon\ \alpha\ \alpha^2\ \alpha^3\ \alpha^4\ \alpha^5\ \alpha^6$$
이것은 모두 다르다. 만약 같은 것이 있다면 부분군이 생기기 때문이다.

예를 들어,
$$\alpha^2 = \alpha^5$$
이라고 한다면, 양변에 α^{-2}을 곱해서

$$\alpha^2 \alpha^{-2} = \alpha^5 \alpha^{-2}$$
$$\varepsilon = \alpha^3$$

이 된다. 그러면

$$\{\varepsilon \quad \alpha \quad \alpha^2 \quad \alpha^3\}$$

이 부분군이 된다. 그런데 4는 7의 약수가 아니므로 모순이 발생한다. 따라서 다음의 정리가 성립한다.

위수가 소수인 군은 순환군이다.

다시 4차대칭군으로 돌아가 보자.

길이가 4인 치환의 하나가 $\alpha = \{1\ 2\ 3\ 4\}$일 때, $\alpha, \alpha^2, \alpha^3, \alpha^4 = \varepsilon$이 하나의 부분군이 된다는 것은 직접 확인해 보았다. 길이가 4인 치환은 그 외에도 있다. 그중 하나를 β라고 하자.

$$\beta = (1\ 2\ 4\ 3)$$

그럼

$$\beta^2 = (1\ 4)(2\ 3)$$
$$\beta^3 = (1\ 3\ 4\ 2)$$
$$\beta^4 = \varepsilon$$

이 역시 하나의 부분군이다. 아직 나오지 않은 길이가 4인 또 다른 치환을 γ라고 하자.

$$\gamma = (1\ 3\ 2\ 4)$$
$$\gamma^2 = (1\ 2)(3\ 4)$$
$$\gamma^3 = (1\ 4\ 2\ 3)$$

$$\gamma^4 = \varepsilon$$

이제 길이가 4인 치환은 모두 나왔다.

다음은 길이가 3인 치환을 살펴보자. 그중 하나를 ζ라고 하자.

$$\zeta = (1\ 2\ 3)$$
$$\zeta^2 = (1\ 3\ 2)$$
$$\zeta^3 = \varepsilon$$

이것도 하나의 부분군을 이룬다. 여기에 나오지 않은 길이가 3인 치환을 η(에타)라고 하자.

$$\eta = (1\ 2\ 4)$$
$$\eta^2 = (1\ 4\ 2)$$
$$\eta^3 = \varepsilon$$

남아 있는 길이가 3인 또 다른 치환의 하나를 θ(세타)라고 하자.

$$\theta = (1\ 3\ 4)$$
$$\theta^2 = (1\ 4\ 3)$$
$$\theta^3 = \varepsilon$$

아직 나오지 않은 길이가 3인 치환의 하나를 ι(이오타)라고 하자.

$$\iota = (2\ 3\ 4)$$
$$\iota^2 = (2\ 4\ 3)$$
$$\iota^3 = \varepsilon$$

이제 길이가 3인 치환은 모두 등장했다.

길이가 2인 치환을 두 개 곱한 것은 이미 나왔다. α^2, β^2, γ^2로 세 개이다.

마지막으로 길이가 2인 치환(호환)을 적어 보자. 호환은 제곱하면 ε이 된다.

$\kappa = (1\ 2)$ 카파

$\lambda = (1\ 3)$ 람다

$\mu = (1\ 4)$ 뮤

$\nu = (2\ 3)$ 뉴

$\xi = (2\ 4)$ 크시

$o = (3\ 4)$ 오미크론

4차대칭군의 위수는 24이며, 모두 적어 보면 다음과 같다.

ε

$\kappa = (1\ 2)$

$\lambda = (1\ 3)$

$\mu = (1\ 4)$

$\nu = (2\ 3)$

$\xi = (2\ 4)$

$o = (3\ 4)$

$\zeta = (1\ 2\ 3)$

$\zeta^2 = (1\ 3\ 2)$

$\eta = (1\ 2\ 4)$

$\eta^2 = (1\ 4\ 2)$

$\theta = (1\ 3\ 4)$

$\theta^2 = (1\ 4\ 3)$

$\iota = (2\ 3\ 4)$

$\iota^2 = (2\ 4\ 3)$

$$\alpha = (1\ 2\ 3\ 4)$$
$$\alpha^2 = (1\ 3)(2\ 4)$$
$$\alpha^3 = (1\ 4\ 3\ 2)$$
$$\beta = (1\ 2\ 4\ 3)$$
$$\beta^2 = (1\ 4)(2\ 3)$$
$$\beta^3 = (1\ 3\ 4\ 2)$$
$$\gamma = (1\ 3\ 2\ 4)$$
$$\gamma^2 = (1\ 2)(3\ 4)$$
$$\gamma^3 = (1\ 4\ 2\ 3)$$

지금부터 이 24개의 원소에 대해 살펴볼 텐데, 원소의 수가 많아서 계산이 힘들 것이다. 원소가 6개밖에 없었던 3차대칭군 때처럼 전력을 다해 분석해나갈 수는 없다.

24의 약수는 {1, 2, 3, 4, 6, 8, 12, 24}이므로 부분군이 있다면 그 위수는 24의 약수로 한정된다.

위수가 1인 부분군은 항등원만으로 이루어진 부분군이다.

$$\{\varepsilon\}$$

위수가 2인 부분군은 호환 하나에 의해 만들어지는 순환군이다. 예를 들어,

$$\{\kappa\ \ \kappa^2 = \varepsilon\}$$

위수가 3인 부분군은 길이가 3인 치환에 의해 만들어지는 순환군이다. 예를 들어,

$$\{\zeta\ \ \zeta^2\ \ \zeta^3 = \varepsilon\}$$

위수가 4인 부분군에는 길이가 4인 치환에 의해 만들어지는 순환군

이 있다. 예를 들어,

$$\{\alpha \ \alpha^2 \ \alpha^3 \ \alpha^4 = \varepsilon\}$$

또, $\{\varepsilon \ \alpha^2 \ \beta^2 \ \gamma^2\}$도 위수가 4인 부분군이 된다.

위수가 6인 부분군은 길이가 3인 치환과 호환에 의해 만들어지는 군이다. 이것은 순환군이 아니다. 예를 들어,

$$\{\zeta \ \zeta^2 \ \zeta^3 = \varepsilon \ \kappa \ \zeta\kappa \ \zeta^2\kappa\}$$

위수가 8인 부분군은 길이가 4인 치환과 호환에 의해 만들어지는 군으로, 이것도 순환군이 아니다. 예를 들어,

$$\{\alpha \ \alpha^2 \ \alpha^3 \ \alpha^4 = \varepsilon \ \kappa \ \alpha\kappa \ \alpha^2\kappa \ \alpha^3\kappa\}$$

위수가 12인 부분군은 전체의 절반이므로, 교대군이 이에 해당한다.

이처럼 여러 가지 부분군이 있는데, 방정식을 분석할 때 중요한 것은 정규부분군이므로 정규부분군을 찾아 보자. 첫 번째 정규부분군은 교대군이다.

교대군의 위수는 12이므로 12개의 원소를 찾으면 된다.

먼저, 길이가 3인 치환을 살펴보자.

$$\zeta = (1 \ 2 \ 3) = (1 \ 3)(2 \ 3)$$

이라고 쓸 수 있으므로 길이가 3인 치환은 우치환이다. 따라서 다음의 8개는 교대군의 원소가 된다.

$$\zeta = (1 \ 2 \ 3)$$
$$\zeta^2 = (1 \ 3 \ 2)$$
$$\eta = (1 \ 2 \ 4)$$
$$\eta^2 = (1 \ 4 \ 2)$$
$$\theta = (1 \ 3 \ 4)$$

$$\theta^2 = (1\ 4\ 3)$$
$$\iota = (2\ 3\ 4)$$
$$\iota^2 = (2\ 4\ 3)$$

또, 길이2×길이2 치환은 명백히 우치환이므로 이것도 교대군에 포함된다.

$$\alpha^2 = (1\ 3)(2\ 4)$$
$$\beta^2 = (1\ 4)(2\ 3)$$
$$\gamma^2 = (1\ 2)(3\ 4)$$

여기에 항등치환 ε을 더하면, 원소의 개수는 12가 된다. 이것이 교대군이다.

교대군을 H라고 하면, 4차대칭군은

$$S = H \cup \alpha H = H \cup H\alpha$$

와 같이 분할된다.

이제 교대군 속의 정규부분군을 찾아 보자. 대칭군 속의 정규부분군에는 형이 같은 치환이 모두 포함되어 있는데, 교대군의 경우 변환의 치환이 그 속에 반드시 포함되어 있다고는 할 수 없기 때문에, 반드시 형이 같은 치환이 포함되어 있다고 보장할 수 없으므로 확인해 볼 필요가 있다. 예를 들어, $\zeta = (1\ 2\ 3)$을 교대군의 모든 치환으로 변환해도

$$\theta = (1\ 3\ 4),\ \eta^2 = (1\ 4\ 2),\ \iota^2 = (2\ 4\ 3)$$

밖에 나오지 않는다. 가령, ζ를 $\eta = (1\ 2\ 4)$로 변환하기 위해서는 $o = (3\ 4)$로 변환해야 하는데, $o = (3\ 4)$는 교대군 속에 없기 때문이다.

ζ를 변환해도 나오지 않는 η를 교대군의 원소로 변환하면,

$$\zeta^2 = (1\ 3\ 2),\ \theta^2 = (1\ 4\ 3),\ \iota = (2\ 3\ 4)$$

가 나온다.

길이2×길이2 치환의 경우, 예를 들어, $\alpha^2 = (1\ 3)(2\ 4)$를 교대군의 모든 원소로 변환하면,

$$\beta^2 = (1\ 4)(2\ 3),\ \gamma^2 = (1\ 2)(3\ 4)$$

으로 모두 나온다.

즉, 교대군의 정규부분군은

$$\{\zeta,\ \theta,\ \eta^2,\ \iota^2\},\ \{\eta,\ \zeta^2,\ \theta^2,\ \iota\},\ \{\alpha^2,\ \beta^2,\ \gamma^2\}$$

과 같은 묶음에 $\{\varepsilon\}$을 더한 것이 된다. 그렇게 하면 그 원소의 수, 즉 위수는,

$$1+3,\ 1+4,\ 1+3+4,\ 1+4+4,\ 1+3+4+4$$

중에 하나가 되는데, 이 중에 12의 약수가 되는 것은 $1+3=4$, $1+3+4+4=12$뿐이다. 이때, $1+3+4+4=12$는 A 자신이므로 고려하지 않는다. 따라서 $\{\varepsilon\ \alpha^2\ \beta^2\ \gamma^2\}$가 정규부분군일 가능성이 있다. 이 네 개의 치환의 집합을 I라고 하고, 먼저

$$I = \{\varepsilon\ \alpha^2\ \beta^2\ \gamma^2\}$$

이 군인지 확인해 보자.

$$\alpha^2\alpha^2 = (1\ 3)(2\ 4)(1\ 3)(2\ 4) = \varepsilon$$
$$\beta^2\beta^2 = (1\ 4)(2\ 3)(1\ 4)(2\ 3) = \varepsilon$$
$$\gamma^2\gamma^2 = (1\ 2)(3\ 4)(1\ 2)(3\ 4) = \varepsilon$$
$$\alpha^2\beta^2 = (1\ 3)(2\ 4)(1\ 4)(2\ 3) = (1\ 2)(3\ 4) = \gamma^2$$
$$\beta^2\alpha^2 = (1\ 4)(2\ 3)(1\ 3)(2\ 4) = (1\ 2)(3\ 4) = \gamma^2$$
$$\alpha^2\gamma^2 = (1\ 3)(2\ 4)(1\ 2)(3\ 4) = (1\ 4)(2\ 3) = \beta^2$$

$$\gamma^2\alpha^2 = (1\ 2)(3\ 4)(1\ 3)(2\ 4) = (1\ 4)(2\ 3) = \beta^2$$
$$\beta^2\gamma^2 = (1\ 4)(2\ 3)(1\ 2)(3\ 4) = (1\ 3)(2\ 4) = \alpha^2$$
$$\gamma^2\beta^2 = (1\ 2)(3\ 4)(1\ 4)(2\ 3) = (1\ 3)(2\ 4) = \alpha^2$$

이므로 틀림없이 군이다. 자세히 살펴보면 이 군은 모두 교환법칙이 성립한다. 이처럼 교환법칙이 성립하는 군을 '아벨군'이라 한다.

아벨군에서는 교환법칙이 성립하기 때문에, 모든 원소 x, y에 대해서

$$xy = yx$$

라고 할 수 있다. 따라서 당연히 부분군 A에 대해서도

$$xA = Ax$$

가 성립한다. 따라서 아벨군의 부분군은 모두 정규부분군이 된다.

이제 H를 I로 분할해 보자.

I에 포함되어 있지 않은 ζ를 I의 왼쪽에 곱하자.

$$\zeta I = \{\zeta\varepsilon\ \ \zeta\alpha^2\ \ \zeta\beta^2\ \ \zeta\gamma^2\}$$

이때,

$$\zeta\alpha^2 = (1\ 2\ 3)(1\ 3)(2\ 4) = (1\ 4\ 2) = \eta^2$$
$$\zeta\beta^2 = (1\ 2\ 3)(1\ 4)(2\ 3) = (1\ 3\ 4) = \theta$$
$$\zeta\gamma^2 = (1\ 2\ 3)(1\ 2)(3\ 4) = (2\ 4\ 3) = \iota^2$$

이므로,

$$\zeta I = \{\zeta\ \ \eta^2\ \ \theta\ \ \iota^2\}$$

남아 있는 치환 η를 I의 왼쪽에 곱해 보자.

$$\eta\alpha^2 = (1\ 2\ 4)(1\ 3)(2\ 4) = (1\ 4\ 3) = \theta^2$$
$$\eta\beta^2 = (1\ 2\ 4)(1\ 4)(2\ 3) = (1\ 3\ 2) = \zeta^2$$
$$\eta\gamma^2 = (1\ 2\ 4)(1\ 2)(3\ 4) = (2\ 3\ 4) = \iota$$

따라서

$$\eta I = \{\eta \ \theta^2 \ \zeta^2 \ \iota\}$$

이렇게 해서 교대군의 모든 원소가 등장했다.

$$H = I \cup \zeta I \cup \eta I$$

┃연습문제┃ I의 오른쪽에 원소를 곱해서 H를 분할해 보자.

오른쪽에 곱해도

$$H = I \cup I\zeta \cup I\eta$$

가 되며,

$$\zeta I = I\zeta$$

$$\eta I = I\eta$$

가 된다.

I의 정규부분군은 간단하게 찾을 수 있다. I가 아벨군이므로 모든 부분군이 정규부분군이 되기 때문이다. 즉,

$$\{\varepsilon \ \alpha^2\}$$

$$\{\varepsilon \ \beta^2\}$$

$$\{\varepsilon \ \gamma^2\}$$

이 모두 정규부분군이 된다. 여기서

$$J = \{\varepsilon \ \alpha^2\}$$

으로 I를 분할해 보자.

$$I = J \cup \beta^2 J = J \cup J\beta^2$$

J의 위수는 2이므로, J의 정규부분군은 항등치환만으로 이루어진 부분군이다.

4차대칭군을 정리하면 다음과 같다.

	잉여군 위수 2	잉여군 위수 3	잉여군 위수 2	잉여군 위수 2	
S	$\supset$ H	$\supset$ I	$\supset$ J	$\supset$ ε
위수 24	위수 12	위수 4	위수 2	위수 1

그리스 문자가 많아서 너무 복잡해요.

 우선 연습문제를 풀어 볼까? I의 오른쪽에 원소를 곱해서 H를 분할해 보렴.

 H의 원소는

$$\varepsilon$$
$$\zeta = (1\ 2\ 3)$$
$$\zeta^2 = (1\ 3\ 2)$$
$$\eta = (1\ 2\ 4)$$
$$\eta^2 = (1\ 4\ 2)$$
$$\theta = (1\ 3\ 4)$$
$$\theta^2 = (1\ 4\ 3)$$
$$\iota = (2\ 3\ 4)$$
$$\iota^2 = (2\ 4\ 3)$$
$$\alpha^2 = (1\ 3)(2\ 4)$$
$$\beta^2 = (1\ 4)(2\ 3)$$
$$\gamma^2 = (1\ 2)(3\ 4)$$

로 총 12개. I의 원소는

$$I = \{\varepsilon\ \ \alpha^2\ \ \beta^2\ \ \gamma^2\}$$

이제, 오른쪽에 ζ를 곱해 볼게요.

$$\varepsilon\zeta = \zeta$$

$$\alpha^2\zeta = (1\ 3)(2\ 4)(1\ 2\ 3) = (2\ 4\ 3) = \iota^2$$
$$\beta^2\zeta = (1\ 4)(2\ 3)(1\ 2\ 3) = (1\ 4\ 2) = \eta^2$$
$$\gamma^2\zeta = (1\ 2)(3\ 4)(1\ 2\ 3) = (1\ 3\ 4) = \theta$$

음…… ζI와 일치하네요. 그럼 이번에는 η를 오른쪽에 곱해 볼게요.

$$\varepsilon\eta = \eta$$
$$\alpha^2\eta = (1\ 3)(2\ 4)(1\ 2\ 4) = (1\ 3\ 2) = \zeta^2$$
$$\beta^2\eta = (1\ 4)(2\ 3)(1\ 2\ 4) = (2\ 3\ 4) = \iota$$
$$\gamma^2\eta = (1\ 2)(3\ 4)(1\ 2\ 4) = (1\ 4\ 3) = \theta^2$$

ηI와 똑같아요.

 단순히 치환을 해 나가는 것뿐이니까 계산 자체는 초등학생도 할 수 있을 거란다.

 그건 그렇지만, 뭔가 이상해요. 수학을 하고 있는 것 같은 기분이 안 들어요. 갈루아도 이런 걸 했단 말이에요?

 표기 방식은 다르지만, 똑같은 치환을 하면서 자세히 조사했을 거야. 적어도 3차대칭군, 4차대칭군, 5차대칭군 정도까지는 실제로 치환을 해서 어떻게 변했는지 살펴봤겠지.

 갈루아가 착실하게 이런 치환을 하고 있는 모습을 상상하니 왠지 재밌네요.

 현재 존재하는 갈루아의 논문 중에서 4차대칭군에 대해 자세히 적어 놓은 것이 있는데, 갈루아의 방식대로라면, 교대군 H는 다음과 같단다.

$$abcd,\ acdb,\ adbc,$$
$$badc,\ cabd,\ dacb,$$

$$cdab, \quad dbac, \quad bcad,$$
$$dcba, \quad bdca, \quad cbda.$$

 어떤 뜻이에요?

 각각 $a\ b\ c\ d$가 어떻게 치환되는지를 나타낸 거란다. 다시 말해서 첫 번째 치환은

$$\begin{pmatrix} a & b & c & d \\ a & b & c & d \end{pmatrix}$$

를 말하고, 이것이 항등치환 ε이란다.*

 그럼 그다음 치환은

$$\begin{pmatrix} a & b & c & d \\ a & c & d & b \end{pmatrix}$$

인가요?

 그렇지.

 이건 $b \to c \to d$니까, (2 3 4)네요. 다시 말해서, ι네요.

 전부 해 볼까?

 갈루아의 치환을 우리의 치환으로 번역하는 거군요.
$$abcd \to \varepsilon, \quad acdb \to \iota, \quad adbc \to \iota^2,$$

---

* 앞에서 '치환'의 갈루아의 정의를 다시 떠올려 보길 바란다. '치환은 하나의 순열에서 다른 순열로 바꾸는 것이다.' —옮긴이

$$badc \to \gamma^2, \quad cabd \to \zeta^2, \quad dacb \to \eta^2,$$
$$cdab \to \alpha^2, \quad dbac \to \theta^2, \quad bcad \to \zeta,$$
$$dcba \to \beta^2, \quad bdca \to \eta, \quad cbda \to \theta.$$

H랑 완전히 똑같아요.

 I는 갈루아의 방식대로라면 이렇게 된단다.

$$abcd,$$
$$badc,$$
$$cdab,$$
$$dcba.$$

 음…… ε과 γ^2과 α^2과 β^2. I와 똑같네요.

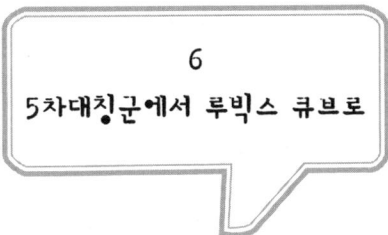

드디어 5차대칭군을 배울 차례인데, 5차대칭군의 원소의 개수는 120개나 돼서 모든 원소를 적어 보는 것만도 굉장히 힘들다. 따라서 다양한 무기를 사용해서 5차대칭군의 구조를 살펴보도록 하자.

5차대칭군 S의 치환을 형으로 분류하면 다음과 같다.

① $5 \rightarrow$ 길이5

② $4+1 \rightarrow$ 길이4

③ $3+2 \rightarrow$ 길이3 × 길이2

④ $3+1+1 \rightarrow$ 길이3

⑤ $2+2+1 \rightarrow$ 길이2 × 길이2

⑥ $2+1+1+1 \rightarrow$ 길이2

⑦ $1+1+1+1+1 \rightarrow$ 항등치환

이번에는 5차대칭군의 정규부분군을 찾아 보자.

먼저, 첫 번째 정규부분군은 교대군이다. 교대군의 위수는 60이 된다. H를 교대군, α를 호환이라고 하면 S는 다음과 같이 분할된다.

$$S = H \cup \alpha H$$

S에 포함되는 치환의 형을 찾아서, 우치환인지 기치환인지 판단해 보자.

형 ①: (1 2 3 4 5) = (1 2)(1 3)(1 4)(1 5)로 분해되므로 우치환.
형 ②: (1 2 3 4) = (1 2)(1 3)(1 4)로 분해되므로 기치환.
형 ③: (1 2 3)이 우치환이므로, 거기에 호환을 곱한 것은 기치환.
형 ④: (1 2 3) = (1 2)(1 3)으로 분해되므로 우치환.
형 ⑤: 호환 × 호환이므로 우치환.
형 ⑥: 호환이 하나이므로 기치환.
형 ⑦: 항등치환. 호환이 0개이므로 우치환.

H는 모든 우치환을 모은 것이므로, H에는 형이 ①, ④, ⑤, ⑦인 치환이 포함되어 있다.

H의 항등치환 이외의 원소를 포함하는 정규부분군을 I라고 하자. I는 항등치환 이외의 원소를 포함하기 때문에, 형이 ①, ④, ⑤인 원소를 반드시 포함한다. 대칭군의 정규부분군은 형이 같은 치환을 모두 포함하고 있는데, 이 경우에는 교대군 H이므로 정규부분군 I가 각각의 형의 치환을 모두 포함하고 있는지 확인해 보자.

$$\alpha = (1\ 2\ 3\ 4\ 5)$$

를 H의 모든 치환으로 변환해 보면,

(1 2 3 4 5), (1 2 4 5 3), (1 2 5 3 4),
(1 3 2 5 4), (1 3 4 2 5), (1 3 5 4 2),
(1 4 2 3 5), (1 4 3 5 2), (1 4 5 2 3),

(1 5 2 4 3), (1 5 3 2 4), (1 5 4 3 2)

와 같이 12개의 치환이 나오지만, 예를 들어, β = (1 2 3 5 4)는 나오지 않는다. α를 β로 변환시키는 치환은 (4 5)인데, 이것은 교대군 H에 포함되어 있지 않기 때문이다.

β를 H의 모든 치환으로 변환해 보면,

(1 2 3 5 4), (1 2 4 3 5), (1 2 5 4 3),

(1 3 2 4 5), (1 3 4 5 2), (1 3 5 2 4),

(1 4 2 5 3), (1 4 3 2 5), (1 4 5 3 2),

(1 5 2 3 4), (1 5 3 4 2), (1 5 4 2 3)

과 같이 남아 있는 모든 치환이 나온다.

형 ④의 경우, 예를 들어, (1 2 3)을 H의 모든 치환으로 변환하면 형이 같은 치환 20개가 모두 나온다.

형 ⑤의 경우, 하나의 치환을 H의 모든 치환으로 변환하면 형이 같은 치환 15개가 모두 나온다.

그럼, 교대군 H의 정규부분군 I에 대해 살펴보자.

(1) 형 ①의 치환을 포함하는 경우

형 ①의 치환을 포함하면 α나 β를 포함한다.

α를 포함하면 (1 5 3 2 4)를 포함하므로,

(1 2 3 4 5)(1 5 3 2 4) = (1 4 3)

도 포함한다.

β를 포함하면 (1 3 2 4 5)를 포함하므로,

(1 2 3 5 4)(1 3 2 4 5) = (1 4 3)

3장_라그랑주, 군, 체

도 포함한다. 결국 어느 쪽이든 길이가 3인 치환을 포함하게 된다. 그러면 I는 길이가 3인 모든 치환을 포함한다. 따라서 다음의 치환도 포함한다.

$$(1\ 2\ 3) = (1\ 2)(1\ 3)$$
$$(1\ 2\ 4) = (1\ 2)(1\ 4)$$
$$(1\ 2\ 5) = (1\ 2)(1\ 5)$$
$$(1\ 3\ 2) = (1\ 2)(2\ 3)$$
$$(1\ 4\ 2) = (1\ 2)(2\ 4)$$
$$(1\ 5\ 2) = (1\ 2)(2\ 5)$$
$$(1\ 4\ 3) = (1\ 3)(3\ 4)$$
$$(1\ 5\ 3) = (1\ 3)(3\ 5)$$
$$(1\ 5\ 4) = (1\ 4)(4\ 5)$$

모든 호환이 나와 있다. 따라서 이것을 적절하게 조합하면, 모든 우치환을 만들 수 있다. 따라서 이 군은 교대군이 된다. 그러므로

$$H = I$$

이제부터 정규부분군이 길이가 3인 치환을 가지고 있으면 그것을 교대군이라고 할 수 있다.

(2) 형 ④의 치환을 포함하는 경우

형 ④는 길이가 3인 치환이므로, $H = I$.

(3) 형 ⑤의 치환을 포함하는 경우

형 ⑤의 치환을 모두 포함하므로, 특히 다음 두 개의 치환을 포함한

다.

$$\gamma = (1\ 2)(3\ 4), \quad \delta = (1\ 5)(3\ 4)$$

따라서 다음의 치환도 포함한다.

$$\gamma\delta = (1\ 2)(3\ 4)(1\ 5)(3\ 4) = (1\ 2\ 5)$$

이것은 길이가 3인 치환이다. 따라서 (1)과 마찬가지로, $H = I$이다. 놀라운 결과이다. H의 정규부분군은 H와 ε뿐인 것이다.

5차대칭군을 정리하면 다음과 같다.

$$\underset{\text{위수 120}}{S} \underset{\text{위수 60}}{\supset} \overset{\text{잉여군}}{\underset{}{H}} \underset{\text{위수 1}}{\supset} \overset{\text{잉여군}}{\underset{}{\varepsilon}}$$

∷ ∷

대칭군의 정규부분군은 형이 같은 치환을 모두 포함하기 때문에 생각하기 쉽지만, 교대군의 경우에는 일일이 확인해야 돼서 조금 불편하네요.

일일이 계산하지 않고 변환에 의해 바뀌는 것들을 조사하는 방법도 있긴 하지만, 그건 대학교에 가서 배우렴. 그건 그렇고, 5차대칭군을 변환에 의해 바뀌는 것들로 분류하면 어떻게 됐었는지 정리해 보자. 길이가 3인 치환은?

길이가 3인 치환은 20개 전부요!

길이2×길이2인 치환은?

 15개 전부요.

 길이가 5인 치환은?

 α = (1 2 3 4 5)를 변환해서 바뀌는 것이 α를 포함해서 12개. β = (1 2 3 5 4)를 변환해서 바뀌는 것이 β를 포함해서 12개. 거기에 항등치환이 1개이고, 전부 합치면 운 좋게도 60개가 되는구나. 즉, 교대군 H의 정규부분군은 20개, 15개, 12개, 12개에 항등치환 1개를 더한 것이 되겠지. 그렇다면 그 위수로 가능한 숫자는 우선 1. 그리고 1+12=13. 이런 식으로 생각해 나가 보면?

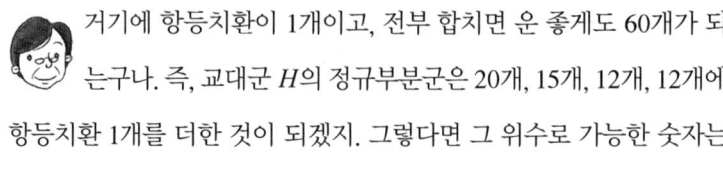 1+24=25, 1+15=16, 1+12+15=28, 1+24+15=40, 1+20=21, 1+12+20=33, 1+24+20=45, 1+15+20=36, 1+12+15+20=48, 1+24+15+20=60. 이렇게 돼요.

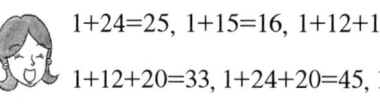 그런데 교대군 H의 위수는 60이니까 부분군의 위수는 60의 약수가 되겠지? 이 중에서 60의 약수는?

 1과 60뿐이에요.

 결국 이런 식으로 변환해서 바뀌는 치환의 개수로 봐도 교대군 H의 정규부분군은 항등치환과 H 자신밖에 없다는 것을 알 수 있지. 자, 지금까지 5차대칭군까지 분석해 보았는데, 이번에는 루빅스 큐브군의 구조에 대해 살펴볼까?

네? 루빅스 큐브군이라면 위수의 단위가 경(京)이 되잖아요. 그걸 어떻게 해요.

거대한 군이라 하더라도 어떻게든 그 구조를 탐구해 나가는 것이 바로 군론이란다. 제대로 분석하기 위해서는 더 다양한 무기를 손에 넣어야 하는데, 지금까지의 지식으로도 어느 정도는 할 수 있단다. 먼저, 변의 블록은 변으로, 귀퉁이의 블록은 귀퉁이로 치환된다는 점에 주목해 보자. 변의 블록이 귀퉁이로 오거나, 귀퉁이의 블록이 변에 오지는 않지. 그러니까 변의 블록과 귀퉁이의 블록으로 나눠서 생각해 보자. 귀퉁이의 블록은 몇 개지?

정육면체의 꼭짓점의 개수이니까 8개에요.

변의 블록은?

정육면체의 변의 개수이니까 12개예요.

그럼, 적은 쪽부터 해 볼까? 귀퉁이의 블록에 다음 그림처럼 번호를 붙여 보렴. 여섯 개의 면을 회전시키는 것이 기본이었으니까, 각각의 치환을 정해 보자. 먼저, 앞면을 시계 방향으로 90° 회전시키면?

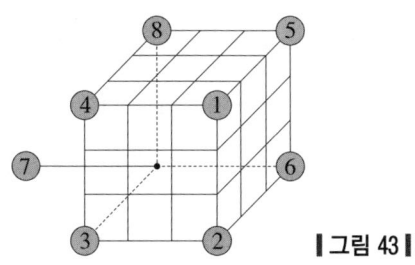
| 그림 43 |

1이 2로, 2가 3으로, 3이 4로, 4가 1로 바뀌어요.

 그럼, 그걸 a라고 하면,
$$a = (1\ 2\ 3\ 4)$$

계속해서 나머지 다섯 개도 정해 보렴.

 윗면을 b라고 하면,
$$b = (1\ 4\ 8\ 5)$$

 그리고 아랫면을 c, 오른쪽 면을 d, 왼쪽 면을 e, 뒤쪽 면을 f라고 하자.

$$c = (2\ 6\ 7\ 3)$$
$$d = (1\ 5\ 6\ 2)$$
$$e = (3\ 7\ 8\ 4)$$
$$f = (5\ 8\ 7\ 6)$$

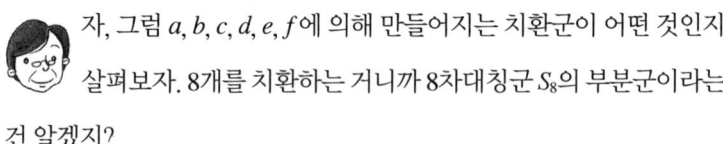 자, 그럼 a, b, c, d, e, f에 의해 만들어지는 치환군이 어떤 것인지 살펴보자. 8개를 치환하는 거니까 8차대칭군 S_8의 부분군이라는 건 알겠지?

 네. 그런데 S_8의 위수는 8!이니까 40,320개나 돼요. 그걸 전부 적어야 돼요?

 필요하다면 컴퓨터한테 시켜도 되지만, 그렇게까지 할 필요는 없단다. 우선 가장 간단한 치환인 (1 2)가 있는지 확인해 보렴.

 하지만 무조건 하라고 하시는 건 좀……. 예를 들어서
$$a^2 = (1\ 3)(2\ 4)$$

$$ab = (1\ 2\ 3\ 8\ 5)$$
$$ac = (1\ 6\ 7\ 3\ 4)$$
$$ad = (2\ 3\ 4\ 5\ 6)$$
$$ae = (1\ 2\ 7\ 8\ 4)$$
$$af = (1\ 2\ 3\ 4)(5\ 8\ 7\ 6)$$

힘들 것 같은데요?

 무조건 해서 될 게 아니었구나. 답을 알려 주마. 먼저, $d^{-1}\,c^{-1}$을 해 보렴.

 $(2\ 6\ 5\ 1)(3\ 7\ 6\ 2) = (1\ 3\ 7\ 6\ 5)$

 그리고 f^{-1}을 곱해 보렴.

 $(1\ 3\ 7\ 6\ 5)(6\ 7\ 8\ 5) = (1\ 3\ 8\ 5)$

 다음에는 b^{-1}을 곱해 보렴.

 $(1\ 3\ 8\ 5)(5\ 8\ 4\ 1) = (1\ 3\ 4)$

 이번에는 a^{-1}을 곱해 보렴.

 $(1\ 3\ 4)(4\ 3\ 2\ 1) = (1\ 2)$, 와! 됐다!

 즉, $d^{-1}\,c^{-1}\,f^{-1}\,b^{-1}\,a^{-1} = (1\ 2)$라는 말이지. 그럼, 특별한 치환을

하나 더 만들어 보자. 먼저, d에 a를 곱해 보렴.

 (1 5 6 2)×(1 2 3 4)=(1 5 6 3 4)

 그리고 e를 곱해 보렴.

 (1 5 6 3 4)×(3 7 8 4)=(1 5 6 7 8 4)

 다음은 b.

 (1 5 6 7 8 4)×(1 4 8 5)=(5 6 7)

 다시 한번 a를 곱해 보렴.

 (5 6 7)×(1 2 3 4)=(1 2 3 4)(5 6 7).
순서대로 되었어요.

 그리고 b^{-1}을 곱해 보렴.

 (1 2 3 4)(5 6 7)×(5 8 4 1)=(1 2 3)(4 5 6 7 8). 재미있는 결과네요.

 이번에는 a^{-1}을 곱해 보렴.

 (1 2 3)(4 5 6 7 8)×(4 3 2 1)=(3 4 5 6 7 8)

e^{-1}을 곱해 보렴.

 (3 4 5 6 7 8)×(4 8 7 3) = (3 8 4 5 6)

 다음은 c^{-1}.

 (3 8 4 5 6)×(3 7 6 2) = (2 3 8 4 5)(6 7)

 그리고 d^{-1}.

 (2 3 8 4 5)(6 7)×(2 6 5 1) = (1 2 3 8 4)(5 6 7)
언제까지 해야 되나요?

 이게 마지막이란다. b^{-1}을 곱해 보렴.

 (1 2 3 8 4)(5 6 7)×(5 8 4 1) = (1 2 3 4 5 6 7 8)
히히. 재미있는 결과가 나왔네요.

 이것의 역을 h, 그리고 방금 만든 치환을 g라고 하자. 즉,
$$g = (1\ 2)$$
$$h = (8\ 7\ 6\ 5\ 4\ 3\ 2\ 1)$$

g를 h, h^2, h^3, h^4, h^5, h^6으로 변환해 보렴.

$$hgh^{-1} = (2\ 3)$$
$$h^2gh^{-2} = (3\ 4)$$

$$h^3gh^{-3} = (4\ 5)$$
$$h^4gh^{-4} = (5\ 6)$$
$$h^5gh^{-5} = (6\ 7)$$
$$h^6gh^{-6} = (7\ 8)$$

규칙적이네요.

지금 만든 (1 2), (2 3), (3 4), (4 5), (5 6), (6 7), (7 8), 이 7개의 호환이 있으면, 모든 호환을 만들 수 있단다.

정말요? 그럼, (2 7)은 어떻게 만들어요?

먼저, 2를 7로 가져 가면 되지.

$$(2\ 3)(3\ 4)(4\ 5)(5\ 6)(6\ 7)$$

그럼, 2 → 3 → 4 → 5 → 6 → 7이 되겠지?

하지만, 계산해 보면 (2 7 6 5 4 3)인데요?

여분의 것을 없애면 된단다. 먼저, (5 6)을 곱하면 이렇게 되겠지.

$$(2\ 7\ 6\ 5\ 4\ 3) \times (5\ 6) = (2\ 7\ 5\ 4\ 3)$$
$$(2\ 7\ 5\ 4\ 3) \times (4\ 5) = (2\ 7\ 4\ 3)$$
$$(2\ 7\ 4\ 3) \times (3\ 4) = (2\ 7\ 3)$$
$$(2\ 7\ 3) \times (2\ 3) = (2\ 7)$$

아하!

한 줄로 적어 보면,

(2 3)(3 4)(4 5)(5 6)(6 7)(5 6)(4 5)(3 4)(2 3) = (2 7)

이지. 그럼, 이제 모든 호환을 만들 수 있다는 걸 알겠지? 모든 호환을 만들 수 있다는 말은?

 호환은 사다리타기의 가로선이랑 같았죠. 모든 호환을 만들 수 있다는 것은 사다리타기에서 자유롭게 가로선을 그려 넣을 수 있다는 뜻이에요. 그렇다면, 어떤 치환도 다 만들 수 있다는 거네요.

 이 군은 8개의 치환을 모두 포함한단다. 그러니까 8차대칭군 S_8 자체인 거지. 사실 하나의 호환과 모든 문자를 빙글빙글 돌리는 치환, 이때에는 (1 2)와 (1 2 3 4 5 6 7 8)을 사용했는데, 이 두 개를 포함하면 모든 치환을 포함해 버리지.

 놀랍네요.

 귀퉁이의 치환이 대칭군이라는 건 이제 알겠지? 그럼 이번에는 변의 치환을 살펴볼까? 똑같이 해 보렴.

 어차피 똑같아지지 않을까요? 김채은의 대예언!

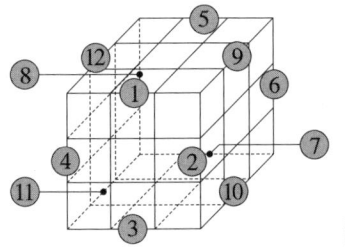

| 그림 44 |

 그래도 한번 해 보렴. 6개의 회전을 i, j, k, l, m, n이라고 하면?

$i = (1\ 2\ 3\ 4)$

$j = (1\ 12\ 5\ 9)$

$k = (3\ 10\ 7\ 11)$

$l = (2\ 9\ 6\ 10)$

$m = (4\ 11\ 8\ 12)$

$n = (5\ 8\ 7\ 6)$

먼저 (1 2)를 찾으면 되는 건가요? 감이 잘 안 잡히는데요?

귀찮아서 아빠가 컴퓨터로 해 봤더니, 이렇게 나왔구나.

$ijmim^{-1}i^{-1}j^{-1} = (1\ 2)$

그리고 나머지 하나는

$ijmim^{-1}i^{-1}j^{-1}i^{-1}l^{-1}ilj^{-1}ij^2i^{-1}j^{-1}kl^{-1}k^{-1}lim^{-1}imn^{-1}j$

$= (1\ 2\ 3\ 4\ 5\ 6\ 7\ 8\ 9\ 10\ 11\ 12)$

으악…… 확인해 보고 싶은 마음이 전혀 안 드는데요.

더 간단한 방법이 있을지도 모르지만, 어쨌든 이 계산 결과가 이렇게 되는 것은 확실하단다.

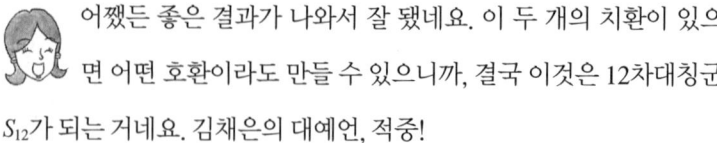
어쨌든 좋은 결과가 나와서 잘 됐네요. 이 두 개의 치환이 있으면 어떤 호환이라도 만들 수 있으니까, 결국 이것은 12차대칭군 S_{12}가 되는 거네요. 김채은의 대예언, 적중!

그러니까 루빅스 큐브군은 8차대칭군 S_8과 12차대칭군 S_{12}를 포함한다는 거지. 단, 예를 들어 a가 회전할 때 동시에 i의 회전이 일어나는 것처럼, 변의 블록의 치환과 귀퉁이 블록의 치환은 동시에 일

어나지. 각각의 치환은, 네 개를 빙글빙글 돌리는 치환이니까 기치환이 되지. 그러니까 변의 치환이 기치환일 때는 귀퉁이의 치환도 기치환, 변의 치환이 우치환일 때에는 귀퉁이의 치환도 우치환이 되지. 제한은 그뿐이란다. 직접 해 보면, S_8의 모든 기치환과 S_{12}의 모든 기치환의 조합, S_8의 모든 우치환과 S_{12}의 모든 우치환의 조합이 존재함을 알 수 있지. 다시 말해서, 조합의 수는 $|S_8| \times |S_{12}|$의 절반이 되지.

 그럼

$$|S_8| = 8! = 40320$$

$$|S_{12}| = 12! = 479001600$$

이니까, 조합의 수는

$$40320 \times 479001600 \div 2 = 9656672256000$$

앞에서 말했던 루빅스 큐브군의 위수와 다른 것 같네요.

 루빅스 큐브군의 위수는 43252003274489856000이지. 나눗셈을 해 보면,

$$43252003274489856000 \div 9656672256000 = 4478976.$$

 400만이 넘네요. 차이가 많이 나네요. 왜 그런 거예요?

 지금까지 일부러 무시해 왔던 게 있을 텐데?

 네……?

 지금까지는 블록의 위치에만 주목했는데, 루빅스 큐브를 맞출 때에는 블록의 위치만 생각해서는 안 되지.

아, 블록이 뒤집히는 경우가 있어요!

 그때는 어떻게 되겠니? 먼저 변의 블록부터 생각해 보면?

 변의 블록은 두 가지 색이니까, 하나의 블록이 2가지. 전부 12개 있으니까, $2^{12} = 4096$.

 귀퉁이의 블록은?

 3가지 색이고, 하나의 블록이 $3! = 6$이니까 6가지. 그러니까……

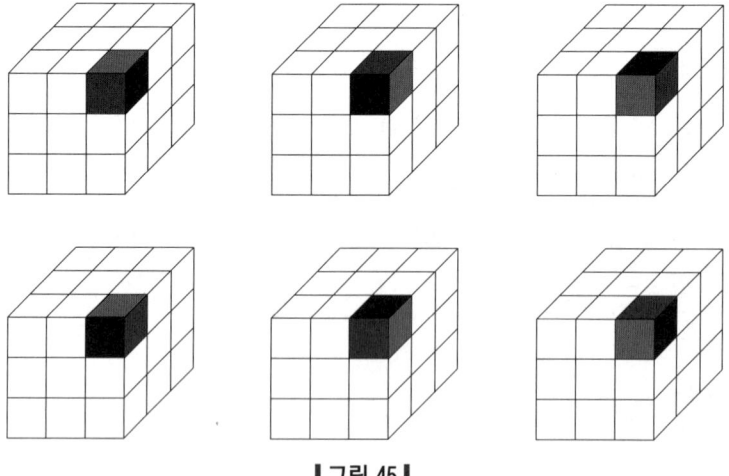

|그림 45|

 잠깐만. 그림에서 왼쪽 위가 원래의 색이라고 한다면, 위의 세 가지는 가능하지만, 아래의 세 개는 블록의 색을 다시 칠하지 않는 한 불가능하단다.

그렇구나. 그렇게 하면 하나의 블록에 대해서 3가지니까, $3^8 = 6561$이 되네요.

 그럼, 조금 전에 나온 4478976을 소인수분해해서 확인해 보렴.

 숫자가 커서 힘들어요.

 2와 3으로 나누어떨어지니까 금방 할 수 있을 거야.

 $4478976 = 2^{11} \times 3^7$
어? 2랑 3이 하나씩 모자라요.

 이것은 무엇을 의미하지?

 모르겠어요.

 변의 블록의 경우, 그 조합은 2의 12제곱이 아니라, 2의 11제곱이 되지. 즉, 11개의 블록이 정해지면, 나머지 1개의 방향이 정해져 버린다는 거야. 귀퉁이의 블록도 마찬가지란다. 7개의 블록의 방향이 정해지면, 나머지 1개의 블록의 방향도 정해지지.

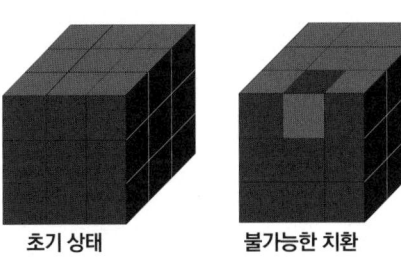

| 그림 46 |

네, 그건 해 봐서 알고 있었어요. 따라서, 왼쪽 그림을 초기 상태라고 하면, 오른쪽 그림과 같은 치환은 불가능해요. 그렇게 만들려고 하면, 예를 들어, 다음 그림과 같이 섞여 버려요.

변이 뒤집힌 경우 $\frac{1}{2} + \frac{1}{2} = 1$

|그림 47|

그렇지. 초기 상태와 다른 경우를 '뒤집힌 상태'라고 한다면, 변의 경우는 2분의 1씩 뒤집히게 되지.* 그리고 뒤집힌 상태의 합계는 반드시 정수가 되지. 귀퉁이의 경우는 어떠니?

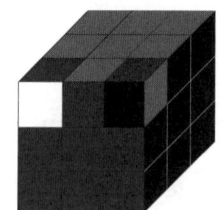

귀퉁이가 뒤집힌 경우 $\frac{2}{3} + \frac{1}{3} = 1$

|그림 48|

 귀퉁이도 하나만 뒤집힐 수는 없어요.

---

* 변의 블록이 '1/2 뒤집혔다는 것'은 밖에 보이는 두 면이 서로 바뀌는 것을 의미한다. 1/2 뒤집힌 블록의 보이는 두 면을 다시 한 번 더 바꾸면 처음 상태로 돌아오기 때문에 '1/2 뒤집혔다'고 한다–옮긴이

두 개의 귀퉁이 블록이 뒤집혀 있다면 위와 같이 되지. 이때, 오른쪽으로 회전하는 것을 플러스라고 하면, 왼쪽 블록은 빨강→파랑→초록으로 초기 상태에서 3분의 1회전하기 때문에, 3분의 1회전만큼 뒤집히고, 왼쪽 블록은 빨강→하양→초록이 되기 때문에 초기 상태에서 마이너스 3분의 1회전(플러스로 말하자면 3분의 2회전)이니까 3분의 2만큼 뒤집히게 되고 이때에도 뒤집힌 상태의 합은 정수 1이 되지. 3개의 귀퉁이가 뒤집힌 경우도 있겠구나.

네, 만들어 볼게요.

귀퉁이가 뒤집힌 경우 $\frac{1}{3} + \frac{1}{3} + \frac{1}{3} = 1$

| 그림 49 |

 이때에는 세 개의 블록이 같은 방향으로 3분의 1씩 뒤집히고 더하면 1이 되지. 역방향으로 뒤집힌 경우에도 세 개 모두 같은 방향이 되니까, 더하면 역시 정수가 되지. 신기하게도 이것은 쿼크의 행동과 닮아 있다고 하는구나.

쿼크가 뭐예요?

 지금까지 알려진 바로는, 물질을 구성하고 있는 가장 작은 소립자란다.

물질을 구성하고 있는 가장 작은 입자는 원자 아닌가요?

 그렇게 생각했던 시대도 있었지만, 지금은 원자가 어떤 것들로 이루어져 있는지 밝혀졌단다.

 학교에서 원자는 양성자와 중성자로 이루어진 핵과 그 주위를 돌고 있는 전자로 이루어져 있다고 배웠어요.

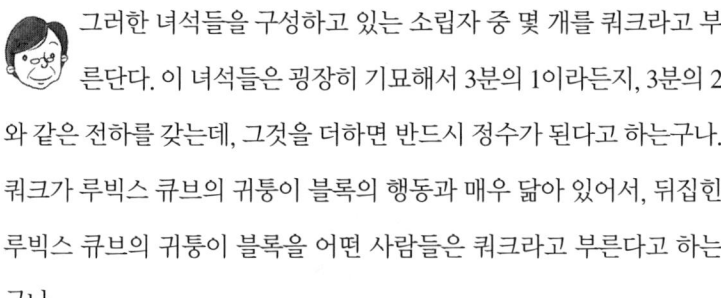 그러한 녀석들을 구성하고 있는 소립자 중 몇 개를 쿼크라고 부른단다. 이 녀석들은 굉장히 기묘해서 3분의 1이라든지, 3분의 2와 같은 전하를 갖는데, 그것을 더하면 반드시 정수가 된다고 하는구나. 쿼크가 루빅스 큐브의 귀퉁이 블록의 행동과 매우 닮아 있어서, 뒤집힌 루빅스 큐브의 귀퉁이 블록을 어떤 사람들은 쿼크라고 부른다고 하는구나.

 그렇구나. 신기하네요. 원자 속에 들어 있는 것의 구조와 루빅스 큐브가 닮아 있다니. 우연의 일치일까요?

 글쎄, 잘 모르겠구나. 쿼크의 군과 루빅스 큐브의 군이 같거나 닮았을 가능성도 있지.

 정말 그게 가능해요?

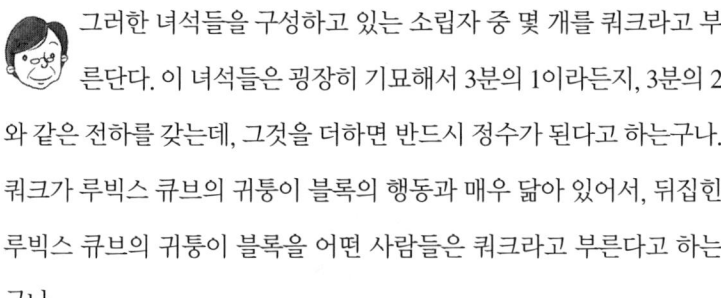 군이라는 것은 여러 곳에 얼굴을 내밀고 있단다. 그리고 생각지도 못한 곳에서 똑같은 군이 발견되고 있지. 우주의 구조에 대해 살펴볼 때에도 군은 아주 큰 활약을 한단다. 루빅스 큐브군과 쿼크가 같은 군을 가진다고 해도 전혀 이상하지 않지.

 군이라는 것은 참 심오하네요.

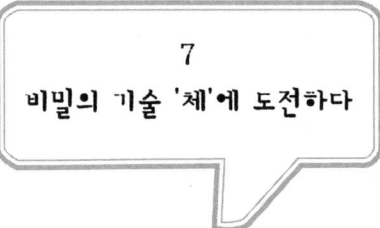
7
비밀의 기술 '체'에 도전하다

이번에는 '체'라는 새로운 개념에 대해 생각해 보자.

체는 덧셈, 뺄셈, 곱셈, 나눗셈을 한 결과를 모두 포함하는 집합을 말한다. 물론 0으로 나누는 경우는 제외한다.

$$자연수 + 자연수 = 자연수$$

인데, 자연수 − 자연수는 반드시 자연수라고 할 수 없기 때문에, 자연수는 체가 아니다.

$$정수 + 정수 = 정수$$
$$정수 - 정수 = 정수$$
$$정수 \times 정수 = 정수$$

인데, 정수 ÷ 정수는 반드시 정수라고는 할 수 없기 때문에, 정수도 체가 아니다.

$$유리수 + 유리수 = 유리수$$
$$유리수 - 유리수 = 유리수$$
$$유리수 \times 유리수 = 유리수$$
$$유리수 \div 유리수 = 유리수$$

이므로, 유리수는 체이다.

   체가 '1'을 포함하면, 1에 계속해서 1을 더해서 모든 자연수를 만들 수 있다. 그리고 자연수 − 자연수로 모든 정수를 만들 수 있고, 정수 ÷ 정수로 모든 유리수를 만들 수 있다. 따라서 유리수는 '1'을 포함하는 가장 작은 체가 된다.

$$실수 + 실수 = 실수$$
$$실수 - 실수 = 실수$$
$$실수 \times 실수 = 실수$$
$$실수 \div 실수 = 실수$$

이므로 실수도 체가 된다. 또,

$$복소수 + 복소수 = 복소수$$
$$복소수 - 복소수 = 복소수$$
$$복소수 \times 복소수 = 복소수$$
$$복소수 \div 복소수 = 복소수$$

따라서 복소수도 체가 된다. 복소수체는 실수체를 포함하고, 실수체는 유리수체를 포함한다.

$$유리수체 \subset 실수체 \subset 복소수체$$

   유리수체와 복소수체 사이에는 무수히 많은 체가 있다. 예를 들어, 유리수체에

$$\sqrt{2}$$

를 더하면 하나의 체가 된다. 유리수체를 Q라고 하면, 이 체는 기호로 다음과 같이 나타낼 수 있다.

$$Q(\sqrt{2})$$

이것은 Q에 무리수를 하나 더해서 확대한 체이므로, Q의 확대체라 한다.

$Q(\sqrt{2})$의 원소는 모든 유리수와 $\sqrt{2}$와의 덧셈, 뺄셈, 곱셈, 나눗셈으로 만들어지는 수이다. 분수에 $\sqrt{2}$가 포함되어 있으면 유리화하면 되기 때문에, 이 원소는 모두 다음과 같은 모양으로 나타낼 수 있다.

$$a\sqrt{2} + b, \quad a, b \text{는 유리수}$$

Q에 $\sqrt{3}$을 더한 확대체는

$$Q(\sqrt{3})$$

이며, 이 원소는 모두

$$a\sqrt{3} + b, \quad a, b \text{는 유리수}$$

가 된다.

여기서 체를 중심으로 방정식을 푼다는 것이 어떤 것인지 살펴보자.

방정식

$$3x + 5 = 0$$

을 풀면

$$x = -\frac{5}{3}$$

이다. 이 해는 유리수이므로, 이때 체의 확대는 일어나지 않는다. 이 해는 방정식의 계수 3과 5를 사용해서 구했다.

방정식

$$x^2 - 4x + 3 = 0$$

을 풀면,

$$x = 3 \text{ 또는 } x = 1$$

이다. 이때에도 체의 확대는 일어나지 않는다. 해는 방정식의 계수인 1,

−4, 3을 사용해서 계산했다. 그런데 방정식

$$x^2 - 4x + 2 = 0$$

을 풀면

$$x = 2 \pm \sqrt{2}$$

가 되어, 이 방정식의 해는 방정식의 계수인 1, −4, 2를 더하거나, 빼거나, 곱하거나, 나눠서는 구할 수 없다. 즉, 계수를 포함하는 가장 작은 체를 '계수체'라 하는데, 이 방정식의 해는 계수체 안에 포함되어 있지 않다.* 따라서 이 방정식을 풀기 위해서는 체를 확대할 필요가 있다. 계수체에 포함되지 않는 수는

$$\sqrt{2}$$

이므로, 계수체에 이것을 더해서

$$Q(\sqrt{2})$$

라는 체로 확대하는 것이다. 첨가하는 수는

$$X^2 = 2$$

라는 보조방정식을 풀어서 구했다. 이 보조방정식의 계수는 원래 방정식의 계수에서 덧셈, 뺄셈, 곱셈, 나눗셈을 해서 만들었다. 즉, 원래 방정식의 계수체에 포함된다.

이번에는 앞에서 풀었던 방정식

$$x^3 - 3x - 8 = 0$$

에 대해 생각해 보자. 이 방정식의 해는

---

* $Q(\sqrt[3]{2}\,\omega)$에는 i와 $\sqrt{3}$이 속하지 않는다. 여기서 저자의 설명은 $Q(\sqrt[3]{2}\,\omega)$에는 $\sqrt[3]{2}\,\omega = -\frac{\sqrt[3]{2}}{2} + \frac{\sqrt[3]{2}\sqrt{3}}{2}i$와 같이 i와 $\sqrt{3}$이 포함되어 있는 수가 속한다는 의미이다−옮긴이

$$\sqrt[3]{4+\sqrt{15}} + \sqrt[3]{4-\sqrt{15}},$$
$$\sqrt[3]{4+15}\,\omega + \sqrt[3]{4-\sqrt{15}}\,\omega^2,$$
$$\sqrt[3]{4+\sqrt{15}}\,\omega^2 + \sqrt[3]{4-\sqrt{15}}\,\omega$$

이다. 이 방정식을 풀기 위해서는 먼저,

$$X^2 = 15$$

라는 보조방정식을 풀어야 한다. 이 보조방정식의 계수는 기초가 되는 체에 포함되어 있다. 그리고 보조방정식의 해를 기초가 되는 체에 첨가한다. 기초가 되는 체를 Q라고 하면, 확대체는

$$Q(\sqrt{15})$$

가 된다. 다음으로 이 확대체에 포함되는 수를 계수로 하는 제2의 보조방정식을 푼다.

$$X^3 = 4 + \sqrt{15}$$

이 방정식의 해는

$$\sqrt[3]{4+\sqrt{15}},\ \sqrt[3]{4+\sqrt{15}}\,\omega,\ \sqrt[3]{4+\sqrt{15}}\,\omega^2$$

이므로 최종적으로

$$Q(\sqrt{15},\ \sqrt[3]{4+\sqrt{15}},\ \sqrt[3]{4+\sqrt{15}}\,\omega,\ \sqrt[3]{4+\sqrt{15}}\,\omega^2)$$

까지 체를 확대하면, 방정식을 풀 수 있다.

또, 방정식 해에는

$$\sqrt[3]{4-\sqrt{15}}$$

라는 수가 포함되어 있는데,

$$\sqrt[3]{4+\sqrt{15}}\,\sqrt[3]{4-\sqrt{15}} = 1$$

이므로

$$\sqrt[3]{4-\sqrt{15}} = \frac{1}{\sqrt[3]{4+\sqrt{15}}}$$

이 된다. 즉, $\sqrt[3]{4-\sqrt{15}}$ 는
$$Q(\sqrt{15},\ \sqrt[3]{4+\sqrt{15}},\ \sqrt[3]{4+\sqrt{15}}\,\omega,\ \sqrt[3]{4+\sqrt{15}}\,\omega^2)$$
에 포함된다.

정리해 보자.

방정식을 풀 때에는 먼저, 방정식의 계수를 더하거나, 빼거나, 곱하거나, 나눠서 보조방정식
$$X^a = A$$
를 만든다. 보조방정식의 계수는 원래의 방정식의 계수에 포함되어 있다.

또, 보조방정식의 차수는 소수로 한정할 수 있다. 예를 들어,
$$X^6 = A$$
라는 보조방정식이 있을 때, 이것은
$$(X^3)^2 = A$$
이므로, 이 보조방정식은
$$X^2 = A'$$
$$X^3 = A''$$
과 같이 차수가 소수인 보조방정식으로 분해할 수 있다.

다음으로 보조방정식을 푼다. 이 보조방정식들은 거듭제곱근으로 풀 수 있다. A의 n제곱근은 1이 아닌 1의 n제곱근을 ζ라고 하면,
$$\sqrt[n]{A},\ \sqrt[n]{A}\,\zeta,\ \sqrt[n]{A}\,\zeta^2,\ \cdots,\ \sqrt[n]{A}\,\zeta^{n-1}$$
이 되기 때문이다. (여기서 n은 소수임에 주의한다—옮긴이)

A의 거듭제곱근을 기초체에 추가하고 나서 확대한 체에 포함되는 수를 계수로 하는 두 번째 보조방정식

$$X^b = B$$

를 풀고, 이번에는 B의 거듭제곱근을 체에 추가한다.

　이것을 계속 반복해서 원래 방정식의 해를 포함할 때까지 체를 확대해 나간다. 방정식을 푼다는 것은 이처럼 체를 확대해 나가는 것을 의미한다.

　여기서 두 가지 정리를 소개하겠다. 먼저, '단순확대체정리'라고도 불리는 정리에 대해 살펴보자.

　유리수체 Q에 $\sqrt{2}$를 더한 체는

$$Q(\sqrt{2})$$

이고, 유리수체 Q에 $\sqrt{3}$을 더한 체는

$$Q(\sqrt{3})$$

이다. 그리고 유리수체 Q에 $\sqrt{2}$와 $\sqrt{3}$을 더한 체는

$$Q(\sqrt{2}, \sqrt{3})$$

이 되는데, 사실 이 체는 Q에 $\sqrt{3} - \sqrt{2}$를 더한 체

$$Q(\sqrt{3} - \sqrt{2})$$

와 같다.

　$Q(\sqrt{3} - \sqrt{2})$에 포함되는 수는 명백하게 $\sqrt{2}$와 $\sqrt{3}$으로 나타낼 수 있기 때문에

$$Q(\sqrt{3} - \sqrt{2}) \subset Q(\sqrt{2}, \sqrt{3}) \cdots ①$$

　그럼, $Q(\sqrt{2}, \sqrt{3})$에 포함되는 수는 $\sqrt{3} - \sqrt{2}$로 나타낼 수 있을까? 조금 번거롭지만,

$$\theta = \sqrt{3} - \sqrt{2}$$

라고 하면

$$-\frac{1}{2}(\theta^3-9\theta)=-\frac{1}{2}\{(\sqrt{3}-\sqrt{2})^3-9(\sqrt{3}-\sqrt{2})\}$$
$$=-\frac{1}{2}(3\sqrt{3}-9\sqrt{2}+6\sqrt{3}-2\sqrt{2}-9\sqrt{3}+9\sqrt{2})$$
$$=-\frac{1}{2}(-2\sqrt{2})=\sqrt{2}$$

$$-\frac{1}{2}(\theta^3-11\theta)=-\frac{1}{2}\{(\sqrt{3}-\sqrt{2})^3-11(\sqrt{3}-\sqrt{2})\}$$
$$=-\frac{1}{2}(3\sqrt{3}-9\sqrt{2}+6\sqrt{3}-2\sqrt{2}-11\sqrt{3}+11\sqrt{2})$$
$$=-\frac{1}{2}(-2\sqrt{3})=\sqrt{3}$$

즉,
$$\sqrt{2}=-\frac{1}{2}(\theta^3-9\theta) \qquad \sqrt{3}=-\frac{1}{2}(\theta^3-11\theta)$$

가 되므로, $Q(\sqrt{2}, \sqrt{3})$에 포함되는 수는 모두 θ로 나타낼 수 있다. 따라서

$$Q(\sqrt{3}-\sqrt{2}) \supset Q(\sqrt{2}, \sqrt{3}) \cdots ②$$

①과 ②로부터

$$Q(\sqrt{3}-\sqrt{2})=Q(\sqrt{2}, \sqrt{3})$$

이 된다.

마찬가지로, 어떤 체 K에 K 속의 수를 계수로 하는 방정식의 해 α, β, γ, $\cdots$를 첨가한 체

$$K(\alpha, \beta, \gamma, \cdots)$$

에 대해서 어떤 수 θ가 존재해서

$$K(\alpha, \beta, \gamma, \cdots)=K(\theta)$$

가 된다. 단 하나의 수를 첨가하여 확대한 것과 같아진다는 말이다. 그래서 이것을 단순확대체정리라 부른다. 이를 가장 먼저 발견한 사람이 라그랑주이다.

두 번째 정리로 넘어가자.

Q에 방정식

$$x^2 + 2x - 4 = 0$$

의 근의 하나인

$$\alpha = -1 + \sqrt{5}$$

를 첨가하여 확대한 체에 대해 생각해 보자.

이 체는 α와 모든 유리수의 덧셈, 뺄셈, 곱셈, 나눗셈으로 나타낼 수 있기 때문에, α에 관한 유리식으로 나타낼 수 있다. 그런데

$$\alpha^2 + 2\alpha - 4 = 0$$

이므로 α에 관한 다항식

$$f(\alpha) = a_1 \alpha^n + a_2 \alpha^{n-1} + \cdots$$

을 $\alpha^2 + 2\alpha - 4 = 0$으로 나누면, 나머지는 1차식이 된다.

몫을

$$g(\alpha)$$

나머지를

$$p\alpha + q$$

라고 하면

$$f(\alpha) \div (\alpha^2 + 2\alpha - 4) = g(\alpha) \quad \text{나머지} \quad p\alpha + q$$

이므로

$$f(\alpha) = g(\alpha)(\alpha^2 + 2\alpha - 4) + p\alpha + q$$

이다. 이때, $\alpha^2 + 2\alpha - 4 = 0$이므로 결국

$$f(\alpha) = p\alpha + q$$

즉, 모든 다항식을 1차식으로 바꿀 수 있다.

α에 관한 분수식도 분모를 유리화하고 나서 이 계산을 하면 결국은 α에 관한 1차식이 된다. 이것은

$$Q(\alpha)$$

에 포함되는 모든 원소를 α에 관한 1차식

$$a\alpha+b \ (a, b \text{는 } Q \text{에 속한다.})$$

로 나타낼 수 있음을 의미한다.

마찬가지로, Q에 다음의 n차방정식의 근의 하나인 α를 첨가한 체를 고려해 보자.

$$a_1x^n + a_2x^{n-1} + \cdots = 0$$

이 체는

$$Q(\alpha)$$

이다. 이 체의 원소는 α와 모든 유리수의 덧셈, 뺄셈, 곱셈, 나눗셈으로 만들어지기 때문에 α에 관한 분수식이 된다. 그런데 그 분수식의 분모, 분자를 $a_1x^n + a_2x^{n-1} + \cdots$으로 나누면, 나머지는 $n-1$차 이하의 식이 된다. 그리고 분모를 유리화하면, 결국 전체가 α에 관한 $n-1$차 이하의 다항식이 된다.

따라서 $Q(\alpha)$의 원소는 모두 α에 관한 $n-1$차 이하의 다항식으로 나타낼 수 있다.

갈루아는 체의 확대라는 관점에서 방정식을 분석했다.

∷∷

단순확대체정리나 $Q(\alpha)$에 속하는 수를 α에 관한 분수식으로

나타냈을 때 분모의 유리화가 가능하다는 것을 제대로 증명해 보면 좋겠지만 계산이 복잡하니까 생략하도록 하자.

 제가 초등학생 때 갈루아 이론에 대해 설명해 달라고 졸랐던 적이 있었죠? 그때는 무슨 말인지도 몰랐지만, 어쨌든 '체'라는 말은 기억하고 있어요. 그때는 도미인 줄 알았는데……. ('체'와 '도미'는 일본어 발음이 같다-옮긴이)

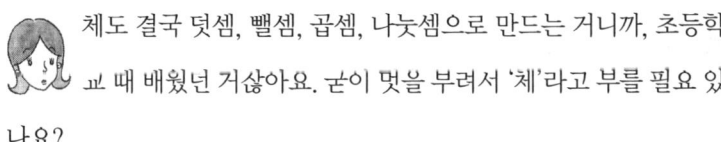 체를 도미, 군을 오징어라고 하면 재미있을지도 모르겠구나.

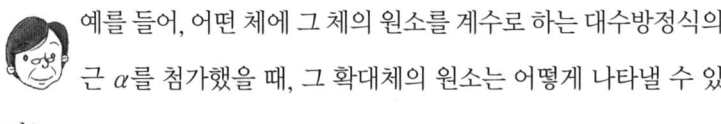 체도 결국 덧셈, 뺄셈, 곱셈, 나눗셈으로 만드는 거니까, 초등학교 때 배웠던 거잖아요. 굳이 멋을 부려서 '체'라고 부를 필요 있나요?

 예를 들어, 어떤 체에 그 체의 원소를 계수로 하는 대수방정식의 근 α를 첨가했을 때, 그 확대체의 원소는 어떻게 나타낼 수 있지?

 음…… α에 관한 다항식이 되겠네요.
$$a_1\alpha^n + a_2\alpha^{n-1} + \cdots$$

 차수 n은?

 원래 방정식의 차수보다도 작네요. 아, 그것에 대해 설명했던 부분 중에 궁금했던 게 있었는데…….

 그게 뭐니?

 계산해서 나온 식을 $\alpha^2 + 2\alpha - 4 = 0$으로 나누잖아요.

그렇지.

그런데 $\alpha^2 + 2\alpha - 4 = 0$이니까, 0으로 나누게 되는 거 아닌가요?

음…… 예리하구나. 그런데 이 경우에는 크게 문제가 되지 않으니까 그냥 넘어가도록 하자꾸나.

시험에서 그렇게 답을 적어 내면 감점 당할 거예요.

0으로 안 나누면 되잖니. 나눗셈에 대해서는 고려하지 않으면 된단다.

$$f(\alpha) \div (\alpha^2 + 2\alpha - 4) = g(\alpha) \text{ 나머지 } p\alpha + q \cdots ①$$

은 무시하고

$$f(\alpha) = g(\alpha)(\alpha^2 + 2\alpha - 4) + p\alpha + q \cdots ②$$

에 대해서만 생각하는 거지. ①은 안 쓰면 되는 거야. ②에는 나눗셈이 안 나오니까 문제 없지!

속고 있는 것 같은 기분이…….

흠…… 어쨌든 그 확대체 속에서는 α를 포함해서 덧셈, 뺄셈, 곱셈, 나눗셈이 허용되지. 그런데도 모든 원소는 α에 관한 n차 미만의 다항식으로 나타낼 수 있단다. 정말 대단하지 않니?

듣고 보니 그렇네요. 덧셈, 뺄셈, 곱셈, 나눗셈이 허용되니까 터무니없는 식이 나오는 게 당연하지만 정리하면 다항식이 되니까요.

계산 방법은 무수히 많단다. 그런데 어떻게 계산해도 그 결과는 어떤 범위를 벗어날 수 없지. 체를 이용하면, 그 한계를 극복할 수 있단다. 이것이 바로 '칼끝까지 파악하는 경지'란다.

 그게 뭐예요?

 시라토 산페이(白土三平)의 『닌자무예장(忍者武藝帳)』이라는 만화에 나오는 거란다.

그런 건 읽어 본 적이 없어요.

 물 위에 얇은 종이를 띄우지. 예사의 검객은 종이를 베려고 하면 검이 물에 닿아 버리고 종이가 흔들리게 되어 쉽게 벨 수가 없지. 하지만 칼끝까지 파악하는 경지를 체험한 검객이라면, 물에 닿이지 않고도 얇은 종이를 벨 수 있단다.

그게 도움이 되나요?

 칼끝까지 파악하는 경지란, 자신의 검뿐만이 아니라, 상대의 검이 움직이는 범위까지 파악하는 것을 의미한단다. 만약 그것을 파악할 수 있다면, 상대의 검이 다다를 수 있는 아슬아슬한 곳에 몸을 둘 수가 있고 그곳에는 승리의 찬스가 기다리고 있겠지.

갈루아랑은 별로 관계가 없어 보이는데요.

 깊게 생각할 필요 없단다. 다시 한번 확인해 볼까? 1을 포함하는 가장 작은 체는?

유리수체예요.

유리수체에 예를 들어, 123.456789와 같은 수를 더하면 어떻게 되지?

그것도 유리수니까 변하지 않아요.

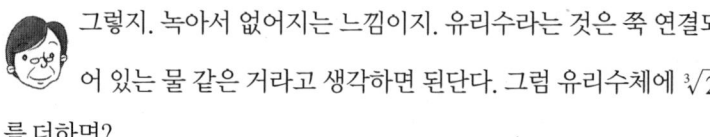그렇지. 녹아서 없어지는 느낌이지. 유리수라는 것은 쭉 연결되어 있는 물 같은 거라고 생각하면 된단다. 그럼 유리수체에 $\sqrt[3]{2}$를 더하면?

2의 세제곱근이네요. 세제곱하면 2라는 유리수가 되니까, 그 체에 포함되는 수는

$$a(\sqrt[3]{2})^2 + b\sqrt[3]{2} + c$$

가 돼요.

그렇지. $\sqrt[3]{2}$는 녹아서 없어지거나 하지 않지. 따라서 이러한 수를 첨가하면, 울퉁불퉁한 것이 남지. 이 울퉁불퉁한 구조에 대해 살펴보면 비로소 방정식을 풀어헤칠 수 있단다. 어쨌든 이것으로 준비는 끝!

그럼 드디어 갈루아예요?

그렇지.

두근두근!

채은이의 노트

군은 현대수학의 꽃이라고도 한다. 옛날의 수학자들은 착실하게 하나하나 계산했는데 지금의 수학자들은 계산 위를 뛰어넘는다는 등 그럴듯한 소리를 하며 놀고 있다. 치환은 왠지 즐겁다. 복잡했던 것을 갑자기 확 바꾸는 깔끔한 이미지라서, 처음 하는 거였지만 어느 정도 이해하기 쉬웠던 것 같다. 사다리타기, 루빅스 큐브, 15퍼즐이 모두 치환이라는 것도 쉽게 이해할 수 있었다. 하지만 끝 부분에서는 꽤 진땀을 뺐던 것 같다. 새로운 단어가 너무 많이 나와서 다 이해하기도 전에 새로운 것을 또 배우니까 몇 번씩이나 왔다 갔다 하며 고생했다. 너무 조바심이 나서, 아빠한테 무조건 '찾아보기'를 만들어야한다고 말했다.

갈루아가 실제로 이룩한 업적은 무엇일까?
그의 마지막 편지에 언급된
'난관들'은 무엇을 의미할까?
갈루아는 수학에 새로운 관점을 도입했고,
수학의 내용을 바꿨으며,
필요하지만 낯선 과정을 통해 추상적인 개념에 도달했다.
갈루아의 손에서 수학은
숫자와 도형들의 학문이기를 중단했다.
수학은 구조에 관한 학문이 되었다.
개체에 관한 학문이 과정에 관한 학문이 되었다.

이언 스튜어트, 「아름다움은 왜 진리인가」

CHAPTER 4
에바리스트 갈루아

> 1
> 여러분이 저를 꼭
> 기억해 주세요

라그랑주가 이 세상을 떠났을 때, 아벨은 11살이었다.

아벨

아벨은 노르웨이 오슬로(당시에는 크리스티아니아라 불렸다)의 작은 학교에 다녔는데, 수학 교사가 꽤 형편없는 사람이었는지 아벨의 수학적 재능은 꽃을 피우지 못했다.

1817년, 아벨이 15살 때 새로운 수학 교사가 부임한다. 바로 홀름보에(Holmboe)이다. 홀름보에는 단번에 아벨의 재능을 알아채고, 학교 수업과는 별개로 아벨과 함께 오일러나 라그랑주에 대한 연구를 해 나갔다. 그리고 2, 3년 후에는 아벨이 홀름보에의 선생님이 되어 버린다.

17~18세 즈음, 아벨은 5차방정식의 근의 공식을 발견한다. 당시 노르

웨이에는 그 공식이 타당한 것인지를 판단할 수 있는 수학자가 없었기 때문에, 홀름보에는 그 논문을 코펜하겐에 보냈다. 그 논문을 검토한 코펜하겐 대학의 수학자는 논문의 타당성은 판단할 수 없었지만 아벨의 재능을 높이 평가해, 더 가치있다고 여겨지는 타원적분에 대해 연구해 볼 것을 추천한다. 그 후 아벨은 그 구체적인 예에 대해서 조사해 나가던 중, 자신이 발견한 5차방정식의 근의 공식이 틀렸음을 깨닫는다.

아벨이 대학에 입학하기 직전, 목사였던 아버지는 죽고 어머니는 알코올에 중독된다. 아벨은 경제적으로 빈곤했지만 홀름보에 선생님을 비롯한 친구들과 지인들의 도움을 받아 대학에 들어갈 수 있었다.

스물한 살 때 아벨은 5차 이상의 대수방정식은 대수적으로 풀 수 없다는 내용의 논문을 출판했는데, 출판비용이 부족해서 내용을 여섯 페이지로 줄여야만 했고 생략에 생략을 거듭한 바람에 매우 이해하기 어려운 논문이 되었다. 그 때문에, 출판은 됐지만 외국의 수학자들로부터 무시당하고 만다.

이때쯤 아벨은 코펜하겐의 크리스틴이라는 여자와 사랑에 빠져 약혼을 했다.

1825년, 23살이 된 아벨은 베를린, 빈, 베네치아, 파리와 유럽을 일주하는 기나긴 여행을 떠난다. 유럽 최고의 수학자를 만나 최신 수학을 배우기 위해서였다. 이때 베를린에서, 훗날 둘도 없는 친구가 되는 크렐레와 만나게 된다. 아벨에게 자극받은 크렐레는 수학 전문 잡지를 발행한다. 물론 아벨도 이 잡지에 많은 논문을 발표해 나갔다.

파리에 도착한 아벨은 「어떤 종류의 매우 확장된 초월함수의 일반적 성질에 관한 논문」을 완성해서 과학 아카데미에 보냈다. 이 논문은 아벨에게 있어서 인생 최고의 작품이었다. 하지만 과학 아카데미로부터 아무런 연락을 받지 못했고, 아벨은 실의에 빠져 오슬로로 돌아갔다.

아벨은 크렐레 덕분에 재능이 있는 수학자로 유명해졌지만, 오슬로에서는 대학에 자리가 없어 가정교사 등을 하면서 간신히 생계를 유지해 나갔고, 크리스틴과의 결혼도 경제적인 이유로 뒤로 미룰 수밖에 없었다.

하지만 가난 속에서도 아벨은 경이적인 양의 논문을 썼다. 마치 눈앞으로 다가오는 자신의 죽음을 미리 알고 있었던 것처럼.

1829년 4월 6일, 아벨은 크리스틴에게 간호를 받던 중 세상을 떠난다. 그리고 며칠 후, 크렐레로부터 편지가 도착한다. 그 편지에는 아벨을 베를린 대학 교수로 초빙하게 되었다는 내용이 담겨 있었다.

그리고 같은 날, 잃어버렸다고만 생각했던 논문이 발견됐다는 편지가 파리로부터 도착했다. 아벨과 마찬가지로 타원함수에 대해 연구하고 있던 아벨의 라이벌 야코비가 아벨의 논문을 일부러 보류했던 파리 과학 아카데미에 항의한 것을 계기로 논문이 발견되었던 것이다. 야코비의 항의를 받아들여 르장드르(Legendre)가 서둘러 논문을 찾았지만, 논문은 코시의 서랍 속에 잠들어 있었다.

야코비는 타원함수 이외에 5차방정식에 대한 연구도 진행했으며, 일반 5차방정식을

$$x^5 + px + q = 0$$

까지 간략화하는 데 성공했다.

다시 발견된 이 논문은 아벨이 죽은 후「파리 논문」으로 유명해져 "청동보다도 오래가는 불멸의 논문", "후대 수학자에게 500년 분량의 일을

야코비

남겼다"는 말을 들을 정도로 높은 평가를 받았다.

2001년, 노르웨이 정부는 아벨 탄생 200주년을 기념해 아벨상(Abel prize)을 창설하고 발표했다. 1936년부터 실시된 수학 최고의 상이라 불리는 필즈상의 상금은 약 1~2만 달러 정도였지만 아벨상의 상금은 약 100만 달러로, 노벨상에 버금가는 금액이었다. 또한, 2005년 아벨 기금은 발전도상국의 수학자들을 대상으로 라마누잔상을 창설했다.

아벨의 업적은 「파리 논문」에서 알 수 있듯이, 타원함수 등의 초월함수에 대한 연구가 주를 이루었다.

방정식론에서는 5차 이상의 일반 대수방정식을 거듭제곱근으로 풀 수 없음을 증명했고, 거듭제곱근으로 풀 수 있는 어떤 종류의 방정식을 발견했다. 이 방정식은, 그 군의 모든 잉여군의 원소가 가환적(commutative)이라는 특징을 가진다. 그래서 교환법칙이 성립하는 군을 아벨군(abelian group)이라 부르게 되었다.

그 외에도 아벨 방정식, 아벨 적분, 아벨 함수, 아벨 다양체 등 아벨의 이름이 붙은 수학 용어는 매우 많다.

아벨이 파리에서 「파리 논문」을 썼을 무렵, 아벨보다 9살 어린 에바리스트 갈루아는 파리의 루이 르 그랑 왕립 중학교에 다니고 있었다. 갈루아의 아버지는 공화주의 추종자로, 파리 교외 부르 라 렌느의 시장을 맡기도 했던 인물이었다. 어머니는 그리스풍의 교의가 넘치는 여성으로, 굉장히 별난 사람이었다는 이야기가 전해져 내려온다.

갈루아는 11살 때까지 어머니에게 고전 교육을 받고 라틴어 등을 배웠으며, 12살이 되기 직전에 예비 대학 기관인 루이 르 그랑 중학교에 입학한다. 처음 2년 동안은 성적이 그럭저럭 나왔지만, 머지않아 학교 수업에 잘 못 따라가 낙제한다. 하지만 오히려 이것은 갈루아에게 행운이었다. 갈루이는 낙제를 해서 수학을 만나게 되었으며, 곧바로 수학에 푹 빠져들었다. 전해지는 이야기에 따르면, 2년 동안 배우게 되어 있는 르장드르의 『기하학원론』을 소설이라도 되는 양 불과 이틀 만에 다 읽었다고 한다.

17살 때에 갈루아는 젊은 수학 교사 리샤르를 만난다. 리샤르는 갈루아의 재능을 알아채고, 아벨과 홀름보에가 그랬듯 갈루아와 둘이서 수학 연구를 진행했다. 그리고 역시 얼마 안 돼서 갈루아가 '선생님'이 되었다.

갈루아는 최고의 수학교육을 받기 위해 에콜 폴리테크니크(École Polytechnique)를 목표로 공부하는데, 두 번 시험을 치렀지만 모두 실패한다. 구두시험에서 갈루아에게는 너무나도 당연한 것들을 끈질기게 질문한 시험관에게 칠판지우개를 집어 던졌다는 이야기도 남아 있다. 그 당시 갈루아의 아버지가 자살한 것이 영향을 미친 것인지도 모르겠다.

당시 프랑스는 반동의 폭풍우가 세차게 불고 있었다. 1815년 왕정복고로 부활한 루이 18세는 프랑스 혁명의 성과를 완전히 무시했고, 뒤를 이은 샤를 10세는 한층 더 반동적인 정책을 펼쳤다. 이 기세를 몰아 부르 라 렌느의 왕당파는 공화파인 갈루아의 부친을 다양한 방법으로 괴롭혀 갈루아의 부친은 결국 노이로제에 걸려 자살해 버렸다고 한다.

같은 시기 갈루아는 과학 아카데미에 대수방정식의 해법에 관한 논문을 제출했다. 에콜 폴리테크니크에 입학하는 데는 실패했지만 이 논문을 인정받으면 어떻게든 될 수 있을 거란 희망을 품고 있었던 것 같다. 하지만 이 논문은 코시가 잃어버리게 된다(또, 또 코시다).

에콜 폴리테크니크는 두 번까지 시험을 치를 수 있었다. 어쩔 수 없이 갈루아는 에콜 프레파라토와르(오늘날 에콜 노르말 쉬페리외르로 개명된 이 기관은 에콜 폴리테크니크보다 훨씬 유명하지만, 당시에는 보잘 것 없는 아류에 불과했다-옮긴이)에 입학한다. 이 학교에서 갈루아는 훗날 자신의 유서를 맡기는 공화주의자 오귀스트 슈발리에를 만난다. 슈발리에는 더욱 온건한 생시몽(Saint-Simon)주의를 신봉하고 있었다.

그리고 18세 때, 갈루아는 다시 한번 같은 논문을 과학 아카데미에 제출한다. 하지만 이번에는 심사를 맡은 푸리에가 논문을 가지고 간 채 죽어 버려, 논문은 또다시 행방불명된다.

이 논문 이외에도 갈루아는 여러 편의 짧은 논문을 발표했다. 그리고 이때쯤 '민중의 벗'이라는 과격한 공화주의자의 비밀결사에 가입했다고 한다. 이 비밀결사에는 공화주의자로 명성 높은 라스파이유와, 폭력혁명론을 주창하여 마르크스로부터 '혁명적 공산주의자'로 칭송받아 나중에 바쿠닌이나 레닌에게 영향을 준 블랑키 등이 가입해 있었다.

그리고 1830년 7월, 파리는 '영광의 3일'을 맞이한다. 파리의 민중은 삼색 깃발을 높이 걸고 거리로 뛰어나가 바리케이드를 치고, 반동적인 왕에게 반기를 들었다. 이때 에콜 프레파라토와르의 교장은 학생들이 거리에 나가는 것을 금지했다. 갈루아는 탑을 타고 넘어 혁명에 참가하려고 했지만, 선생님에게 잡혀 영광의 3일간을 학교에 연금당한 채 보낼 수밖에 없었다.

국왕 샤를 10세는 단두대에 오르는 것이 두려워 망명했고, 시민을 위한 정치를 하겠다고 선언한 루이 필리프가 새로운 국왕이 된다. 7월 왕정의 시작이었다.

7월 혁명이 끝나자, 갈루아는 학교 신문에 교장을 탄핵하는 기사를 발표했다. 교장은 이것을 이유로 길루아를 퇴학 처분한다.

갈루아는 푸아송의 추천으로 방정식에 관한 논문을 다시 한번 과학 아카데미에 제출한다. 세 번째 제출이었다. 이번에는 논문의 행방을 알 수 없게 되는 일은 벌어지지 않았지만, 심사관이 그 내용을 이해할 수 없어 반송되었다. 바로 이것이 현재의 갈루아의 「첫번째 논문」이다.

이 당시의 갈루아의 생활은 매우 거칠었다고 한다. 그런 갈루아를 염려하는 소피 제르맹의 편지가 20세기에 들어 발견되었는데, 그 편지에는 갈루아가 과학 아카데미의 수학 모임에 나가 크게 소리를 지르는 모습이 흡사 미치광이와 같았다고 쓰여 있다.

1831년 5월, 공화주의자 모임에서 갈루아는 손에 칼을 들고 '루이 필리프에게 건배'라고 부르짖었다. 국왕의 암살을 선동했다는 이유로 경찰은 갈루아를 체포하는데, 재판에서는 무죄를 선고받았다. 하지만 이 사건을 계기로 경찰은 갈루아를 과격파로 경계하게 되었다.

혁명 기념일인 7월 14일, 갈루아는 공화주의자들의 선두에 서서 퐁

네프 다리를 건너려다가 체포된다. 금지되어 있던 국민군의 제복을 착용하고 무장까지 했다는 것이 체포 사유였다. 갈루아는 징역 6개월의 판결을 받아 생 펠 라지 감옥으로 보내진다.

해가 바뀌고 1832년 3월, 갈루아는 건강상의 이유로 치료소로 옮겨가게 되고, 치료소 의사의 딸인 스테파니와 사랑에 빠진다.

5월 30일 이른 아침, 갈루아는 복부에 총탄을 맞아 쓰러진 채 발견되어 병원으로 운반된다. 그리고 다음날인 31일 오전 10시에 20년 7개월이라는 짧은 생애를 마감한다. 죽기 직전, 갈루아는 의식이 분명할 때 죽음에 임하여 행하는 그리스도교 의식을 단호히 거절했다.

갈루아의 죽음은 비밀에 싸여 있었다. 결투를 한 것은 분명하지만, 결투 상대가 누구였으며 입회인은 왜 부상당한 갈루아를 방치했는지, 그리고 애초에 결투의 원인이 무엇이었는지에 대해서는 확실한 정보가 남아 있지 않다.

갈루아는 결투 전날, 세 통의 편지를 썼다. 그중 한 통은 책의 첫머리에서 소개했던 수학적인 내용이 담겨 있는 유명한 유서이고 나머지 두 통은 짧은 편지였다.

갈루아가 경찰의 음모로 죽음을 맞이했다는 설도 있다. 갈루아의 최후를 지켰던 남동생은 마지막까지 그렇게 믿었다고 한다. 갈루아는 위험한 과격분자로 점 찍혀 있었기 때문에, 그렇게 믿을 만한 상황적인 근거는 충분하다. 하지만 결정적인 증거는 없었다. 1848년 2월 혁명 이후, 경찰의 스파이가 된 공화주의자의 정체가 폭로되어 경찰의 자료도 공식적으로 드러났지만, 갈루아 암살을 시사하는 자료는 발견되지 않았다. 물론 경찰의 음모라고 하더라도 그것을 노골적으로 암시하는 문서를 남겼을 리 없겠지만, 아무런 흔적이 남아 있지 않다는 것 역시 있을 수 없는 일이 아닐까?

갈루아 스스로 목숨을 끊었다는 설도 있다. 이 역시 상황적 증거는 있다. 갈루아는 그 이전에 몇 번인가 자살을 암시하는 듯한 발언을 했었고, 조국을 위해 유해(遺骸)가 필요하다면 자신이 제공하겠다는 말을 한 적도 있다. 혁명을 위해서는 다시 한번 폭동을 일으킬 필요가 있고, 자신의 죽음이 그 계기가 되어도 좋다는 의미였다. 그렇게 생각하면, 갈루아가 유서에 여러 차례에 걸쳐 '나는 죽는다'라고 적었던 것도 어떻게 보면 납득이 간다. 결투에서 반드시 갈루아가 진다는 법도 없고, 결투 전날 밤에 밤새도록 편지를 쓸 게 아니라 총을 다루는 연습이라도 하는 것이 상식적인 판단이었을 텐데 말이다. 그럼에도 갈루아는 편지에 반드시 자신이 죽게 될 것처럼 적었다.

하지만 자살은 아무래도 납득이 가지 않는다. 아무리 갈루아가 부탁을 했다 하더라도, 절친했던 공화주의자가 갈루아를 죽였을까?

갈루아의 장례는 6월 2일, 몽파르나스(Montparnasse)의 묘지에서 행해졌으며, 2,000~3,000명의 공화주의자가 출석했다고 한다. 하지만 폭동은 일어나지 않았다. 갈루아의 죽음이 자살이라면, 그것은 아무 의미가 없는 죽음이었던 것이다. 현재 갈루아가 어디에 묻혀 있는지는 알려져 있지 않다.

갈루아는 편지에 "보잘것없는 불륜녀의 희생양이 되어 죽는 것입니다"라는 말을 적어 놓았다. 이 여성의 정체는 오랫동안 밝혀지지 않았는데, 20세기 중반, 우루과이 출신의 학자가 치료소 의사의 딸 스테파니임을 밝혀냈다. 갈루아의 유서에는 계산 과정 중에 갑자기 '스테파니 갈루아'라든지 '에바리스트 스테파니'와 같은 낙서가 등장한다. 첫머리에 소개했던 슈발리에에게 보낸 유서의 뒷면에서도 스테파니가 갈루아에게 보낸 편지의 흔적이 발견되었다. 필적은 갈루아의 것이었지만, 형용사가 여성형이었으며 여성의 글임이 분명했다. 그 편지에는 "부탁이니까 이제 그만 합시다", "당신이 나에게 베풀어 준 모든 호의에 진심으로 감사 드립니다"(이야나가 쇼키치(彌永昌吉)의 『갈루아의 시대, 갈루아의 수학』 중에서)와 같은 문장이 있었다.

이러한 문장을 통해 갈루아의 성급한 구애에 당황한 스테파니의 모습을 상상할 수 있다.

나는 가장 상식적인 선에서 생각하고 싶다.

병에 걸린 갈루아를 간호했던 스테파니의 행동을 애정으로 오해한 순진한 갈루아가 스테파니에게 열을 올려 지나치게 구애를 했던 건 아닐까? 스테파니에게는 연인(혹은 약혼자)이 있었다. 갈루아가 끈질지게 구애한다는 사실을 알게 된 그 연인이 스테파니의 명예를 위해 결투를 신청했다.

결국, 갈루아는 1832년 5월 31일에 이 세상을 떠났다. 슈발리에는 갈루아의 유서를 공표했지만, 당시 수학자들의 관심을 끌진 못했다. 사람들이 갈루아 이론을 이해하기까지는 그로부터 수 십 년의 세월이 필요했다.

현재, 갈루아 이론은 방정식론에만 머물지 않고, 대수학의 기초로 빛나고 있다. 갈루아 이론은 수학 이외의 분야에서도 응용되고 있으며, 과학뿐만이 아니라 예술 분야에까지 커다란 영향을 미치고 있다.

갈루아의 또다른 꿈인 공화주의는 1848년 프랑스 2월 혁명에서 이루어진다. 현재 프랑스에는 왕이 없다.

갈루아는 두 명의 공화주의자 친구에게 보낸 편지의 마지막에 다음과 같은 문장을 적었다.

"내 운명은 내 나라가 내 이름을 기억할 정도로 오래 사는 것을 허락하지 않기 때문에, 여러분이 저를 꼭 기억해 주십시오."(전게서)

걱정하지 마, 갈루아! 인류는 결코 당신을 잊지 않을 테니까!

: : : :

 천재 수학자들은 왜 다들 비참한 죽음을 맞이하는 거예요?

 꼭 그런 것만은 아니란다. 라그랑주, 오일러, 가우스는 모두 천수를 다했단다. 아벨도 그렇고 갈루아도 그렇고 특별히 수학 때문에 요절한 것은 아니란다.

 하지만……

 둘 다 너무 시대를 앞질러 나갔다는 것만은 확실하지. 그래서 당시 수학자들은 그들을 이해하지 못했던 거야.

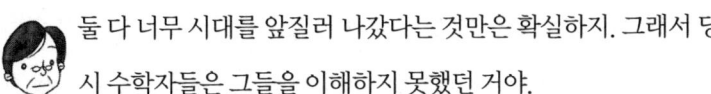 너무 아쉽네요. 죽고 나서 인정받아 봤자…… 갈루아는 수학보다도 정치에 목숨을 걸려고 했던 것 같아요.

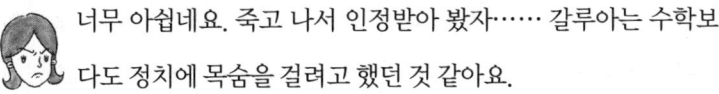 과학 아카데미에 제출한 논문이 두 번이나 분실되고 세 번째에는 심사관이 이해하지 못했으니, 어쩌면 자신이 사회에 받아들여지지 못한다는 생각을 해서 과격한 사상에 이끌렸던 게 아닐까?

공화주의가 과격한가요?

 갈루아 때의 공화주의는 프랑스 혁명 때와는 달랐단다. 1789년 프랑스 혁명은 귀족이라는 특권을 가진 사람들에 대해 귀족이 아닌 사람들이 이의를 제기한 것이라고 볼 수 있지. 왕정복고에 의해 성립한 왕은 귀족의 특권을 부활시키려고 했지만, 과격한 반발이 있어 결국 7월 혁명으로 그 왕은 추방당하고 루이 필리프가 새로운 왕이 되었지. 루이 필리프는 '주식업의 왕'이라고 불릴 정도로 이른바 부자들의 편이었어. 귀족이 아닌 은행가나 자본가의 지지를 얻은 왕이었지. 노동자나 농민은 대부분 권리가 없는 상태에 놓여 있었어. 그래서 이 이후에 노동자나 농민, 즉 가난한 인민들이 이의를 제기하기 시작하지. 갈루아의 공화주의는 그런 것이었단다.

그렇구나. 그럼 2월 혁명으로 왕을 몰아내면 갈루아의 공화주의가 실현됐을 거라는 말씀이세요?

역사는 그렇게 단순하게 흘러가지 않았지. 2월 혁명으로 왕은 추방당했지만, 이번에는 나폴레옹의 조카인 나폴레옹 3세가 황제가 된단다. 나폴레옹 3세는 국내의 불만을 다른 곳으로 돌리기 위해 대외전쟁을 반복했지. 하지만 결국 프로이센에 패배해 나폴레옹 3세 자신도 포로가 되어 버린단다. 그때 프로이센군에 포위된 파리의 민중이 봉기해서 파리를 해방시켰단다. 파리의 민중은 국가 따위는 필요 없다는 듯이 자신들만의 정치를 했어. 이것은 파리 코뮌(Commune de Paris)이라 불린단다. '신도 없고, 주인도 없는' 사회가 실현되었지. 역사상 여성이 참정권을 인정받았던 것도 파리 코뮌이 처음이었어.

그래서, 파리 코뮌은 어떻게 됐어요?

 3개월 정도밖에 지속되지 못했단다. 마지막에는 '피의 일주일'이라 불리는 격전 끝에, 아주 많은 사람이 죽어 결국 그 기능을 상실하고 흩어지게 되었지. 때는 벚나무가 열리는 5월 말이었어.

 왜 갑자기 벚나무 이야기를 하시는 거예요?

영화 「붉은 돼지」에 나오는 「체리가 익어갈 무렵」은 파리 코뮌의 노래였단다. 5월 26일, 정부군이 쳐들어오는 중, 퐁텐 오 루아 거리의 바리케이드에 체리 마구니를 손에 든 어린 여자 아이가 다가왔어. "제 이름은 루이즈예요. 저도 돕고 싶어요." 남자들은 말했지. "적이 바로 근처까지 다가오고 있어. 도망가. 너를 지켜줄 수 없을 거야." 그런데 루이즈는 그 자리에 남아 기특하게도 부상자들을 치료했단다. 5월 28일 일요일, 바리케이드는 돌파 당해 루이즈도 학살의 희생양이 되었어. 파리 코뮌 붕괴 후, 살아남은 시인 클레망이 루이즈의 모습을 떠올리면서 만든 노래가 바로 「체리가 익어갈 무렵」이란다. 그 후, 파리 시민들은 파리 코뮌의 희생자를 애도하면서 이 노래를 불렀다고 해.

 슬퍼지네요. 그런데 '신도 없고, 주인도 없는'이란 말은 정말 멋지네요.

봉건 왕정이 붕괴할 때, 종종 이렇게 '국가 따윈 필요 없다'라는 현상이 나타났지. 조선에서도 1894년 갑오농민전쟁 때 민중의 자치가 이루어졌단다. 횡포한 관리들에 대한 반항을 계기로 시작된 농민봉기였는데, 수개월 후에는 정부군을 무찌르고 전라도 일대에 '도소

(都所)'를 설치하여 조선왕조의 관리를 몰아냈단다. 여기서도 여성의 인권이 인정되는, 조선 역사에서는 보기 힘든 일이 일어났지.

 굉장하네요. 그래서 어떻게 됐어요?

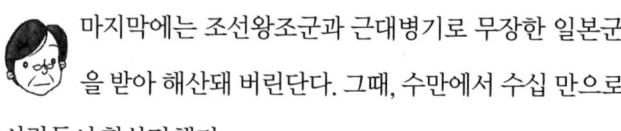 마지막에는 조선왕조군과 근대병기로 무장한 일본군에게 탄압을 받아 해산돼 버린단다. 그때, 수만에서 수십 만으로 추정되는 사람들이 학살당했지.

 저런……

하지만 갑오농민전쟁은 파리 코뮌과 같이 '국가 따윈 필요 없다'는 슬로건을 내걸어 역사적으로 실현한 사회운동으로 명성이 높단다. 하나 더 예를 들어 보자면, 러시아의 로마노프 왕조가 붕괴한 후, 우크라이나 농민 사이에서 일어난 마흐노 운동이 있지. 마흐노군은 무정부주의의 흑기를 걸고 싸웠단다. 그런데 이들도 소련의 적군(赤軍)에 의해 탄압을 받았어.

 결국 다 사라졌군요.

하지만 사람들 사이에는 이념이라는 것이 남았단다. 채은이가 성장했을 때에는 이 지구도 더 즐거운 세계가 되어 있으면 좋겠구나. 아니, 남의 일처럼 얘기해서는 안 되지. 그렇게 될 수 있도록 노력하자!

 요새 위에~ 우리가 세계를~ 쌓아 올려 다지자~ 용맹스럽게~

어째서 그런 노래를 알고 있는 거니?

 아빠가 와인 마실 때마다 이 노래를 불렀잖아요.

 ……. (술을 마시면 언제나 필름이 끊기기 때문에 기억이 없다.)

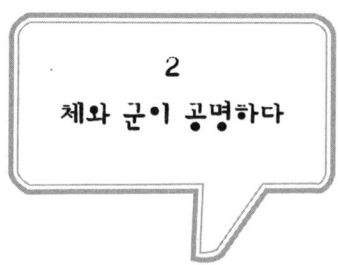

2
체와 군이 공명하다

갈루아는 체와 군 이론을 이용해, 계속해서 방정식을 연구했다.

먼저, 일반적인 3차방정식에 대해서 생각해 보자.*

유리수를 계수로 하는 3차방정식은 분모를 없애면 정수를 계수로 하는 3차방정식이 되기 때문에 계수는 모두 정수로 생각해도 좋다.

3차방정식의 근을

$$x_1,\ x_2,\ x_3$$

라고 하자.

방정식의 계수는 근의 대칭식이다. 따라서 근을 교환해도 계수에는 전혀 변함이 없다. 그러므로 계수체는 근의 치환에 의해 절대 변하지 않는다.

방정식을 푸는 것이란, 체의 입장에서 말하자면 계수체 Q에 그 체의 원소의 거듭제곱근을 첨가해서 방정식의 근을 포함하는 체로 확대해

---

* 여기서 생각하는 3차방정식은 부록 3에서 설명한 특별한 조건을 만족시키는 3차방정식이다. 즉 세 근 x_1, x_2, x_3의 대칭식이 아닌 식은 절대 0이 될 수 없는 방정식이다. 이때에는 x_1, x_2, x_3에 관한 등식에서 근을 치환하여도 등식이 성립한다는 사실을 잊지 않도록 하자—옮긴이

나가는 것을 의미한다.

즉,
$$Q \to Q(x_1)$$
또는
$$Q \to Q(x_2)$$
또는
$$Q \to Q(x_1, x_2, x_3)$$

와 같이 체를 확대하는 것이다. 단, $Q(x_1)$과 $Q(x_2)$는 일치할 때도 물론 있지만, 보통은 일치하지 않는다. 가장 단순한 예를 들어 보면,
$$X^3 - 2 = 0$$
의 근은
$$\sqrt[3]{2}, \quad \sqrt[3]{2}\,\omega, \quad \sqrt[3]{2}\,\omega^2$$

인데, $Q(\sqrt[3]{2})$와 $Q(\sqrt[3]{2}\,\omega)$는 다르다. $Q(\sqrt[3]{2}\,\omega)$는 ω를 포함하고 있기 때문에 i나 $\sqrt{3}$이 포함되어 있지만, $Q(\sqrt[3]{2})$에는 포함되어 있지 않다.

갈루아는 계수체에 방정식의 근을 모두 첨가했다. 즉, 계수체 Q를 한 번에
$$Q \to Q(x_1, x_2, x_3)$$
까지 확대한 것이다. 이 확대체를 L이라고 하자.
$$L = Q(x_1, x_2, x_3)$$

여기에서 단순확대체정리를 떠올려 보자. 어떤 값 V가 존재해서
$$Q(x_1, x_2, x_3) = Q(V)$$
가 되는 것이다. 이와 같은 V는 무한히 많이 존재하는데, 가장 간단한 것은 x_1, x_2, x_3의 1차식

$$V = a_1x_1 + a_2x_2 + a_3x_3$$

의 형태라는 것을 라그랑주는 발견했다. 단, x_1, x_2, x_3를 치환한 경우에는 각각 서로 다른 값이 되어야 한다.

V에서 x_1, x_2, x_3의 치환을 해 보자.

$$\begin{aligned}
(\quad) &\rightarrow V = a_1x_1 + a_2x_2 + a_3x_3 \\
(1\ 2\ 3) &\rightarrow V_1 = a_1x_2 + a_2x_3 + a_3x_1 \\
(1\ 3\ 2) &\rightarrow V_2 = a_1x_3 + a_2x_1 + a_3x_2 \\
(1\ 2) &\rightarrow V_3 = a_1x_2 + a_2x_1 + a_3x_3 \\
(1\ 3) &\rightarrow V_4 = a_1x_3 + a_2x_2 + a_3x_1 \\
(2\ 3) &\rightarrow V_5 = a_1x_1 + a_2x_3 + a_3x_2
\end{aligned}$$

이때 $V, V_1, V_2, V_3, V_4, V_5$는 서로 값이 다르다.

그런데 $Q(V), Q(V_1), Q(V_2), Q(V_3), Q(V_4), Q(V_5)$는 모두 방정식의 근을 포함하는 가장 작은 체이며, $L = Q(x_1, x_2, x_3)$와 같다. 즉,

$$L = Q(V) = Q(V_1) = Q(V_2) = Q(V_3) = Q(V_4) = Q(V_5)^*$$

다시 한번 반복하지만, $Q(x_1, x_2, x_3)$, $Q(V)$, $Q(V_1)$, $Q(V_2)$, $Q(V_3)$, $Q(V_4)$, $Q(V_5)$는 같은 체를 나타낸다.

---

* $L = Q(V) = Q(V_1) = Q(V_2) = Q(V_3) = Q(V_4) = Q(V_5)$가 되는 이유는 무엇일까? 먼저 $L = Q(V_1)$이 되는 이유를 알아보자. $V_1 = a_1x_2 + a_2x_3 + a_3x_1$이므로 V_1과 사칙연산으로 만드는 수는 모두 x_1, x_2, x_3와 사칙연산으로 만들 수 있다. 예를 들어 $V_1^2 - V_1$은 $(a_1x_2 + a_2x_3 + a_3x_1)^2 - (a_1x_2 + a_2x_3 + a_3x_1)$과 같이 표현할 수 있다. 즉 $Q(V_1)$은 L에 포함된다. 한편, $L = Q(V)$이고 x_1, x_2, x_3는 L에 속하므로 x_1, x_2, x_3는 각각 V와 사칙연산으로 나타낼 수 있다. 이것을

$$x_1 = f(V), \quad x_2 = g(V), \quad x_3 = h(V)$$

라고 나타내고 양변에서 x_1을 x_2로, x_2를 x_3로, x_3을 x_1으로 바꾸면,

$$x_2 = f(V_1), \quad x_3 = g(V_1), \quad x_1 = h(V_1)$$

이 된다. 따라서 x_1, x_2, x_3와 사칙연산으로 만든 수는 다시 V_1과 사칙연산으로 나타낼 수 있다. 예를 들어 $x_1x_3 + x_2^2$은 $h(V_1)g(V_1) + f(V_1)^2$으로 나타낼 수 있다. 즉 L은 $Q(V_1)$에 포함된다. 그러므로 $L = Q(V_1)$이다. 같은 방법으로 $L = Q(V) = Q(V_1) = Q(V_2) = Q(V_3) = Q(V_4) = Q(V_5)$가 됨을 설명할 수 있다.—옮긴이

$Q(x_1, x_2, x_3)$의 원소는 x_1, x_2, x_3의 식으로 나타낼 수 있다.

$Q(V)$의 원소는 V에 관한 식으로 나타낼 수 있다. 특히 이것은 단순확대체이므로 앞에서와 마찬가지로 V에 관한 다항식으로 나타낼 수 있다.

$Q(V)$의 원소는
$$a_1 V^n + a_2 V^{n-1} + \cdots$$
으로 나타낼 수 있다.

$Q(V_1)$의 원소도 마찬가지로
$$a_1 V_1^n + a_2 V_1^{n-1} + \cdots$$
으로 나타낼 수 있다.

$Q(V), Q(V_1), Q(V_2), Q(V_3), Q(V_4), Q(V_5)$는 같은 체이지만, 그 원소는 V에 대해 정렬하면
$$a_1 V^n + a_2 V^{n-1} + \cdots$$
이 되고, V_1에 대해 정렬하면
$$a_1 V_1^n + a_2 V_1^{n-1} + \cdots$$
과 같은 형태가 된다.

치환이 군을 이룬다는 사실에도 주목!

다시 말해, 치환에 치환을 거듭해도 치환이 된다는 것이다. 따라서 몇 번을 거듭해서 근들을 치환해도 $V, V_1, V_2, V_3, V_4, V_5$는 교환되는 것뿐이지 그 외의 값으로 변하진 않는다.

치환에 의해 $V, V_1, V_2, V_3, V_4, V_5$가 어떻게 바뀌는지 살펴보자. 치환 기호는 앞에서 표기했던 것을 그대로 사용하자.

$$\varepsilon = (\ \ )$$
$$\sigma = (1\ \ 2\ \ 3)$$

$$\sigma^2 = (1\ 3\ 2)$$
$$\alpha = (1\ 2)$$
$$\beta = (1\ 3)$$
$$\gamma = (2\ 3)$$

이때, 일일이 $V = a_1 x_1 + a_2 x_2 + a_3 x_3$라고 적으면 알아보기 어려우므로

$$V = a_1 x_1 + a_2 x_2 + a_3 x_3 \quad \rightarrow \quad <1\ 2\ 3>$$

이라고 쓰기로 하자. 그럼 다음과 같이 정리할 수 있다.

$$V = a_1 x_1 + a_2 x_2 + a_3 x_3 \quad \rightarrow \quad <1\ 2\ 3>$$
$$V_1 = a_1 x_2 + a_2 x_3 + a_3 x_1 \quad \rightarrow \quad <2\ 3\ 1>$$
$$V_2 = a_1 x_3 + a_2 x_1 + a_3 x_2 \quad \rightarrow \quad <3\ 1\ 2>$$
$$V_3 = a_1 x_2 + a_2 x_1 + a_3 x_3 \quad \rightarrow \quad <2\ 1\ 3>$$
$$V_4 = a_1 x_3 + a_2 x_2 + a_3 x_1 \quad \rightarrow \quad <3\ 2\ 1>$$
$$V_5 = a_1 x_1 + a_2 x_3 + a_3 x_2 \quad \rightarrow \quad <1\ 3\ 2>$$

그럼 하나하나 살펴보도록 하자.

$\varepsilon = (\ )$

변하지 않는다.

$\sigma = (1\ 2\ 3)$

$<1\ 2\ 3> \rightarrow <2\ 3\ 1> \rightarrow <3\ 1\ 2> \rightarrow <1\ 2\ 3>$

즉, $V \rightarrow V_1 \rightarrow V_2 \rightarrow V$

$<2\ 1\ 3> \rightarrow <3\ 2\ 1> \rightarrow <1\ 3\ 2> \rightarrow <2\ 1\ 3>$

즉, $V_3 \rightarrow V_4 \rightarrow V_5 \rightarrow V_3$

$\sigma^2 = (1\ 3\ 2)$

$<1\ 2\ 3> \rightarrow <3\ 1\ 2> \rightarrow <2\ 3\ 1> \rightarrow <1\ 2\ 3>$

即, $V \to V_2 \to V_1 \to V$

<2 1 3> → <1 3 2> → <3 2 1> → <2 1 3>

即, $V_3 \to V_5 \to V_4 \to V_3$

$\alpha = (1\ 2)$

<1 2 3> → <2 1 3> → <1 2 3>

即, $V \to V_3 \to V$

<2 3 1> → <1 3 2> → <2 3 1>

即, $V_1 \to V_5 \to V_1$

<3 1 2> → <3 2 1> → <3 1 2>

即, $V_2 \to V_4 \to V_2$

$\beta = (1\ 3)$

<1 2 3> → <3 2 1> → <1 2 3>

即, $V \to V_4 \to V$

<2 3 1> → <2 1 3> → <2 3 1>

即, $V_1 \to V_3 \to V_1$

<3 1 2> → <1 3 2> → <3 1 2>

即, $V_2 \to V_5 \to V_2$

$\gamma = (2\ 3)$

<1 2 3> → <1 3 2> → <1 2 3>

即, $V \to V_5 \to V$

<2 3 1> → <3 2 1> → <2 3 1>

即, $V_1 \to V_4 \to V_1$

<3 1 2> → <2 1 3> → <3 1 2>

즉, $V_2 \to V_3 \to V_2$

알아보기 쉽게 표로 정리해 보자.

ε	변화 없음	
σ	$V \to V_1 \to V_2 \to V,$	$V_3 \to V_4 \to V_5 \to V_3$
σ^2	$V \to V_2 \to V_1 \to V,$	$V_3 \to V_5 \to V_4 \to V_3$
α	$V \to V_3 \to V,$ $V_1 \to V_5 \to V_1,$	$V_2 \to V_4 \to V_2$
β	$V \to V_4 \to V,$ $V_1 \to V_3 \to V_1,$	$V_2 \to V_5 \to V_2$
γ	$V \to V_5 \to V,$ $V_1 \to V_4 \to V_1,$	$V_2 \to V_3 \to V_2$

이것이 방정식의 구조이다.

▮체의 확대▮

$Q \to L$과 근의 치환에 대하여

① 계수체는 근의 치환에 의해 변하지 않는다.

② 확대체를 대표하는 값이 근의 치환에 의해 바뀐다. 확대체를 대표하는 값이 변하지 않게 하는 치환은 ε뿐이다. 당연한 말이지만, 확대체를 대표하는 값은 대칭군의 위수만큼 존재한다.

이때, 체의 확대라는 관점에서 보면 계수체가 기준이 되는 체이므로, 기초체라는 말을 사용하기로 하자. 방정식론에서 계수체와 기초체는 같다. 방정식의 계수를 유리수로 한정한다면, 계수체는 유리수체가 된다.

근의 치환에 의해, 체를 대표하는 원 $V, V_1, V_2, V_3, V_4, V_5$는 바뀌지만, 기초체의 원소는 변함이 없다.

갈루아의 업적을 기려 $Q \to L$의 체의 확대를 갈루아 확대, 대칭군을 갈루아군이라 부르고 있다.

지금까지 살펴본 내용을 정리해 보자.

기초체에 갈루아군의 치환을 계속해도 변함이 없다. 계수는 근의 대칭식이었기 때문에, 당연히 근들의 치환에 의해 변하지 않기 때문이다. 기초체는 물과 같이 어떠한 구조도 가지지 않는다.

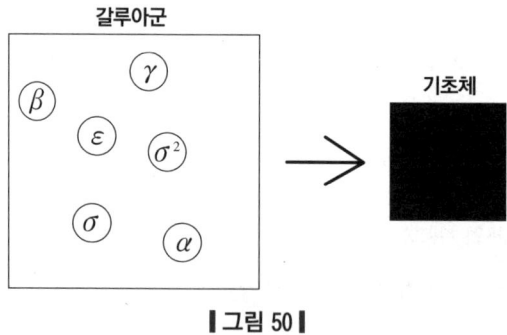

|그림 50|

확대체에 갈루아군의 치환을 하면 확대체를 대표하는 원소(V, V_1, V_2, V_3, V_4, V_5)가 바뀐다.

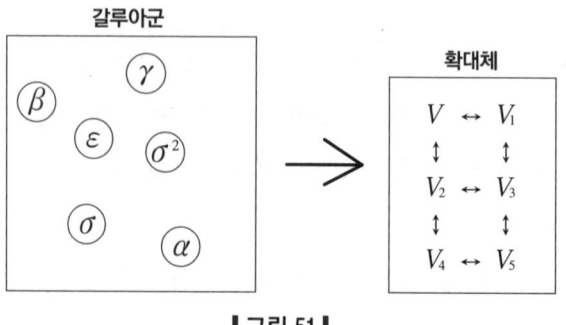

|그림 51|

갈루아군과 갈루아확대체에 대해서 좀 더 살펴보자.

3차대칭군에는 다음과 같은 부분군이 있었다.

$$A = \{\varepsilon \quad \sigma \quad \sigma^2\}$$
$$B = \{\varepsilon \quad \alpha\}$$
$$C = \{\varepsilon \quad \beta\}$$
$$D = \{\varepsilon \quad \gamma\}$$

앞에서 정리한 표에 기초하여 이 부분군들에서 $V, V_1, V_2, V_3, V_4, V_5$가 어떻게 변하는지 살펴보자.

A: V, V_1, V_2를 바꾸고, V_3, V_4, V_5를 바꾼다.

B: V, V_3를 바꾸고, V_1, V_5를 바꾸고, V_2, V_4를 바꾼다.

C: V, V_4를 바꾸고, V_1, V_3를 바꾸고, V_2, V_5를 바꾼다.

D: V, V_5를 바꾸고, V_1, V_4를 바꾸고, V_2, V_3를 바꾼다.

A는 V, V_1, V_2를 바꾸고, V_3, V_4, V_5를 바꾼다. 따라서 A의 치환에 의해 V, V_1, V_2의 대칭식과 V_3, V_4, V_5의 대칭식은 변하지 않는다. 즉, 부분군 A는 기초체에 V, V_1, V_2의 대칭식과 V_3, V_4, V_5의 대칭식을 첨가한 체를 변화시키지 않는다.

기초체에 V, V_1, V_2의 대칭식과 V_3, V_4, V_5의 대칭식을 첨가한 체,

$$Q(V, V_1, V_2\text{의 대칭식}, V_3, V_4, V_5\text{의 대칭식})$$

은 명백히 기초체 Q를 포함하고 있고, 갈루아확대체 L에 포함되어 있다.

$$Q \subset Q(V, V_1, V_2\text{의 대칭식}, V_3, V_4, V_5\text{의 대칭식}) \subset L$$

따라서 기초체에 V, V_1, V_2의 대칭식과 V_3, V_4, V_5의 대칭식을 첨가한 체는 Q와 L의 중간체라 불린다. 이 중간체를 K라고 하자.

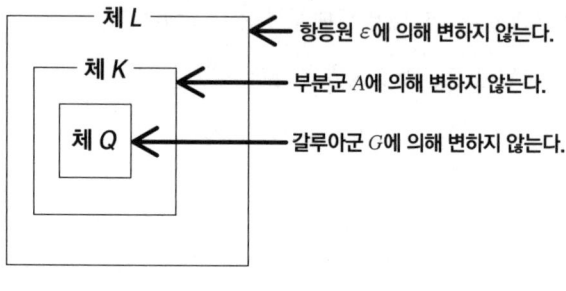

|그림 52|

- 갈루아군 G는 기초체 Q의 모든 원소를 바꾸지 않는다.
- 부분군 A는 중간체 K의 모든 원소를 바꾸지 않는다.
- 갈루아확대체 L의 모든 원소를 바꾸지 않는 것은 항등치환 ε뿐이다.

마찬가지로 부분군 B에 대해 생각해 보자. 부분군 B는 V, V_3를 바꾸고, V_1, V_5를 바꾸고, V_2, V_4를 바꾼다. 따라서 V, V_3의 대칭식과 V_1, V_5의 대칭식과 V_2, V_4의 대칭식을 바꾸지 않는다.

즉,

$$K' = Q(V, V_3\text{의 대칭식}, V_1, V_5\text{의 대칭식}, V_2, V_4\text{의 대칭식})$$

의 원소를 바꾸지 않는다.

- 갈루아군 G는 기초체 Q의 원소를 바꾸지 않는다.
- 부분군 B는 중간체 K'의 원소를 바꾸지 않는다.
- 항등치환 ε만이 갈루아확대체 L의 원소를 바꾸지 않는다.

위의 내용은 부분군 C와 D에 대해서도 성립한다.

$$K'' = Q(V, V_4\text{의 대칭식}, V_1, V_3\text{의 대칭식}, V_2, V_5\text{의 대칭식})$$

이라고 하면, 부분군 C는 중간체 K''의 원소를 바꾸지 않는다.

또,

$$K''' = Q(V, V_5\text{의 대칭식}, V_1, V_4\text{의 대칭식}, V_2, V_3\text{의 대칭식})$$

이면, 부분군 D는 중간체 K'''의 원소를 바꾸지 않는다.

체와 군이 정확히 대응하고 있다. 체와 군이 공명하고 있는 것이다.

여기서 체가

$$Q \to K \to L$$

과 같이 확대되는 것에 대해, 대응하는 군은

$$G \to A \to \varepsilon$$

과 같이 축소되는 것에 주의할 필요가 있다.

체의 원소는 무한히 많다. 덧셈, 뺄셈, 곱셈, 나눗셈이 허용되기 때문에 그 계산도 무한하다. 하지만 대칭군은 유한하다. 무한히 많은 원소를 갖는 체에 대해 조사하는 것은 어렵지만, 유한한 원소를 갖는 군에 대해서 알아보는 것은 가능하다. 이 대응관계는 무한히 많은 원소를 갖는 체의 구조를 유한 군을 이용해 조사하는 길을 열었다.

무한한 원소를 갖는 체에 유한한 원소가 대응한다. 아름다운 예술이라고도 할 수 있는 발견이다. 갈루아는 이것을 발견함으로써 무한의 수렁 속에 있던 방정식의 계산을 뛰어넘을 수 있었던 것이다.

발견자의 이름을 따서 이 위대한 대응은 '갈루아의 대응'이라 불리고 있다.

: : : :

 방정식의 구조는 이해했니?

 방정식의 구조라고요?

 317쪽에 '이것이 방정식의 구조이다'라고 나와 있잖니.

 아, 그러고 보니 그렇네요.

 제대로 보고 있는 거니?

 열심히 하고 있어요. 음……, 기초체를 방정식의 근을 전부 포함하는 데까지 확장하는 거죠?

 그 확대체는?

 갈루아확대체라고 해요.

 그래서, 갈루아군의 치환은 기초체를?

 전혀 바꾸지 않는다.

 왜지?

당연하죠. 기초체는 계수로 만든 체잖아요. 그리고 계수는 근의 대칭식이니까, 근을 치환해도 바뀔 리 없죠.

그럼, 갈루아군의 치환은 확대체를?

V를 V_1이나 V_2로 바꿔요. 하지만 체 전체는 바뀌지 않아요.

다시 말하지만, 방정식의 구조란 계수를 포함하는 가장 작은 체인 기초체 Q와 모든 근을 포함하는 최소체인 확대체 L이 있어서
$$L = Q(V) = Q(V_1) = Q(V_2) = \cdots$$
가 되는 $V, V_1, V_2, \cdots$가 존재한다는 거란다. 방정식이 있는 곳에 군이 있는 거지. 여기서 다시 강조할 필요도 없겠지만, V를 구하면 방정식의 근인 $\alpha, \beta, \gamma, \cdots$도 구할 수 있지. 왜일까?

$Q(V)$ 속의 수는 모두 V에 관한 다항식,
$$a_1 V^n + a_2 V^{n-1} + \cdots$$
으로 나타낼 수 있기 때문이죠? $\alpha, \beta, \gamma, \cdots$는 $Q(V)$에 포함되어 있으니까 당연히 $\alpha, \beta, \gamma, \cdots$도 V에 관한 다항식으로 나타낼 수 있겠죠.

그래서 그다음은 방정식의 근에 대해서는 신경 쓰지 않고, V에만 주목하면 되는 거지. V를 알면 방정식의 근을 구할 수 있으니까. 그러니까, 방정식이 있는 곳에 군이 있고, 반대로 군이 있는 곳에 방정식이 있다고도 할 수 있지.
$$Q \to L$$
과 같은 체의 확대가 존재해서

$$L = Q(V) = Q(V_1) = Q(V_2) = \cdots = Q(V_{n-1})$$

이라면 $V, V_1, V_2, \cdots, V_{n-1}$을 바꾸는 군을 생각할 수 있지.

이번에는 $V, V_1, V_2, \cdots, V_{n-1}$을 근으로 하는 방정식을 생각해 보자. 이 방정식의 계수는 갈루아군의 치환에 의해 어떻게 되지?

 방정식의 계수는 $V, V_1, V_2, \cdots, V_{n-1}$의 대칭식이니까, $V, V_1, V_2, \cdots, V_{n-1}$을 바꾸는 치환을 해도 변하지 않았어요. 다시 말해서, 계수는 변하지 않아요.

 치환을 해도 변하지 않는다는 것은 기초체 속에 있다는 말이지. 즉, $V, V_1, V_2, \cdots, V_{n-1}$을 근으로 하는 방정식은 기초체 속에 있지. 그럼, 갈루아의 대응이란?

 부분군에 중간체가 대응한다는 것이었나요?

그렇지.

그 부분군에 속하는 치환으로는 대응하는 중간체의 원소가 바뀌지 않는다는 말인데, 결국 '부분군의 치환에 의해 바뀌는 원소의 대칭식이 바뀌지 않는다'는 거니까 당연하다면 당연한 얘기겠죠. '위대하다'라든가 '예술적'이라는 말은 뭔가 확 와 닿지 않네요.

체는 무한히 많은 원을 포함하고 있어서 분석하기가 꽤 힘들단다. 갈루아는 체와는 관계가 없어 보이는 유한군을 이용해서 체를 분석하는 길을 열었지. 굉장한 일이야. 갈루아는 이 갈루아 대응에 의해 방정식을 분석해서 사실상 수 천 년에 이르는 방정식론에 종지부를 찍었어. 그리고 그 이후, 이 이론은 수학과 물리학을 비롯해서 너무나도 다양한 분야에서 활용되고 있지. 갈루아 이론이 없었다면 수학도 물리학도 성립할 수 없단다.

 흠……, 그럼, 저는 도미와 오징어의 대응을 연구해서……

 마음대로 하렴.

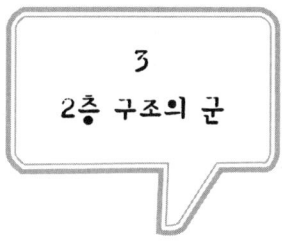
3
2층 구조의 군

먼저, 방정식이 어떠한 구조를 갖는지 확인해 보자.

① 기초체는 방정식의 근의 치환에 의해 변하지 않는다.

② 확대체를 대표하는 값이 근의 치환에 의해 바뀐다.

군에 정규부분군이 있으면 군이 2층 구조를 갖는다는 것을 3장의 4번째 절에서 설명했다. 3차방정식의 갈루아군 G의 정규부분군에 대해서 살펴보자.

매번 사용해 왔던 익숙한 기호로 적어 보자.

$$\varepsilon = (\ ) \qquad \sigma = (1\ 2\ 3) \qquad \sigma^2 = (1\ 3\ 2)$$
$$\alpha = (1\ 2) \qquad \beta = (1\ 3) \qquad \gamma = (2\ 3)$$

이라면,

$$\text{갈루아군}\ G = \{\varepsilon\ \ \sigma\ \ \sigma^2\ \ \alpha\ \ \beta\ \ \gamma\}$$
$$\text{정규부분군}\ H = \{\varepsilon\ \ \sigma\ \ \sigma^2\}$$

이고, 갈루아군 G는 정규부분군 H에 의해 다음과 같이 분해된다.

$$G = H \cup \alpha H$$

또는

$$G = H \cup H\alpha$$

이때, H, αH, $H\alpha$를 잉여류라고 불렀다. 그리고 2층 구조란 이런 것이었다.

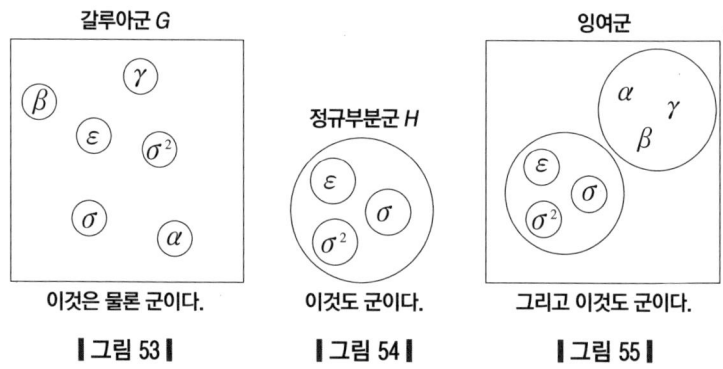

| 그림 53 | | 그림 54 | | 그림 55 |

갈루아군 G는 기초체의 원소를 바꾸지 않는다. 갈루아확대체의 모든 원소를 바꾸지 않는 것은 항등치환 ε뿐이었다. 그리고 정규부분군 H는 V, V_1, V_2의 대칭식과 V_3, V_4, V_5의 대칭식을 바꾸지 않았다. 그럼 잉여류는 어떨까?

$$잉여류\ \alpha H = \{\alpha\ \ \beta\ \ \gamma\}$$

이므로, α, β, γ가 V, V_1, V_2, V_3, V_4, V_5를 어떻게 바꾸는지 살펴보면 된다. 앞절에서 정리한 표를 다시 한번 가져와 보자.

ε	변화 없음
σ	$V \to V_1 \to V_2 \to V,\quad V_3 \to V_4 \to V_5 \to V_3$
σ^2	$V \to V_2 \to V_1 \to V,\quad V_3 \to V_5 \to V_4 \to V_3$
α	$V \to V_3 \to V,\quad V_1 \to V_5 \to V_1,\quad V_2 \to V_4 \to V_2$
β	$V \to V_4 \to V,\quad V_1 \to V_3 \to V_1,\quad V_2 \to V_5 \to V_2$
γ	$V \to V_5 \to V,\quad V_1 \to V_4 \to V_1,\quad V_2 \to V_3 \to V_2$

α는 V, V_3를 바꾸고, V_1, V_5를 바꾸고, V_2, V_4를 바꾼다. 따라서 V, V_1, V_2의 대칭식과 V_3, V_4, V_5의 대칭식을 바꾼다.

β, γ도 마찬가지로, V, V_1, V_2의 대칭식과 V_3, V_4, V_5의 대칭식을 바꾼다.

즉, 잉여류 αH는 V, V_1, V_2의 대칭식과 V_3, V_4, V_5의 대칭식을 바꾼다.

정규부분군 H는 V, V_1, V_2의 대칭식과 V_3, V_4, V_5의 대칭식을 바꾸지 않았다. 따라서 잉여군에서는 V, V_1, V_2의 대칭식과 V_3, V_4, V_5의 대칭식이 변하지 않거나 교환된다. 정리하면 다음과 같다.

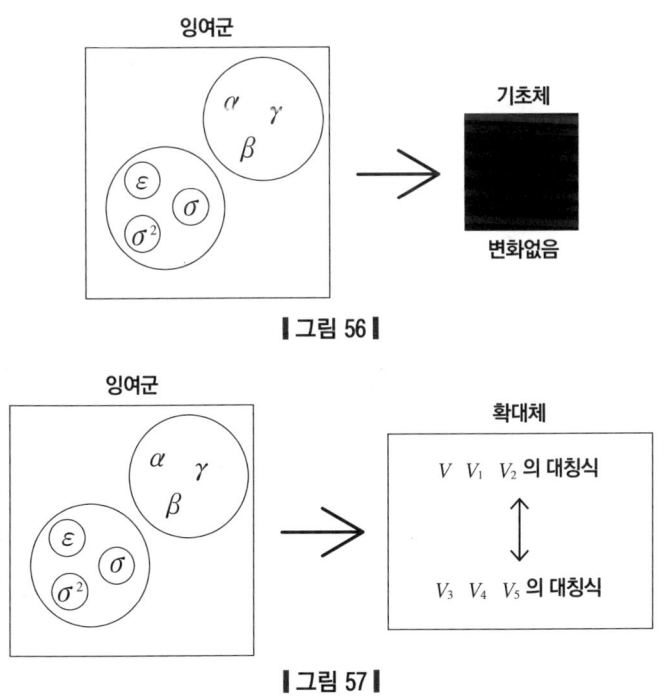

| 그림 56 |

| 그림 57 |

이것이 방정식의 구조 그 자체이다. 다음의 그림과 비교해 보자.

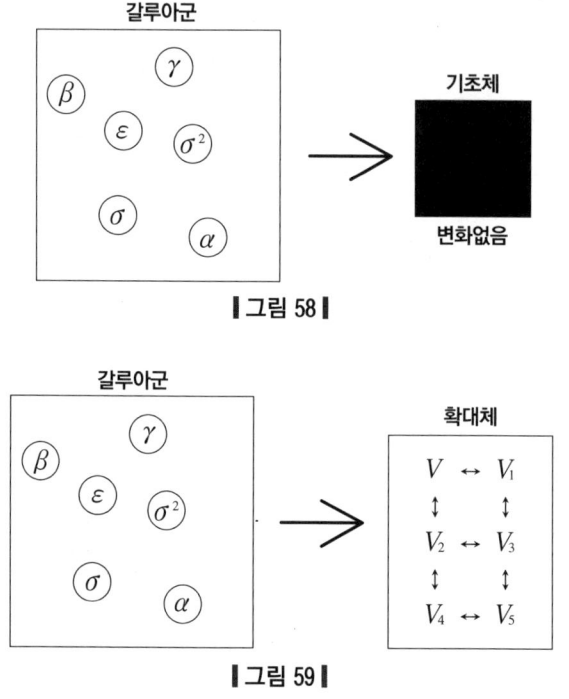

|그림 58|

|그림 59|

그림 57은 여기에 하나의 방정식이 있음을 나타낸다. 이 방정식의 근은

$$V, V_1, V_2\text{의 대칭식} \qquad V_3, V_4, V_5\text{의 대칭식}$$

으로 두 개이며, 또 잉여군은 기초체를 바꾸지 않기 때문에 이 방정식의 계수는 기초체 속에 있다.

이것이 방정식을 풀기 위한 보조방정식 중 하나이다.

그럼, 이 보조방정식을 풀었다고 가정해 보자. 그럼 체는 V, V_1, V_2의 대칭식과 V_3, V_4, V_5의 대칭식을 포함하는 중간체까지 확대된다. 이 중간체를 움직이지 않게 하는 것은 정규부분군 H이다. 따라서 중간체, 확대체, 정규부분군의 관계는 다음과 같다.

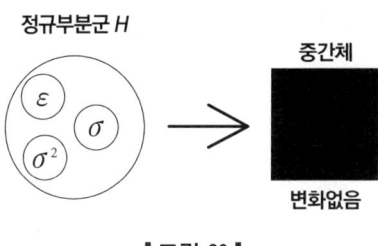

| 그림 60 |

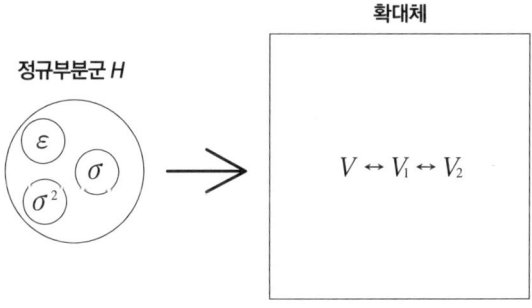

| 그림 61 |

 이것도 방정식의 구조를 나타낸다. 이때, 방정식의 근은 V, V_1, V_2이다. 또, 정규부분군 H는 중간체를 바꾸지 않기 때문에 보조방정식의 계수는 중간체 속에 있다.

 즉, 갈루아군이 정규부분군을 가지면 방정식은 두 개의 보조방정식으로 분해되는 것이다. 갈루아의 유서에는 다음과 같은 구절이 있었다.

다시 말해서, 군 G가 또 다른 [군] H를 포함할 때, 군 G는 H의 치환 전체에 동일한 치환을 곱하여 만들어진 집합으로 $G = H \cup HS \cup HS' \cup \cdots\cdots$와 같이 분할될 수 있고, [군 G는] $G = H \cup TH \cup T'H \cup \cdots\cdots$와 같이 동일한 치환을 곱하여 이루어진 집합으로 분할될 수 있다.
 이 두 가지 분할 방법은 일반적으로 일치하지 않는다. 이것이 일치할 때,

그 분할을 고유분할이라고 한다.

여기까지는 정규부분군에 대한 설명이다. 갈루아가 말하는 '고유분할'이란, 정규부분군에 의해 군을 정규부분군, 잉여군과 같이 2층으로 분할하는 것을 의미한다.

방정식의 군이 어떤 고유분할도 불가능할 때, 이 방정식을 변환하더라도 변환된 방정식의 군이 항상 같은 개수의 치환을 갖는다는 것은 쉽게 알 수 있다.
이에 반해, 방정식의 군이 N개의 치환으로 이루어진 M개의 집합으로 고유분할될 수 있을 때, 주어진 방정식은 2개의 방정식을 사용하여 풀 수 있다. 한쪽(의 방정식의 군)은 M개의 치환으로 이루어진 군이고, 다른 한쪽(의 방정식의 군)은 N개의 치환으로 이루어진 군이 된다.

이것은 군을 정규부분군과 잉여군의 2층으로 분해할 수 있으면 방정식을 그것에 대응하는 두 개의 보조방정식으로 분해할 수 있음을 의미한다.
유서의 내용은 계속해서 다음과 같이 이어진다.

따라서 방정식의 군에 대해서, 이 군에 가능한 모든 고유분할을 하면 변환은 할 수 있지만 그 치환이 항상 같은 개수가 되는 군에 도달한다.

다시 말해, 정규부분군에 의한 방정식의 분해는 한 번에 끝난다고는 말할 수 없다는 것이다. 정규부분군 속에 정규부분군이 있으면 다시 방정식의 분해가 가능해지기 때문이다.

그런데 이처럼 방정식을 분해할 수 있다고 해도 분해한 방정식을 풀 수 없다면 의미가 없다. 어떠한 경우에 보조방정식을 풀 수 있는지 다음 절에서 살펴보도록 하자.

::::

 군이 2층이니까 방정식도 2층이 된다는 건가요?

 방정식에는 군이 붙어 있단다. 군이 2층이 되면, 방정식이 두 개로 분해되는 것도 당연하다면 당연하다고 할 수 있지.

 정규부분군이 아닌 부분군은 분해되지 않나요?

 정규부분군이 아닌 부분군은 2층 구조를 갖지 않지. 부분군이니까 1층은 있지만 2층이 군이 되지 않아. 그러니까 방정식의 분해는 일어나지 않는단다.

 정규부분군은 대단하군요.

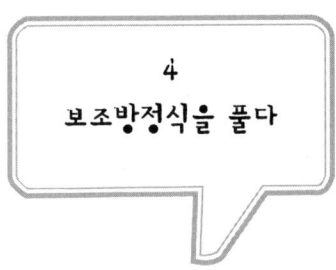

4
보조방정식을 풀다

이 절에서는 방정식을 더 이상 분해할 수 없을 때까지 분해했을 때, 그 보조방정식을 풀 수 있는 경우가 어떠한 경우에 해당하는지 살펴보도록 하자.

방정식을 거듭제곱근으로 푼다는 것은,

$$X^n = A$$

라는 보조방정식을 풀어서 최종적으로 방정식의 근에 도달하는 것이었다. 앞에서도 설명했지만, 이때 n은 소수로 한정된다.

방정식 $X^n = A$의 근은 A의 n제곱근의 하나를 a, 1의 n제곱근을 ζ라고 했을 때,

$$a, \; a\zeta, \; a\zeta^2, \; \cdots, \; a\zeta^{n-1}$$

이 된다. 그런데 ζ가 조금 거슬린다. ζ가 없으면 n개의 근은 같아진다. 따라서 앞으로는 기초체 속에 1의 n제곱근이 충분히 들어 있다고 생각하자. 1의 n제곱근은 거듭제곱근으로 풀 수 있기 때문에, 그렇게 생각해도 문제가 되지 않는다. 그러면 이 근을 포함하는 확대체는

$$L = Q(a) = Q(a\zeta) = Q(a\zeta^2) = \cdots = Q(a\zeta^{n-1})$$

이 된다. 확대체를 대표하는 원소가 n개이므로, 갈루아군의 위수도 n이 된다.

즉, 방정식의 갈루아군의 위수가 소수가 되는 것이다.

반대로 방정식의 갈루아군의 위수가 소수면 어떻게 될까? 3장의 5절에서 설명했듯이, 위수가 소수인 군은 순환군이 된다. 즉, 어떤 치환 σ가 있어서,

$$\{\sigma, \ \sigma^2, \ \sigma^3, \ \cdots, \ \sigma^n = \varepsilon\}$$

이 그 군이다.

군의 원소의 개수가 3일 때를 생각해 보자. 이때, 근을 포함하는 확대체는

$$L = Q(V) = Q(V_1) = Q(V_2)$$

가 된다. 세 개를 치환해서 그 위수가 3이 되는 치환은

$$(1 \ \ 2 \ \ 3)$$

이다. 따라서 이 방정식의 갈루아군은

$$(1 \ \ 2 \ \ 3)$$
$$(1 \ \ 2 \ \ 3)^2 = (1 \ \ 3 \ \ 2)$$
$$(1 \ \ 2 \ \ 3)^3 = \varepsilon$$

이라는 세 개의 치환을 갖는 군이 된다. (1 2 3)을 차례로 곱해서 만드는 군이다. 여기서 1이 아닌 1의 세제곱근을 ω라고 하고, 다음의 식을 고려해 보자.

$$h = V + V_1\omega + V_2\omega^2$$

라그랑주의 분해식이다.

h에 치환 (1 2 3)을 하면

$$V_1 + V_2\omega + V\omega^2$$

이 되는데, 이것은 h에 ω^2을 곱한 $h\omega^2$과 같다. ($\omega^3 = 1$에 주의)

h에 다시 한번 (1 2 3)을 하면

$$V_2 + V\omega + V_1\omega^2$$

이 되고, 이것은 $h\omega$와 같다. h에 치환을 하면

$$h \to h\omega^2 \to h\omega \to h$$

와 같이 변한다. 따라서 여기서 나오는 세 개를 곱한

$$h \times h\omega^2 \times h\omega = h^3\omega^3 = h^3$$

은 치환에 의해 변하지 않는다. 방정식의 갈루아군에 속하는 치환에 의해 변하지 않는 값은 방정식의 계수체에 포함되기 때문에 h^3은 계수체에 포함된다. 따라서 그 세제곱근을 구하면 h를 구할 수 있다. h를 구하면 V도 구할 수 있다.

이것은 모든 소수에 적용된다. 따라서 방정식의 갈루아군의 위수가 소수면, 그 방정식은

$$X^n = A$$

라는 형태를 가지며, 거듭제곱근으로 풀 수 있다.

정리해 보자.

$X^n = A$(n은 소수)라는 형태의 방정식의 갈루아군의 위수는 소수이다. 반대로 방정식의 갈루아군의 위수가 소수면, 그 방정식은 $X^n = A$(n은 소수)의 형태를 띤다.

방정식의 갈루아군이 다음과 같은 정규부분군의 열(列)을 가진다고 하자.

$$G \supset H \supset H' \supset \cdots \supset \varepsilon$$

이때, 보조방정식의 군의 위수는 각각의 잉여군의 위수가 된다. 따라서 모든 잉여군의 위수가 소수면, 보조방정식은 $X^n = A$(n은 소수)의 형태가 되어 거듭제곱근으로 풀 수 있다.

반대로, 방정식을 거듭제곱근으로 풀 수 있다면, 보조방정식은 $X^n = A$(n은 소수)라는 형태가 되어, 잉여군의 위수는 모두 소수가 된다.

갈루아는 이렇게 말했다.

> 만약 이 군들이 각각 소수 개의 치환으로 이루어져 있다면, [원래의] 방정식은 거듭제곱근으로 풀 수 있을 것이다. 그렇지 않으면 풀리지 않을 것이다(즉, 거듭제곱근으로는 풀 수 없을 것이다).

방정식이 거듭제곱근으로 풀리기 위한 조건은 여기에 모두 설명되어 있다. 갈루아는 이 선언으로, 수 천 년에 이르는 방정식론의 역사에 종지부를 찍은 것이다.

∷∷

이야기가 너무 추상적이라서 잘 이해가 가진 않지만, 어쨌든 군의 위수가 소수면 $X^n = A$(n은 소수)라는 방정식이 된다는 거네요.

그렇지.

앞부분에서 1의 n제곱근이 기초체에 포함된다고 가정하는 부분이 조금 신경 쓰여요. 왜냐하면, 1의 n제곱근을 어떻게 구해야 할지는 모르잖아요.

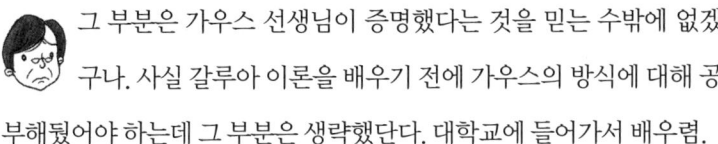
그 부분은 가우스 선생님이 증명했다는 것을 믿는 수밖에 없겠구나. 사실 갈루아 이론을 배우기 전에 가우스의 방식에 대해 공부해뒀어야 하는데 그 부분은 생략했단다. 대학교에 들어가서 배우렴.

그렇게 어려워요?

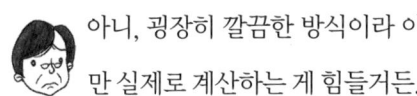
아니, 굉장히 깔끔한 방식이라 이해하는 건 그렇게 어렵지 않지만 실제로 계산하는 게 힘들거든.

뭐, 그건 나중에 배우도록 할게요. 후반부는 위수가 소수면 순환군이 된다는 것이 열쇠가 되겠네요. 리그랑주의 분해식을 만들면, 보기 좋은 형태의 보조방정식이 된다는 거군요.

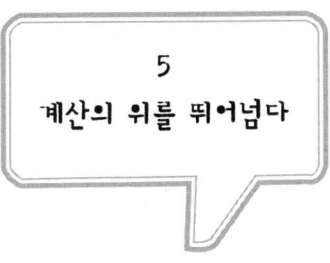

5
계산의 위를 뛰어넘다

군 G가 다음과 같은 정규부분군 $H, H', \cdots, \varepsilon$을 포함한다고 하자.

$$G \supset H \supset H' \supset \cdots \supset \varepsilon$$

이 모든 잉여군의 위수가 소수일 때, 군 G를 '가해군'이라 부른다(여기서 H는 G의 정규부분군이고 H'은 G가 아니라 H의 정규부분군임에 주의하자-옮긴이).

방정식의 갈루아군이 가해군이면, 그 방정식은 거듭제곱근으로 풀 수 있다. 반대로 방정식을 거듭제곱근으로 풀 수 있다면 그 갈루아군은 가해군이다. 가해군(可解群)이라는 이름은 방정식을 풀 수 있다는 의미에서 붙여졌다.

3차방정식의 갈루아군은 3차대칭군이었다. 3차대칭군은 다음과 같은 정규부분군을 포함한다.

$$\underset{\text{위수 }6}{S} \underset{\text{위수 }3}{\overset{\text{잉여군 위수 }2}{\supset}} \underset{\text{위수 }3}{H} \underset{\text{위수 }1}{\overset{\text{잉여군 위수 }3}{\supset}} \varepsilon$$

잉여군의 위수는 2, 3으로 소수이기 때문에 가해군이다. 따라서 거듭제곱근으로 풀 수 있다. 보조방정식은

$$X^2 = A \qquad X^3 = A'$$

의 형태를 띤다.

4차방정식의 갈루아군은 4차대칭군이었다. 4차대칭군은 다음과 같은 정규부분군을 포함한다.

잉여군의 위수는 2, 3, 2, 2로 소수이므로 이 역시 가해군이다.

5차방정식의 갈루아군은 5차대칭군이었다. 5차대칭군은 다음과 같은 정규부분군을 포함한다.

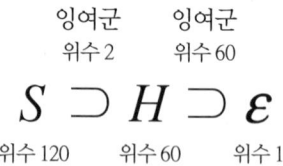

잉여군의 위수는 2와 60인데, 60은 소수가 아니다. 따라서 이것은 가해군이 아니다. 따라서 일반 5차방정식은 거듭제곱근으로는 풀 수 없다.

갈루아는 이렇게 말했다.

> 분할 불가능한 군이 가질 수 있는 치환의 최소 개수는 그 개수가 소수가 아니라면 5×4×3=60개이다.

앞에서 설명한 것처럼, 5차 이상의 방정식을 거듭제곱근으로 풀 수 없음을 나타내고 있다.

이상한 결과다. 5차방정식은 거듭제곱과 덧셈, 뺄셈, 곱셈, 나눗셈으로 만든다. 그러나 그 역연산에 해당하는 거듭제곱근과 덧셈, 뺄셈, 곱셈, 나눗셈으로는 그것을 풀 수 없다는 것이다.

게다가 5차 이상의 방정식을 거듭제곱근으로 풀 수 없다는 것은 5차 이상의 방정식의 근을 거듭제곱근으로 표현할 수 없다는 것을 의미한다.

x^5의 계수가 양수인 5차방정식 $f(x) = 0$을 생각해 보자. x에 큰 수를 넣으면 $f(x)$는 점점 너 큰 양수가 된다. 반대로 x에 충분히 작은 값을 넣으면 $f(x)$는 음수가 된다. 즉, 적어도 어딘가에서 x축과 만나게 된다. 따라서 이 방정식은 하나 이상의 실수근을 가진다.

앞에서 수를 확장할 때, 실수를 유리수와 무리수로 나누었다. 그리고 그때, 무리수로 $\sqrt[3]{2}$와 같은 거듭제곱을 고려했다. 그런데 지금의 결과는 무리수 속에 거듭제곱근으로 나타낼 수 없는 수가 무한히 존재한다는 것을 나타낸다.

단, 지금 발견한 '거듭제곱근으로 표현할 수 없는 수'도 대수방정식의 근이라는 중요한 단서가 있기 때문에 정체를 전혀 알 수 없는 수인 것은 아니다. 사실 무리수 중에는 대수방정식의 근으로는 표현할 수 없는 수가 무한히 많다. 그러한 수는 '초월수'라 불리며, 원주율 π가 대표적인 초월수이다.

초월수의 정체는 아직 거의 밝혀지지 않았지만, 대수방정식의 근으로 표현할 수 있는 수보다 훨씬 농밀하게 존재한다는 것을 집합론의 창시자 칸토어(Cantor)가 증명했다.

실수는 수직선 위에 늘어서 있다.

아무리 가까운 유리수를 선택해도 그 사이에는 다른 유리수가 존재한다. 즉, 유리수는 빽빽히 채워져 있다.

그 유리수들 사이에 거듭제곱근으로 나타낼 수 있는 수가 무한히 있다. 그리고 또 그 사이에 거듭제곱근으로 나타낼 수 없는 대수방정식의 실수근이 존재한다. 그것만으로도 상상을 초월하는데, 다시 그 사이에는 지금까지 살펴본 어떤 수보다도 농밀하게 초월수가 존재한다는 것이다.

: : : :

 그럼, 이 분석을 토대로 구체적으로 방정식을 풀어 볼까? 먼저, 앞에서 풀어보았던 2차방정식

$$x^2 + 8x - 17 = 0$$

을 풀어 보자. 근을 α, β라 하고, 기본대칭식을 p, q라고 하자.

$$\alpha + \beta = p$$
$$\alpha\beta = q$$

이때, $p = -8, q = -17$이겠구나.

그럼 먼저 라그랑주의 분해식 V를 만들어 보렴.

 $V = \alpha - \beta$

 계수체에 α, β를 첨가한 체와 계수체에 V를 첨가한 체는 같지.

$$Q(\alpha, \beta) = Q(V)$$

따라서 α, β는 p와 q의 사칙연산으로 나타낸 수를 계수로 하는 V에 관한 다항식이 되지. 알겠니?

 음……

$$p = \alpha + \beta$$
$$V = \alpha - \beta$$

따라서

$$\alpha = \frac{p+V}{2}, \quad \beta = \frac{p-V}{2}$$

 그렇지. 그럼, V에서 근을 치환하면?

 그대로 V이거나 $-V$가 돼요.

 그럼, V와 $-V$의 대칭식은 근을 치환해도 변하지 않으니까 계수체 속에 있지. 실제로 대칭식 $V \times (-V)$를 구해 보면?

 $V \times (-V) = -V^2 = -(\alpha - \beta)^2 = -(\alpha + \beta)^2 + 4\alpha\beta = -p^2 + 4q$

따라서 $-V^2 = -(-8)^2 + 4 \times (-17) = -64 - 68 = -132$

즉, $V^2 = 132$, 따라서 $V = \pm\sqrt{132} = \pm 2\sqrt{33}$

 계수체에 V를 넣으면, 근을 포함하는 확대체가 되지. 실제로 앞에서 구한 V에 관한 다항식에 대입하면,

$$\alpha = \frac{(-8) + 2\sqrt{33}}{2} = -4 + \sqrt{33}$$
$$\beta = \frac{(-8) - 2\sqrt{33}}{2} = -4 - \sqrt{33}$$

이 되니까 문제 해결!

V에는 플러스와 마이너스, 두 개의 값이 있었는데…….

 α와 β를 구별할 수 없으니까, 어느 쪽을 선택해도 상관없단다. 거꾸로 해도 α와 β가 반대로 될 뿐이지. 그럼, 3차방정식에 도전해 볼까? 앞에서도 나왔던

$$x^3 - 3x - 8 = 0$$

을 풀어 보자. 방정식의 세 근을 α, β, γ라고 하면,

$$p = \alpha + \beta + \gamma = 0$$
$$q = \alpha\beta + \beta\gamma + \gamma\alpha = -3$$
$$r = \alpha\beta\gamma = 8$$

자, 라그랑주의 분해식 V를 만들어 보렴. 1이 아닌 1의 세제곱근의 하나를 ω라고 하면?

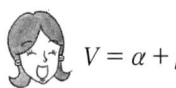 $V = \alpha + \beta\omega + \gamma\omega^2$

 계수체(1의 n제곱근은 필요한 만큼 들어 있다고 가정하자)에 α, β, γ를 첨가한 확대체와 V를 첨가한 확대체는 같지. 따라서 α, β, γ는 p, q, r의 사칙연산으로 나타낸 수를 계수로 하는 V에 관한 다항식이 된단다. 그런데 실제 계산은 꽤 복잡하지. 예를 들어, α는 다음과 같단다.

$$\alpha = \frac{1}{3}\left\{p + V + \frac{2(p^3 - 3pq + 9r) - 3(pq - 3r)}{(p^2 - 3q)^2}V^2 - \frac{1}{(p^2 - 3q)^2}V^5\right\}$$

 2차방정식에 비해서 훨씬 복잡하네요! β랑 γ는요?

이 식에서 근을 치환하면 된단다.

 아, 그렇구나. (1 2 3)을 하면 α는 β로, V는 $V\omega^2$이 되고, p, q, r은 바뀌지 않으니까

$$\beta = \frac{1}{3}\left\{p + \omega^2 V + \frac{2(p^3 - 3pq + 9r) - 3(pq - 3r)}{(p^2 - 3q)^2}\omega V^2 \right. \\ \left. - \frac{1}{(p^2 - 3q)^2}\omega V^5\right\}$$

가 되겠네요.

 하는 김에 γ도 구해 볼까?

 한 번 더 (1 2 3)을 하면 되는 거죠?

$$\gamma = \frac{1}{3}\left\{p + \omega V + \frac{2(p^3 - 3pq + 9r) - 3(pq - 3r)}{(p^2 - 3q)^2}\omega^2 V^2 \right. \\ \left. - \frac{1}{(p^2 - 3q)^2}\omega^2 V^5\right\}$$

 자, 다시 한번 정리하면, 치환 ε, (1 2 3), (1 3 2)를 하면 V는 어떻게 되지?

 각각 $V, V\omega^2, V\omega$가 돼요.

 (2 3)을 했을 때 V가 W로 바뀐다고 하자. 그럼, (1 2), (1 3)을 하면?

 $W\omega$와 $W\omega^2$.

 2층 구조의 군의 2층에 해당했던 잉여군에서는 $V, V\omega, V\omega^2$의 대칭식과 $W, W\omega, W\omega^2$의 대칭식은 변하지 않거나 서로 바뀌었

4장_에바리스트 갈루아

지. 따라서 예를 들어,

$$(V \times V\omega \times V\omega^2 - W \times W\omega \times W\omega^2)^2 = (V^3 - W^3)^2$$

은 어떤 치환을 해도 변하지 않기 때문에, 계수체 속에 있지. 따라서 이것을 구해서 V, W를 계산하고 α, β, γ도 구할 수 있지.

갈루아는 복잡한 계산을 하지 않고도 구할 수 있다고 했지만, 실제로 이 계산을 하는 것은 그렇게 간단하지 않단다. 자, 원칙에 따라 $(V^3-W^3)^2$을 구해 보렴.

$\{(\alpha + \beta\omega + \gamma\omega^2)^3 - (\alpha + \beta\omega^2 + \gamma\omega)^3\}^2$을 계산하라고요? 엄청나게 어려워 보이는데요?

$1 + \omega + \omega^2 = 0$을 이용해서 계속해서 지워 나가면 깔끔한 답이 나온단다.

$$(V^3 - W^3)^2 = -27(\alpha - \beta)^2(\beta - \gamma)^2(\gamma - \alpha)^2$$

정말 깔끔한 대칭식이 됐네요!

그런데 이 식을 기본대칭식으로 만드는 건 힘들단다.

어떻게 하면 좋을지 잘 모르겠어요.

식을 변형해서 기본대칭식으로 만드는 거니까, 원리적으로는 고등학교 수학의 범위란다. 끈덕지게 하면 할 수 있을 거야.

안타깝지만 저는 그런 근성하고는 인연이 없어요. 아빠도 그런 사고방식을 항상 무시하셨었잖아요.

하긴 그랬지. 사실 작은 요령이 있어서, 계산이 복잡한 부분은

컴퓨터로 해 봤단다. 기본대칭식은

$$\alpha + \beta + \gamma = p$$

$$\alpha\beta + \beta\gamma + \gamma\alpha = q$$

$$\alpha\beta\gamma = r$$

였으니까, 이 식은

$$729r^2 - 486pqr + 108p^3r + 108q^3 - 27p^2q^2$$

이 된단다.

이게 뭐예요! 인수분해했을 때의 깔끔한 식에서 이런 식이 나오다니!

p, q, r에 숫자를 넣어 보렴.

음……, $p = 0, q = -3, r = 8$이니까, 우와, 거의 다 지워지네요. 결국, 남는 건

$$729 \times 8^2 + 108 \times (-3)^3 = 43740$$

꽤 큰 수가 됐어요.

$V^3 - W^3$은 그 제곱근이란다. V랑 W는 같으니까 플러스와 마이너스 어느 쪽을 선택해도 된단다. 플러스로 해 볼까?

그럼, $V^3 - W^3 = \sqrt{43740} = \sqrt{2^2 \times 3^7 \times 5} = 54\sqrt{15}$.

$V^3 + W^3$은 어떤 치환을 해도 변하지 않으니까 계수체 속에 있지. 이것도 구해 볼까?

$V^3 + W^3 = (\alpha + \beta\omega + \gamma\omega^2)^3 + (\alpha + \beta\omega^2 + \gamma\omega)^3$
이것도 계산은 힘들어 보이지만, 깔끔한 결과가 나올 것 같아요.

어떻게 되죠? 또 컴퓨터로 해 보셨죠?

 결과는 $-(\alpha + \beta - 2\gamma)(\beta + \gamma - 2\alpha)(\gamma + \alpha - 2\beta)$란다.

 이걸 기본대칭식의 식으로 하는 것도 힘들어 보여요.

 이렇게 된단다.
$$2(p^3 - 3pq + 9r) - 3(pq - 3r)$$

 아름답지는 않은 식이네요. 하지만 $p = 0$이니까 계산은 간단하네요.
$$2 \times 9 \times 8 + 3 \times 3 \times 8 = 216$$

 그러면
$$V^3 + W^3 = 216$$
$$V^3 - W^3 = 54\sqrt{15}$$

니까 각각을 구해 보면?

$$V^3 = 27(4 + \sqrt{15})$$
$$W^3 = 27(4 - \sqrt{15})$$

기초체에 이 수들을 던져 넣으면, 체는 중간체까지 확대되고 군은 정규부분군으로 축소된단다. 정규부분군에서 V는 V, $V\omega$, $V\omega^2$으로 바뀌니까 V, $V\omega$, $V\omega^2$의 대칭식은 변함이 없지. 따라서 V, $V\omega$, $V\omega^2$의 대칭식의 값은 이 중간체 속에 있단다.
$$V \times V\omega \times V\omega^2 = V^3$$
의 값도 이 중간체 속에 있지. 그보다는 기초체에 던져 넣은 수 자체라고 할 수 있지. 따라서 이 세제곱근을 구함으로써 V를 알 수 있고, 방금 전의 V에 관한 다항식에 대입하면 근을 구할 수 있단다.

 하지만 대입하는 게 만만치 않아 보여요.

 실제로는 W도 간단하게 구할 수 있기 때문에, V와 W로부터 α, β, γ를 구하는 게 더 편하단다. 예를 들어 α는

$$\alpha = \frac{1}{3}(p + V + W)$$

 네, 앞에서도 했었죠.

 자, 이것으로 갈루아 이론에 대한 이야기는 끝이란다. 마지막으로 간단한 이미지 트레이닝을 해 볼까?

 그게 뭐예요?

 수의 세계에 뛰어들어갔다고 상상해 보자는 거지. 먼저, 수가 존재하지 않았던 때부터. 아무것도 없는 황무지를 떠올려 보렴.

 망막한 사막. 차가운 바람. 달빛까지 얼어붙을 것 같아요.

 사막을 떠올렸구나!

 핫드링크가 필요할 것 같아요.

 '몬스터 헌터'의 사막인 모양이구나. 뭐, 아무래도 좋아. 거기에 1이라는 숫자를 던져 보렴. 이 세계에서는 덧셈, 뺄셈, 곱셈, 나

눗셈만이 허용되지. 사막은 어떻게 되지?

1과 1이 부딪쳐서 2가 되고, 3이 되고, 4가 되고, 계속해서 늘어나요. 곱셈을 했더니 거대한 수가 생겨났어요! 사막은 금세 수로 넘쳐 나게 돼요. 뺄셈으로 음수가 생기고, 나눗셈으로 분수가 생기고! 숫자들 속에 빠질 것 같아요.

물을 떠올렸나 보구나. 실제로 방정식에 대해 생각할 때, 유리수체를 어떤 구조도 갖지 않는 물과 같은 것이라고 생각하면 쉽게 이해할 수 있지. 채은이 센스가 대단한데? 자, 그럼 거기에 유리수가 아닌 것을 던져 볼까? 먼저 $\sqrt[3]{2}$ 부터.

자유롭게 더하고, 빼고, 곱하고, 나눌 수 있다고 하니 $\sqrt[3]{2}$ 가 기분이 좋아서 계속 증식하고 있어요. 너무 커져서 손을 댈 수가 없어요. 깔려서 뭉개질 것 같아요.

아무리 복잡해져도 정리해 나가면 깔끔해질 거란다. 세제곱하면 유리수가 되고, 그 녀석이 분모에 있으면 유리수화하면 되지.

말은 쉬워도 실제로 계산하는 건 힘들다고요. 그런데 다행히도 조금 얌전해진 것 같아요.

그래서 그 몬스터는 어떤 모습이 됐니?

$a(\sqrt[3]{2})^2 + b\sqrt[3]{2} + c$.

그렇지. 아무리 복잡한 수가 되어도 정리하면 그런 형태가 되지. 자, 이번에는 n차방정식

$$a_1 x^n + a_2 x^{n-1} + a_3 x^{n-2} + \cdots = 0$$

의 근의 하나인 a를 던져 보렴.

 방금 전이랑 똑같아요. 그냥 내버려 두면 점점 커져서 이상야릇한 형태가 되지만 잘만 손 보면 얌전해져요.

 어떻게?

 n차 이상의 항이 있으면 $a_1 x^n + a_2 x^{n-1} + a_3 x^{n-2} + \cdots$으로 나눠요. 그럼 n차 미만이 돼요. 분모에 그 녀석이 있으면 유리화를 해요.

 그럼 어떻게 되지?

 a에 관한 $n-1$차 이하의 다항식. 즉, $a\alpha^{n-1} + b\alpha^{n-2} + \cdots$이 돼요.

 그렇지. 이번에는 방금 전의 방정식의 모든 근 $\alpha, \beta, \gamma, \cdots$를 던져 보렴.

 이건 좀 힘들어 보이는데요. α며 β며 얽히고설켜서 손을 댈 수가 없어요.

 그럴 때 사용하는 주문이 있었잖니.

 그럼 목소리를 가다듬고, 단순확대체정리! 위력이 굉장해요. α와 β가 모습을 감추고 단 하나의 V로 정리됐어요. 모두 정리되면 놀랍게도 V에 관한 다항식이 돼요!

 그렇지! 그리고 나서 방정식의 근들을 치환하면?

V가 그 무리에 속하게 돼요. 그런데 다항식의 형태는 그대로네요. V의 모습만 변해요.

 그럼, $\alpha, \beta, \cdots$를 모두 치우고, 원래의 물과 같은 세계로 돌아가 보자. 여기서 방정식의 근들을 치환하면?

 아무것도 변하지 않아요.

 방정식의 갈루아군에 부분군이 있다면?

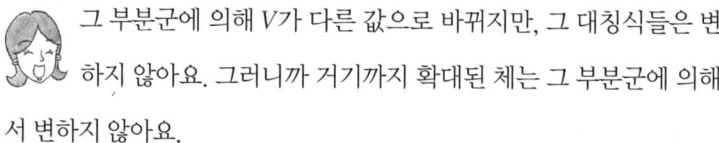 그 부분군에 의해 V가 다른 값으로 바뀌지만, 그 대칭식들은 변하지 않아요. 그러니까 거기까지 확대된 체는 그 부분군에 의해서 변하지 않아요.

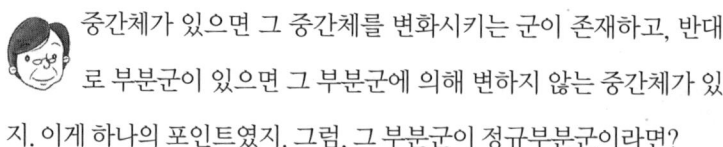 중간체가 있으면 그 중간체를 변화시키는 군이 존재하고, 반대로 부분군이 있으면 그 부분군에 의해 변하지 않는 중간체가 있지. 이게 하나의 포인트였지. 그럼, 그 부분군이 정규부분군이라면?

 그 정규부분군을 항등원으로 하고 잉여류를 원으로 하는 군이 생겨요.

 그 군을 뭐라고 불렀지?

 잉여군이요.

 원래의 군은 정규부분군과 잉여군, 2층으로 분해되지. 다시 말하면?

 군이 있는 곳에 방정식이 있고, 방정식이 있는 곳에 군이 있다.

그러니까, 군이 2층 구조로 분해되면, 방정식도 두 개로 분해된다는 말이죠.

 분해된 군의 위수가 소수라면?

 거듭제곱근으로 풀 수 있어요.

 왜 그렇지?

군의 위수가 소수면 그 군은 순환군이죠. 그래서 라그랑주의 분해식을 살 사용하면 V의 식에서 그 소수 제곱을 해도 그 군에서 전혀 변하지 않는 값을 찾을 수 있어요. 군에서 전혀 변하지 않는다는 것은 그 체 속에 있다는 것. 따라서 거듭제곱근으로 풀 수 있다는 거죠.

아주 잘 이해했구나. 지금까지 이야기한 내용으로부터 알 수 있듯이, 갈루아는 구체적인 계산은 거의 하지 않았단다. 현재 존재하는 갈루아의 논문을 봐도 계산식은 거의 없지. 실제로 계산의 위를 뛰어넘어 군으로 체의 구조를 풀어헤쳤다는 게 갈루아의 대단한 점이란다.

갈루아가 처음에 이 논문을 쓴 것이 17살 때였죠? 그 당시 어느 수학자도 생각해내지 못한 것을 불과 17살에 발견하다니, 정말 말도 안 되는 일이라고 생각해요. 그런데 그때부터 죽기 전까지 3년 동안은 뭘 했죠? 수학을 떠나서 정치운동에 열을 올렸다고 했었나요?

 첫 논문이 받아들여지지 않아서 분명히 큰 좌절감을 맛보았을 거야. 그렇다고 수학을 버린 건 아니란다. 제대로 된 논문이 남아 있질 않아서 갈루아의 연구가 어느 정도까지 진행되었는지는 확실히 알 수 없지만, 앞서 소개했던 갈루아의 유서의 생략된 부분에는 다양한 초월함수에 대한 고찰이 적혀 있단다. 적어도 죽기 직전에는 이 논문의 내용보다도 훨씬 더 많이 진전되어 있었을 거야. 앞에서 소개했던 유서에 "이 모든 것으로부터 3개의 논문을 쓸 수 있을 것이다"라고 적혀 있었지? 3번째 논문은 결국 집필되지 않았지만, 적분에 관한 내용으로 추정된단다. 또, 갈루아는 "내 연구는 이것뿐만이 아니야!"라고 절규하고 있지. 갈루아 자신은 "애매한 이론의 초월해석으로의 응용"이라고 말했지만, 그것이 무엇을 의미하는지는 불분명하단다.

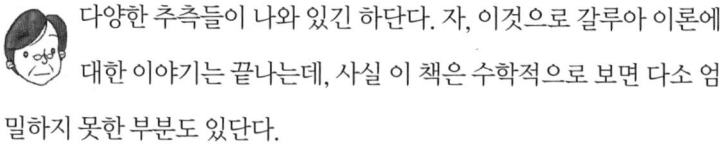
흠……, 논문이 남아 있지 않다는 게 정말 안타깝네요. 갈루아의 머릿속에만 있던 그 '애매한 이론'은 결국 갈루아의 죽음과 함께 영원히 사라져 버렸네요.

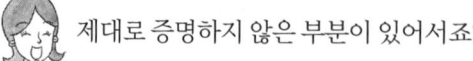
다양한 추측들이 나와 있긴 하단다. 자, 이것으로 갈루아 이론에 대한 이야기는 끝나는데, 사실 이 책은 수학적으로 보면 다소 엄밀하지 못한 부분도 있단다.

제대로 증명하지 않은 부분이 있어서죠?

뭐, 그렇다고 할 수 있지. 이 책에서는 역사적인 흐름을 따라 이야기를 풀어나갔는데, 대학에서 갈루아 이론을 배울 때에는 이야기의 전개 방식이 전혀 다를 거란다.

어떤 식으로요?

기초체 K와 그 확대체 L에 대하여,

$$L = K(V) = K(V_1) = \cdots$$

이라고 하자. $K(V)$의 원소는 모두 V에 관한 다항식이며, $K(V_1)$의 원소는 V_1에 관한 다항식이다. $V \to V_1$과 같이 치환했을 때, 이 체 속의 모든 계산도 보존된다고 하자. 자신을 자신으로 복사하기 때문에, 이를 자기동형사상이라 부르며, $V \to V_1$과 같은 변환을 자기동형군이라 한다. 이 자기동형군에 부분군이 있으면, 그 부분군에 의해 변하지 않는 중간체가 존재하고, 그로부터 갈루아의 대응이 유도된다.
와 같은 식으로 배울 거란다.

방정식이 안 나오네요?

갈루아 이론의 응용으로서 마지막에 방정식에 대해 조금 살펴보고, 5차 이상의 대수방정식을 거듭제곱근으로 풀 수 없다는 것을 증명하지.

꼭 방정식이 부록 같네요.

부록처럼 붙어 있으면 그나마 다행이지. 갈루아 이론을 다룬 교과서 중에는 애초에 방정식론이었다는 흔적조차 남아 있지 않은 것들도 있단다. 예를 들어, 단순확대체정리에 대해서도 라그랑주는 갖은 고생 끝에

$$K(\alpha, \beta, \gamma\cdots) = K(V)$$

가 되는 V가 존재한다는 것에 대해서 구체적으로 $\alpha, \beta, \gamma, \cdots$를 V의 식으로 나타내는 계산을 했는데, 현재 갈루아 이론을 다루는 교과서에는 너무나도 우아한 증명이 반 페이지 정도로 간단하게 정리되어 있지. 물

론 구체적인 계산은 하나도 없단다. 라그랑주가 보면 깜짝 놀랄 거야.

 하지만 우아한 증명이 있다면 그걸 공부하는 게 낫지 않을까요?

 그건 그렇지만, 그렇게 공부해서는 선인들의 땀 냄새를 느낄 수가 없지. 그리고 솔직히 말해서, 아빠는 그런 우아한 증명만 실린 책은 어렵게 느껴진단다.

 그럼 제가 대학에 들어가서 공부해서 우아한 증명을 아주 확실히 가르쳐 드릴게요.

 그때는 살살 부탁해.

채은이의 노트

여태까지 몇 번이나 읽었지만 결국 바쁘다는 핑계로 마지막까지 한 번에 읽은 것은 이번이 처음인 것 같다. 지금까지는 간격을 두고 부분적으로 읽어 봤기 때문에 앞에서 했던 것이 잘 기억나지 않기도 해서 꽤 고생했다. 한 번에 읽은 지금도 도중에 졸기도 하고, 잘 이해가 안 가는 부분이 있어서 아빠한테 질문 공세를 한 끝에 갈루아가 하고 싶었던 말이 무엇인지만큼은 파악한 것 같은 느낌이 든다. 잉여류나 잉여군, 정규부분군 등이 대체 어떤 관계에 있고, 그것이 어떻게 방정식과 연결되어 있는지 몰라서 머릿속에서 단어들이 둥둥 떠다녔는데, 그것이 어느 순간 '척'하고 연결돼서 이해할 수 있었다. 책상 위가 저저분해서 침대에서 읽었는데, 답답했던 부분들이 머릿속에서 시원하게 사라지는 것 같아서, 갑자기 침대 위에서 멍하니 앉아 있던 게 오래된 과거의 일처럼 느껴진다(실제로 과거의 일이지만). 어쨌든 마지막에 나온 군의 그림이 도움이 되었던 것 같다. 이야기를 쫓아 가면서도, 그래서? 대체 뭐가? 하는 의문이 들었는데, 그걸 그림이 잘 설명해 주었다. 아빠가 대단해 보이기도 했다. 여전히 군이 대체 뭐지? 하는 생각이 들기도 하지만 말이다. 그나저나 이런 걸 생각해낸 갈루아는 대체 얼마나 대단한 건지……

"내 운명을 내 나라가 내 이름을 기억할 정도로 오래 사는 것을 허락하지 않기 때문에, 여러분이 저를 꼭 기억해 주십시오."

워낙 눈물이 많은 나는 이 구절만 읽어도 가슴이 찌릿해 온다. 뭐랄까, 안타깝기도 하면서도 멋진…… 스스로 이런 생각을 했다는 것도 대단한데, 수학을 배우기 시작해서 3년 만에 이 이론을 발견했다는 이야기를 들으면 갈루아는 예상을 훨씬 뛰어넘는 광장한 인물이었다는 생각이 든다. 왠지 모르게 흥분된다. 내 안에서 갈루아는 점점 더 멋있는 사람이 되어 가고 있다! 한 번만이라도 좋으니 만나보고 싶다. 스무 살에 죽지 않았다면, 아직 아무도 발견하지 못한 것들을 발견했을지도 모른다. 과연 천재 중의 천재라는 느낌이 든다. 젊어서 죽었다는 이야기는 분명히 비극적이고, 고등학생이 되어서도 여전히 버리지 못하고 있는 중학교 2학년생의 감성을 자극하지만, 정말 그런 걸 다 떠나서 진심으로 안타깝다.

그건 그렇고, 아빠한테 "갈루아 이론이 지금 제가 하고 있는 공부에는 전혀 도움이 안 될 것 같긴 한데, 열심히 하면 대학 입시에 합격할 가능성이 1% 정도는 올라갈까요?"라고 물었더니 아빠는 "아니, 0%지."라고 딱 잘라 말씀하셨다. 그때는 맥이 빠졌지만, 지금은 갈루아 이론을 배워두길 잘했다는 생각이 든다. 실제로 계산을 하는 것이 아니라, 그 한계를 밝히려 했다는 게 왠지 멋있다.

이제 곧 대학에 들어가서 배울 것들도 있을 테니까, 그때를 즐거운 마음으로 기다리며 이제는 지금 해야 하는 공부에 다시 집중해야겠다. 금욕주의자가 되지 않으면 적성호니까!

부록 1
방정식의 근을 재료로 하는 사칙연산공장

다음 2차방정식

$$x^2 - 2x - 1 = 0$$

을 생각해 보자. 이 방정식의 두 근은 $1 + \sqrt{2}$와 $1 - \sqrt{2}$이다. 이때 두 근을 $\alpha = 1 + \sqrt{2}$, $\beta = 1 - \sqrt{2}$라고 하자. 그리고 나서 α, β 그리고 덧셈, 뺄셈, 곱셈, 나눗셈을 이용하여 새로운 수를 만들어 보자.

공장에서 몇 가지 재료를 가지고 특정한 공정을 거쳐 새로운 제품으로 만들어내는 것처럼, 여기서는 충분히 많은 α와 β를 재료로 덧셈, 뺄셈, 곱셈, 나눗셈의 공정을 거쳐 새로운 수를 만들어내는, 이름하여 '방정식의 사칙연산공장'의 모습을 떠올려 보자. 다음은 이 사칙연산공장에서 만들어내는 몇 가지 수를 나열한 것이다.

$$\alpha + \beta = (1 + \sqrt{2}) + (1 - \sqrt{2}) = 2,$$
$$\alpha - \beta = (1 + \sqrt{2}) - (1 - \sqrt{2}) = 2\sqrt{2},$$
$$\alpha^2\beta + \alpha - \frac{\beta^2}{\alpha} = 7 - 5\sqrt{2},$$
$$\alpha^{99}\beta^{100} = -1 + \sqrt{2}$$

$$\alpha + \alpha^2 + \alpha^3 + \alpha^4 + \alpha^5 = 69 + 49\sqrt{2}$$
...

이 사칙연산공장은 무수히 많은 수를 만들어낼 것이다. 어떤 수가 만들어질까?

먼저 $\frac{\alpha}{\alpha} = 1$이므로 이 사칙연산공장은 1을 만들 수 있다.

1을 만들고 나면

$$2 = 1 + 1 = \frac{\alpha}{\alpha} + \frac{\alpha}{\alpha}$$
$$3 = 2 + 1 = \left(\frac{\alpha}{\alpha} + \frac{\alpha}{\alpha}\right) + \frac{\alpha}{\alpha}$$

와 같이 1을 거듭하여 더함으로써 모든 자연수를 만들 수 있다.

이번에는 정수를 생각해 보자. $\alpha - \alpha = 0$이므로 0 역시 만들어지며,

$$-1 = 0 - 1 = (\alpha - \alpha) - \frac{\alpha}{\alpha},$$
$$-2 = -1 - 1 = \left\{(\alpha - \alpha) - \frac{\alpha}{\alpha}\right\} - \frac{\alpha}{\alpha}$$

와 같이 0에서 1을 거듭하여 빼 나감으로써 음의 정수를 만들 수 있다.

또한, 이 공장에서 두 정수를 만들고 나서 마지막으로 나눗셈을 하면 모든 유리수를 만들 수 있다. 예를 들어 유리수 $\frac{2}{3}$는 다음과 같이 만들 수 있다.

$$\frac{2}{3} = \frac{\frac{\alpha}{\alpha} + \frac{\alpha}{\alpha}}{\frac{\alpha}{\alpha} + \frac{\alpha}{\alpha} + \frac{\alpha}{\alpha}}$$

한편 이 사칙연산공장은 유리수 이외의 수도 만들 수 있다. 예를 들어 무리수 $\sqrt{2}$를 다음과 같이 만들 수 있다.

$$\frac{\alpha-\beta}{\alpha+\beta} = \frac{(1+\sqrt{2})-(1-\sqrt{2})}{(1+\sqrt{2})+(1-\sqrt{2})} = \frac{2\sqrt{2}}{2} = \sqrt{2}$$

따라서 이 사칙연산공장은 모든 유리수를 만들어내며 유리수 이외의 수도 만들어낸다.

3차방정식

$$x^3 + ax^2 + bx + c = 0$$

에서도 사칙연산공장을 생각할 수 있다. 이 3차방정식의 사칙연산공장의 재료는 이 방정식의 세 근 α, β, γ이다. 물론 세 근이 모두 0인 3차방정식 $x^3 = 0$은 재미없으므로 고려하지 말자. 3차방정식의 경우에도 사칙연산공장이 만들어내는 수는 모든 유리수를 포함한다는 것을 앞에서 설명한 것과 같은 방식으로 확인해 보길 바란다.

3차방정식뿐만 아니라 4차방정식, 5차방정식 등 어떠한 방정식이 주어졌을 때 그 방정식의 근을 재료로 하는 사칙연산공장이 만들어내는 수를 떠올릴 수 있게 되었다면 갈루아 수학에 한발 더 다가선 것이다!

> 부록 2
> 근을 서로 맞바꾸다!

2차방정식

$$x^2 + ax + b = 0$$

의 두 근 α, β를 재료로 하는 사칙연산공장이 만들어내는 수를 떠올려 보자. 이 사칙연산공장이 만들어내는 수는 α, β 그리고 사칙연산이 포함된 식을 계산한 것이다.

이번에는 이 사칙연산 공장이 수를 만들어낼 때, α, β 그리고 사칙연산이 포함된 식을 계산하지 말고 식 자체에 주목해 보자.

① $\alpha - \beta^2$

② $\alpha + \beta + \alpha\beta$

③ $\dfrac{\alpha\beta^3}{\alpha + \beta}$

위 세 개의 식을 계산하면 모두 2차방정식의 사칙연산공장이 만들어 내는 수가 된다. 계산해 보고 싶은 마음은 잠시 접어두고 위 식에서 두 근 α와 β를 맞바꿔 보자. 즉, α를 β로, β를 α로 바꿔 보자.

①번식 $\alpha - \beta^2$에서 α와 β를 맞바꾸면 $\beta - \alpha^2$이 된다. 즉, 식의 모양 이 변한다. 또한 $\alpha - \beta^2$과 $\beta - \alpha^2$은 α와 β에 어떠한 값을 대입하느냐

에 따라 같을 수도 있고 다를 수도 있다.

②번식 $\alpha + \beta + \alpha\beta$에서 α와 β를 맞바꾸면 $\beta + \alpha + \beta\alpha = \alpha + \beta + \alpha\beta$이므로 아무런 변화가 없다. 이 경우에는 α와 β에 어떠한 값을 대입하여도 두 근을 맞바꾸기 전과 후의 값이 같음을 알 수 있다.

③번식 $\dfrac{\alpha\beta^3}{\alpha+\beta}$에서 α와 β를 맞바꾸면 $\dfrac{\beta\alpha^3}{\beta+\alpha}$으로 식의 모양이 변한다. 이때에도 $\dfrac{\alpha\beta^3}{\alpha+\beta}$과 $\dfrac{\beta\alpha^3}{\beta+\alpha}$은 α와 β에 어떠한 값을 대입하느냐에 따라 같을 수도 있고 다를 수도 있다.

②번식과 같이 두 근을 서로 맞바꾸기 전과 후의 식이 일치하는 식을 α, β에 관한 대칭식이라고 한다. 또한 위와 같이 근을 서로 맞바꾸는 것을 근을 치환한다고 한다. 두 근을 맞바꾸는 방법은 사실 α를 β로, β를 α로 바꾸는 것뿐이다. 하지만 이와 관련된 다양한 성질을 보다 간단하게 나타내기 위해서 아무 것도 바꾸지 않는 것, 즉 α를 α로, β를 β로 바꾸는 것 역시 근을 치환하는 하나의 방법으로 인정한다. 이러한 치환을 항등치환이라고 한다. 따라서 두 근을 치환하는 방법은 다음과 같이 2가지이다.

- α를 α로, β를 β로 바꾼다. (항등치환)
- α를 β로, β를 α로 바꾼다.

이번에는 3차방정식 $x^3 + ax^2 + bx + c = 0$의 세 근 α, β, γ를 치환하는 방법을 생각해 보자. 두 근을 치환했을 때와 마찬가지로 아무것도 바꾸지 않는 항등치환까지 고려하면 다음과 같이 6가지가 있다.

α를 α로, β를 β로, γ를 γ로 바꾼다. (항등치환)

α를 β로, β를 γ로, γ를 α로 바꾼다.

α를 γ로, β를 α로, γ를 β로 바꾼다.

α를 β로, β를 α로, γ를 γ로 바꾼다.

α를 γ로, β를 β로, γ를 α로 바꾼다.

α를 α로, β를 γ로, γ를 β로 바꾼다.

세 근 α, β, γ와 사칙연산이 포함된 식

$$\alpha^3 + \beta^3 + \gamma^3 - 3\alpha\beta\gamma$$

를 위의 6가지 방법으로 모두 근을 치환해 보면 어떠한 방법으로 근을 치환해도 식이 변하지 않음을 알 수 있다. α, β, γ와 사칙연산이 포함된 식에서 갑자기 3은 어디에서 나온 건지 의아할 수 있지만 $-3\alpha\beta\gamma$ $= -\alpha\beta\gamma - \alpha\beta\gamma - \alpha\beta\gamma$를 줄여 쓴 것뿐이다.

2차방정식의 두 근을 치환했을 때와 마찬가지로, 위 식과 같이 어떠한 방법으로 근을 치환하여도 그 식이 변하지 않는 식을 α, β, γ에 관한 대칭식이라고 한다. 즉, α, β, γ에 관한 대칭식은 치환하기 전과 후의 식에서, α, β, γ에 어떠한 값을 각각 대입하여도 식의 값이 변하지 않는 식이다.

특히 아래의 α, β, γ에 관한 대칭식을 기본대칭다항식이라고 한다.

$\alpha + \beta + \gamma$ (세 근을 더한다),

$\alpha\beta + \beta\gamma + \gamma\alpha$ (세 근 중 2개를 곱한 것을 모두 더한다),

$\alpha\beta\gamma$ (세 근을 곱한다)

앞의 세 식이 '기본'이라는 이름을 가진 이유는 α, β, γ에 관한 대칭

식 중 비교적 간단하기도 하지만 그보다는 모든 α, β, γ에 관한 대칭식이 위의 세 식과 사칙연산으로 나타낼 수 있다는 사실에 있다. 예를 들어 앞에서 보았던 α, β, γ에 관한 대칭식 $\alpha^3 + \beta^3 + \gamma^3 - 3\alpha\beta\gamma$는

$$\alpha^3 + \beta^3 + \gamma^3 - 3\alpha\beta\gamma$$
$$= (\alpha + \beta + \gamma)\{(\alpha + \beta + \gamma)^2 - 3(\alpha\beta + \beta\gamma + \gamma\alpha)\}$$

로 나타낼 수 있다. 이것을 증명해 보면 좋겠지만 증명의 과정이 갈루아 수학과 직접적인 연관이 있지 않으니 이 책에서는 증명을 생략하도록 하자.

의심이 많은 사람들을 위해 몇 가지를 더 계산해 보자.

다음 식은 2차방정식

$$x^2 + ax + b = 0$$

의 두 근을 α, β라고 했을 때, 사칙연산공장이 만들어내는 수를 식으로 나타낸 것이다.

$$\alpha^2 + \beta^2, \quad \alpha^3 + \beta^3, \quad \frac{\alpha}{\beta} + \frac{\beta}{\alpha}, \quad (\alpha - \beta)^2$$

위 4개의 식은 모두 α, β에 관한 대칭식임을 확인할 수 있다. 또한 α, β에 관한 기본대칭다항식은 다음과 같다.

$$\alpha + \beta \text{(두 근을 모두 더한 것)}, \quad \alpha\beta \text{(두 근을 모두 곱한 것)}$$

위 4개의 식은 다음과 같이 각각 모두 α, β에 관한 기본대칭다항식과 사칙연산이 포함된 식으로 나타낼 수 있다.

$$\alpha^2 + \beta^2 = (\alpha + \beta)^2 - 2\alpha\beta,$$
$$\alpha^3 + \beta^3 = (\alpha + \beta)^3 - 3\alpha\beta(\alpha + \beta),$$
$$\frac{\alpha}{\beta} + \frac{\beta}{\alpha} = \frac{(\alpha + \beta)^2 - 2\alpha\beta}{\alpha\beta},$$
$$(\alpha - \beta)^2 = (\alpha + \beta)^2 - 4\alpha\beta.$$

> 부록 3
> 본격적으로 근을 치환하자!

이제부터는 본격적으로 근을 치환해 보기 위해 특별한 근을 가지는 방정식을 생각해 보자.

유리수계수를 가지는 3차방정식

$$x^3 + ax^2 + bx + c = 0$$

의 세 근을 α, β, γ라고 할 때 α, β, γ에 관한 대칭식이 아닌 어떠한 식을 계산하여도 0이 되지 않는다고 하자. 일단, 이런 조건을 만족시키는 방정식이 존재한다는 사실은 잘 알려져 있으니 걱정하지 말고 주어진 조건을 잘 확인하길 바란다. 또한 이 조건을 만족시키는 방정식을 푸는 방법을 약간 변형하면 이 조건을 만족시키지 않는 방정식의 근을 구할 수 있다는 것도 알려져 있다. 따라서 이 조건을 만족시키는 방정식만을 집중적으로 살펴보는 것은 매우 의미가 있으며, 이 책의 목표인 갈루아의 유서 내용을 이해하기에도 충분하다. 이 책에서 언급하는 방정식 역시 특별한 언급이 없어도 대부분 이러한 방정식이다.

여기서는 이러한 방정식의 2가지 성질을 살펴보려고 한다.

첫 번째는 α, β, γ에 관한 대칭식을 계산하면 유리수가 되며, 모든 유리수는 α, β, γ에 관한 대칭식을 계산했을 때만 나온다는 것이다.

두 번째는 α, β, γ와 사칙연산이 포함된 두 식 $f(\alpha, \beta, \gamma), g(\alpha, \beta, \gamma)$를 계산하였을 때 같은 값이 나왔다면, 두 식에서 똑같은 방법으로 각각 근을 치환한 뒤 그 값을 계산하여도 두 값은 같다는 것이다. 즉, $f(\alpha, \beta, \gamma) = g(\alpha, \beta, \gamma)$이면

$$f(\beta, \gamma, \alpha) = g(\beta, \gamma, \alpha), \quad f(\gamma, \alpha, \beta) = g(\gamma, \alpha, \beta),$$
$$f(\beta, \alpha, \gamma) = g(\beta, \alpha, \gamma), \quad f(\gamma, \beta, \alpha) = g(\gamma, \beta, \alpha),$$
$$f(\alpha, \gamma, \beta) = g(\alpha, \gamma, \beta)$$

이다. 다시 말해서 방정식의 사칙연산 공장이 만들어낸 두 수가 같다면 계산하기 전에 두 식에서 각각 같은 방법으로 근을 치환하여 만든 새로운 두 수 역시 같다는 것이다.

이제 이 2가지 성질이 성립하는 이유를 꼼꼼히 살펴보자.

먼저 α, β, γ에 관한 대칭식을 계산하면 유리수가 되는 이유를 알아보자.

3차방정식의 근과 계수와의 관계에 의하여

$$\alpha + \beta + \gamma = -a,$$
$$\alpha\beta + \beta\gamma + \gamma\alpha = b,$$
$$\alpha\beta\gamma = -c$$

이다. 여기서 계수 a, b, c는 모두 유리수이므로 α, β, γ에 관한 기본대칭식다항식을 계산하면 모두 유리수이다. 또한 앞에서 α, β, γ에 관한 대칭식은 모두 α, β, γ에 관한 기본대칭다항식과 사칙연산으로 나타낼 수 있다고 했고, 유리수끼리 사칙연산을 해도 그 결과는 유리수이므로 α, β, γ에 관한 대칭식을 계산하면 유리수가 된다는 것을 알 수 있다.

또한 어떠한 유리수 r가 α, β, γ에 관한 대칭식이 아닌 식을 계산하였을 때 나온 결과라고 가정해 보자. 여기서는 $x^3=0$과 같이 세 근이 모두 0인 재미없는 방정식을 생각하는 것이 아니므로

$$\alpha+\beta+\gamma, \quad \alpha\beta+\beta\gamma+\gamma\alpha, \quad \alpha\beta\gamma$$

중에서 적어도 하나는 반드시 0이 아니어야 한다. 만약 그 식이 $\alpha\beta\gamma$라면 $\dfrac{\alpha\beta\gamma}{\alpha\beta\gamma}=1$임을 이용하여 $\alpha\beta\gamma$와 사칙연산을 이용하여 유리수 r를 나타낼 수 있다. 예를 들어 $r=\dfrac{2}{3}$라면

$$r=\frac{2}{3}=\frac{\dfrac{\alpha\beta\gamma}{\alpha\beta\gamma}+\dfrac{\alpha\beta\gamma}{\alpha\beta\gamma}}{\dfrac{\alpha\beta\gamma}{\alpha\beta\gamma}+\dfrac{\alpha\beta\gamma}{\alpha\beta\gamma}+\dfrac{\alpha\beta\gamma}{\alpha\beta\gamma}}$$

로 나타낼 수 있다. 이 식은 분명히 α, β, γ에 관한 대칭식이다. 즉,

⟨α, β, γ에 관한 대칭식이 아닌 식⟩=⟨α, β, γ에 관한 대칭식⟩,

⟨α, β, γ에 관한 대칭식이 아닌 식⟩-⟨α, β, γ에 관한 대칭식⟩=0

이 되었다.

그런데 '⟨α, β, γ에 관한 대칭식이 아닌 식⟩-⟨α, β, γ에 관한 대칭식⟩'은 α, β, γ에 관한 대칭식이 아닌 식이다. 적당한 근의 치환에 의해 앞의 식의 모양은 변하는 데 반해 뒤의 식의 모양은 변하지 않으므로 전체 식의 모양은 변한 것이다!

뭔가 이상하다. 처음에 분명 α, β, γ에 관한 대칭식이 아닌 어떠한 식을 계산하여도 0이 되지 않는 3차방정식을 생각한다고 했는데, α, β, γ에 관한 대칭식이 아닌 식이 0이 되어 버렸다. 왜 이런 이상한 결과가 나왔을까? 그건 바로 어떠한 유리수 r가 α, β, γ에 관한 대칭식이 아닌 식을 계산하였을 때 나온 결과라고 가정한 것으로부터 시작되었다. 따라

서 모든 유리수는 α, β, γ에 관한 대칭식만을 계산했을 때 나오는 결과이다.

이제 두 번째 성질로 넘어가자.

α, β, γ와 사칙연산이 포함된 두 식 $f(\alpha, \beta, \gamma), g(\alpha, \beta, \gamma)$를 계산하면 같은 값이 나온다고 하자. 즉,

$$f(\alpha, \beta, \gamma) = g(\alpha, \beta, \gamma),$$
$$f(\alpha, \beta, \gamma) - g(\alpha, \beta, \gamma) = 0$$

이다. 식 $f(\alpha, \beta, \gamma) - g(\alpha, \beta, \gamma)$를 계산한 결과가 0이므로 $f(\alpha, \beta, \gamma) - g(\alpha, \beta, \gamma)$는 α, β, γ에 관한 대칭식이어야 한다. 따라서

$$\begin{aligned}0 &= f(\alpha, \beta, \gamma) - g(\alpha, \beta, \gamma) \\ &= f(\beta, \gamma, \alpha) - g(\beta, \gamma, \alpha) \\ &= f(\gamma, \alpha, \beta) - g(\gamma, \alpha, \beta) \\ &= f(\beta, \alpha, \gamma) - g(\beta, \alpha, \gamma) \\ &= f(\gamma, \beta, \alpha) - g(\gamma, \beta, \alpha) \\ &= f(\alpha, \gamma, \beta) - g(\alpha, \gamma, \beta)\end{aligned}$$

임을 알 수 있다. 즉,

$$f(\beta, \gamma, \alpha) = g(\beta, \gamma, \alpha), \quad f(\gamma, \alpha, \beta) = g(\gamma, \alpha, \beta),$$
$$f(\beta, \alpha, \gamma) = g(\beta, \alpha, \gamma), \quad f(\gamma, \beta, \alpha) = g(\gamma, \beta, \alpha),$$
$$f(\alpha, \gamma, \beta) = g(\alpha, \gamma, \beta)$$

이다.

사실 방정식의 사칙연산공장에서 나오는 수를 하나 선택하였을 때, 그 수가 나오게 하는 'α, β, γ와 사칙연산을 포함하는 식'은 하나가 아

니다. 예를 들어 앞에서 본 2차방정식

$$x^2 - 2x - 1 = 0$$

의 사칙연산공장에서 만든 $\sqrt{2}$ 는

$$\frac{\alpha - \beta}{\alpha + \beta} = \frac{(1+\sqrt{2}) - (1-\sqrt{2})}{(1+\sqrt{2}) + (1-\sqrt{2})} = \frac{2\sqrt{2}}{2} = \sqrt{2}$$

로 나타낼 수도 있지만

$$\frac{\alpha^2 - \alpha\beta}{\alpha + \alpha} = \frac{(1+\sqrt{2})^2 - (1+\sqrt{2})(1-\sqrt{2})}{(1+\sqrt{2}) + (1+\sqrt{2})} = \sqrt{2}$$

로도 나타낼 수 있다.

하지만 두 번째 성질은 사칙연산공장이 만들어내는 수를 어떠한 식으로 나타내어도 같은 방법으로 근을 치환하면 계산되는 값이 같게 나온다는 것을 보장해 준다.

$$\frac{\beta - \alpha}{\beta + \alpha} = -\sqrt{2} = \frac{\beta^2 - \beta\alpha}{\beta + \beta}$$

여기서 한 번 짚고 넘어가야 할 주의사항이 있다. 아무 때나 α와 β를 맞바꾸는 것이 가능한 것은 아니라는 점이다. 예를 들어 $\alpha = 2$, $\beta = 4$이면 분명히

$$\alpha + \beta = \alpha + \alpha + \alpha$$

이다. 위 식에서 두 근을 치환하면

$$\beta + \alpha = \beta + \beta + \beta$$

인데, 좌변을 계산하면 $4 + 2 = 6$이고 우변을 계산하면 $4 + 4 + 4 = 12$이다. 왜 이런 일이 일어난 것일까?

앞에서 설명한 두 가지 성질은 모두 '유리수계수를 가지는 2차방정식

$$x^2 + ax + b = 0$$

의 두 근을 α, β라고 할 때 α, β에 관한 대칭식이 아닌 어떠한 식을 계산하여도 0이 되지 않는다'는 가정이 있을 때 성립하는 것이었다. 그런데 위에서 $\beta - 2\alpha$는 대칭식이 아닌 식임에도 불구하고 0이었다. 따라서 근의 치환을 하기 전에는 반드시 방정식이 앞에서 제시한 조건을 만족시키는지 확인해야 한다.

> **부록 4**
> **우치환 Vs. 기치환**

여기서는 다섯 개의 수 1, 2, 3, 4, 5를 치환하는 경우를 생각해 보자. 이때 어떠한 치환도 우치환과 기치환으로 동시에 표현될 수 없다. 왜 그럴까? 이를 알기 위해서 '빙글빙글 치환'의 개수와 호환의 관계를 살펴보자.

치환 (1 2)(3 4 5)는 빙글빙글 치환 2개 $1 \to 2 \to 1$과 $3 \to 4 \to 5 \to 3$으로 나타낼 수 있다. 여기에 호환 (3 5)를 곱해 보자.

$$(1\ 2)(3\ 4\ 5)(3\ 5) = (1\ 2)(3\ 4)$$

그러면 빙글빙글 치환이 $1 \to 2 \to 1, 3 \to 4 \to 3, 5$ 즉 3개가 된다. 이번에는 호환 (1 3)을 곱해 보자.

$$(1\ 2)(3\ 4\ 5)(1\ 3) = (1\ 2\ 3\ 4\ 5)$$

그러면 빙글빙글 치환이 $1 \to 2 \to 3 \to 4 \to 5$, 1개가 된다.

몇 개의 호환을 더 곱해 보면 다음을 확인할 수 있다. 앞에서 호환 (3 5)와 같이 한 빙글빙글 치환 ($3 \to 4 \to 5 \to 3$)에 속하는 두 수를 바꾸는 호환을 곱하면 빙글빙글 치환의 개수는 1개 늘어난다. 또한 (1 3)과 같이 같은 빙글빙글 치환에 속하지 않는 두 수를 바꾸는 호환을 곱하면 빙글빙글 치환의 개수는 1개 줄어든다. 즉, 호환을 곱하면 빙글빙글 치환의 개수는 홀수에서 짝수로, 짝수에서 홀수로 바뀌는 것을 알 수 있다.

다섯 개의 수 1, 2, 3, 4, 5를 치환하는 경우 항등치환은 1, 2, 3, 4, 5 즉, 5개(홀수)의 빙글빙글 치환을 갖는다. 여기에 호환을 한 번 곱하면 빙글빙글 치환의 개수는 짝수가 되며 또 한 번 호환을 곱하면 빙글빙글 치환의 개수는 홀수가 된다. 따라서 호환을 홀수 번 곱한 치환은 빙글빙글 치환의 개수가 짝수이며, 호환을 짝수 번 곱한 치환은 빙글빙글 치환의 개수가 홀수이다. 빙글빙글 치환의 개수가 다른 두 치환은 같은 치환일 수 없다. 따라서 어떠한 치환도 우치환과 기치환으로 동시에 표현될 수 없다.

| 저자 후기 |

    2차방정식이 너무 어렵다고 야단을 떨던 채은이도 벌써 고등학생이 되어 미분, 적분을 배우고 있다. 수학의 역사로 말하자면, 고대 메소포타미아 문명에서 오일러 바로 직전까지 배웠다고 할 수 있다. 실제로 연필을 잡고 끙끙댈 각오가 되어 있다면 오일러의 『무한해석』 정도도 읽어 낼 수 있을 것이다. 하지만 갈루아는 갈루아 이전과는 차이가 있다. 이것은 갈루아 자신도 자각하고 있었고, 계산으로 연구할 수 있는 것은 오일러가 전부 해 버려서 그 방법은 한계에 도달했으며 이제는 계산을 뛰어넘을 필요가 있다는 등의 말을 했다. 갈루아는 방정식을 계산한 것이 아니라 군이라는 방정식의 구조를 연구한 것이다.

    현대에서 대수는 '구조를 연구하는 학문'으로 일컬어지는데, 중학교나 고등학교에서 대수를 배운 사람들은 이런 말을 들으면 당혹스러울 것이다. 역사적으로 보면, 틀림없이 대수는 수 대신 문자를 사용해 방정식을 연구하는 것에서 출발했으며, 그러한 의미에서 '대수'라는 이름은 그 핵심을 담고 있다. 그런데 현대 대수학은 이 '대수'를 뛰어넘어 구조를 연구하는 분야로 발전했다. 그리고 그 구조에 대한 연구는 갈루아로부터 시작되었다. 그래서 현대 수학의 문을 연 사람을 흔히 갈루아라고 칭하는 것이다.

갈루아 이론에는 복잡하고 난해한 계산은 나오지 않는다. 그렇다고 해서 간단하게 이해할 수 있는 것도 아니다. 너무나 추상적이기 때문이다. 대학교에서 갈루아 이론을 배울 때에는, 고도로 추상화되어 정리된 이론이 전개되기 때문에, 전혀 이해하지 못하는 사람도 있을 것이다. 이 책은 역사를 따라 대학 강의에서는 절대로 나오지 않는 구체적인 예를 들어가며 기술했다. 중학생 딸에게 어떻게든 갈루아 이론의 향기를 전할 수 있었던 것도 그 덕분이었다고 자부하고 있다.

안타깝게도 고등학교 때까지 수학을 배워도 오일러 이전의 단계에서 벗어나는 것은 불가능하다. 수학을 막 배우기 시작했을 때에 현대 수학의 일부분을 접할 수 있었다는 의미에서 채은이에게 좋은 경험이지 않았을까 생각한다.

이 원고를 처음 완성했을 때, 채은이는 중학교 1학년이었다. 그러니까 이 책에 나오는 채은이는 중학교 1학년의 채은이다. 그리고 각 장의 마지막에 있는 채은이의 노트는 고등학생이 된 채은이가 쓴 것이다.

마지막으로, 이 책을 출판하는 데 큰 도움을 주신 리쓰메이칸(立命館) 대학의 문경수 교수님, 이와나미쇼텐(岩波書店)의 히라타 켄이치 씨와 가미야마 료 씨에게 감사의 말을 전한다.

김중명

찾아보기

ㄱ

가우스 • 75~79, 108, 114, 173

가해군 • 341

갈루아의 대응 • 321

갈루아 확대 • 318

갈루아확대체 • 319, 320, 322

갈루아군 • 26, 318~320, 322~324, 327, 328, 330

거듭제곱 • 61

거듭제곱근 • 61

계수체 • 280, 311, 312, 317, 334, 337

괴델 • 67

교대군 • 197, 202, 247

군 • 190

근호 • 108, 114, 135

기본대칭식 • 101, 344

기약방정식 • 103

기초체 • 282

기치환 • 196, 206, 210, 258, 271

ㄷ

단순확대체정리 • 283

대칭군 • 26, 186

대칭식 • 101

디오판토스 • 37~41

ㄹ

라그랑주 • 22, 27, 163~165, 172~175, 179~181, 226, 242, 284, 357

라그랑주의 분해식 • 173, 336, 339, 344, 346, 355

라그랑주의 정리 • 226, 242

라마누잔 • 35, 37, 156, 241, 298

라부아지에 • 164, 174

러셀 • 67, 187, 188

루빅 • 212

ㅁ

마우리츠 반 나사우(Maurits van Nassau) • 66

무리수 • 61

ㅂ

변환 • 198~206, 217, 218, 234

복소수 • 69

볼테르 • 189

부분군 • 197, 214

분할수 • 241

빙글빙글 치환 • 198

ㅅ

샘 로이드 • 207, 208, 210, 212

세키 다카카즈(關孝和) • 152

소피 제르맹 • 76~79, 301

순환군 • 224, 242, 336

순환소수 • 48

순환치환 • 197

실수 • 61

ㅇ

아르키메데스 • 76

아벨 • 295

아벨군 • 250

알콰리즈미 • 43, 44, 121, 125

야코비 • 297, 298

역원 • 224, 238

역치환 • 185

오일러 • 72, 140, 152, 295, 305, 376

와다네이(和田寧) • 153

우치환 • 196, 205, 210

원소 • 186

위수 • 186

유리수 • 60

이시게 데루토시(石毛照敏) • 212

잉여군 • 230, 234

잉여류 • 226

ㅈ

자연수 • 59

정규부분군 • 229, 327

정수 • 60

제곱근 • 45

존 폰 노이만(John von Neumann) • 146

중간체 • 319

ㅊ

체 • 26, 277

치환 • 169, 191, 205

치환군 • 191

치환의 형 • 197~200, 202, 206, 215, 217, 234

ㅋ

카르다노 • 124, 125, 130, 150, 172

칸토어 • 62, 63, 334

코시 • 297, 300

쿠머(Ernst Eduard Kummer) • 146

크렐레 • 296

ㅍ

페라리 • 124, 125, 150, 158, 172, 179

페로 • 123, 124

폰타나 • 121~126, 130, 132, 150, 172, 179

피오레 • 123

ㅎ

하디 • 156, 157

항등원 • 190, 223, 224, 230, 232, 235

항등치환 • 184

해밀턴 • 79, 80, 83

허수 • 63

호환 • 194~196, 205

확대체 • 279, 312

히파티아 • 38, 76, 125, 189

힐베르트 • 67

열세 살 딸에게 가르치는 갈루아 이론

1판 1쇄 펴냄 2013년 7월 29일
1판 2쇄 펴냄 2015년 8월 20일

지은이 김중명
옮긴이 김슬기, 신기철
펴낸이 황승기
마케팅 송선경
편집 및 디자인 김슬기
본문 일러스트 조혜경
펴낸곳 도서출판 승산
등록날짜 1998년 4월 2일
주소 서울시 강남구 역삼2동 723번지 혜성빌딩 402호
대표전화 02-568-6111
팩시밀리 02-568-6118
웹사이트 www.seungsan.com
이메일 books@seungsan.com

값 20,000원

ISBN 978-89-6139-052-1   03410

루빅스 큐브 이미지는 Seven Towns Ltd.(www.rubiks.com)의 허가를 받아 사용되었습니다.

이 도서의 국립중앙도서관 출판시도서목록(CIP)은
서지정보유통지원시스템 홈페이지(http://seoji.nl.go.kr)와
국가자료공동목록시스템(http://www.nl.go.kr/kolisnet)에서 이용하실 수 있습니다.
(CIP제어번호: CIP2013010791)